U0320475

人工智能

国家人工智能战略行动抓手

腾讯研究院 中国信通院互联网法律研究中心
腾讯AI Lab 腾讯开放平台　　　　　　　　著

中国人民大学出版社
·北京·

序 一

腾讯研究院院长 司 晓

> 即使我们可以使机器屈服于人类，比如，可以在关键时刻关掉电源，然而作为一个物种，我们也应当感到极大的敬畏。
>
> ——阿兰·图灵

人工智能再一次成为社会各界关注的焦点，这距人工智能这一概念首次提出来已经过去了六十年。在这期间，人工智能的发展经历了三起两落。2016 年，以 AlphaGo 为标志，人类失守了围棋这一被视为最后智力堡垒的棋类游戏，人工智能开始逐步升温，成为政府、产业界、科研机构以及消费市场竞相追逐的对象。在各国人工智能战略和资本市场的推波助澜下，人工智能的企业、产品和服务层出不穷。第三次人工智能浪潮已经到来，这是更强大的计算能力、更先进的算法、大数据、物联网等诸多因素共同作用的结果。人们不仅继续探寻有望超越人类的"强人工智能"，而且在研发可以提高生产力和经济效益的各种人工智能应用（所谓的"弱人工智能"）上面，取得了极大的进步。

一方面，人工智能异常火热。另一方面，大众与专业人士之间、技术研发人员与社科研究人员之间，在对人工智能的认知上存在深深的裂痕。正是由于这一认知鸿沟的存在，很多时候，人们彼此之间谈论的人工智能其实并非同一概念。这常常导致无谓的争执和分歧，既无助于人工智能的发展，也不利于探讨人工智能带来的真正社会影响。

伊隆·马斯克和马克·扎克伯格关于人工智能威胁论的辩论，代表了两种典型的声音。一边是公众舆论对强人工智能和超人工智能可能失控、威胁人类生存的未来主义式的担忧和警告；另一边是产业界从功用和商业角度出发，对人工智能研发和应用的持续探索，在自动驾驶、图像识别、智能机器人等诸多领域取得了长足进步。与此同时，很多技术研发人员认为人工智能不可能超越人类，威胁论是杞人忧天。

回顾计算机技术发展的历史，就会发现计算机、机器人等人类手中的昔日工具，正在成为某种程度上具有一定自主性的能动体（Intelligent Agent），开始替代人类进行决策或者从事任务。而这些事情之前一直被认为只能存在于科幻文学中，现实中不可能由机器来完成，比如开车、翻译、文艺创作等。

可以预见，决策让渡将越来越普遍。背后的经济动因是，人们相信或者希望人工智能的决策、判断和行动是优于人类的，或者至少可以和人类不相伯仲，从而把人类从重复、琐碎的工作中解放出来。以自动驾驶汽车为例，在交通领域，90%的交通事故与人为的错误有关，而搭载着GPS、雷达、摄像头、各种传感器的自动驾驶汽车，被赋予了人造的眼睛、耳朵，其反应速度更快，作出的判断更优，有望彻底避免人为原因造成的交通事故。

但在另一个层面，正是由于人工智能在决策和行动的自主性上面正在脱离被动工具的范畴，其判断和行为一定要符合人类的真实意图和价值观、道德观，符合法律规范及伦理规范等。在希腊神话中，迈达斯国王如愿以偿地得到了点金术，却悲剧地发现，凡是他碰触过的东西都会变成金子，包括他吃的食物、他的女儿等。人工智能是否会成为类似的点金术？家庭机器人可能为了做饭而宰杀宠物狗，以清除病人痛苦为目的的看护机器人可能结束病人生命，诸如此类。

因此，可以看到，人工智能这一领域天然游走于科技与人文之间，其中既需要数学、统计学、数理逻辑、计算机科学、神经科学等的贡献，也需要哲学、心理学、认知科学、法学、社会学等的参与。中国、美国、欧盟、联合国等国家或国际组织的人工智能战略或政策文件都特别强调人工智能领域的跨学科研究和人文视角。中国发布的《新一代人工智能发展规划》中"人工智能伦理"这一字眼出现了十五次之多；美国的《国家人工智能研究和发展战略计划》将"研究并解决人工智能的法律、伦理、社会经济等影响"列为主要的战略方向之一；欧盟的立法建议书认为人工智能需要伦理准则，并呼吁制定所谓的"机器人宪章"；联合国发布了《机器人伦理初步报告草案》，认为机器人不仅需要尊重人类社会的伦理规范，而且需要将特定伦理准则嵌入机器人系统……未来，对人工智能进行多学科、多维度的研究和探讨的重大意义，将逐步显现出来。

腾讯公司的研究院、AI Lab、开放平台联合中国信息通信研究院互联网法律研究中心撰写的这本《人工智能》就是这样一次跨学科的尝试。本书系统研究了人工智能的技术历程、产业趋势、战略设计、法律问题、伦理问题、监管治理和未来畅想等，几乎涵盖了人工智能领域的大多数热点和前沿问题。希望通过本书能够增进人工智能领域跨学科的思考、交流和探讨。由于专业领域和视野所限，本书很难做到面面俱到，也不免有错漏或不当之处，敬请读者批评指正。

最后，正如我在开头引用的阿兰·图灵的话，无论是从事人工智能的技术研发，还是开展跨学科、跨领域的公共政策、法律、伦理等人文探讨和研究，都需要带着一颗敬畏之心。借用英国作家查尔斯·狄更斯的话："这是最好的时代，这是最坏的时代"，希望我们都能把握住这个时代，共同打造人工智能的美好未来。

序 二

中国信息通信研究院
政策与经济研究所所长　鲁春丛

计算能力提升、数据爆发增长、机器学习算法进步、投资力度加大，是推动新一代人工智能快速发展的关键要素。实体经济数字化、网络化、智能化转型演进给人工智能带来巨大历史机遇，展现出极为广阔的发展前景。当前，自动驾驶、工业机器人、智能医疗、无人机、智能家居助手等人工智能产品孕育兴起，人工智能与经济社会各行业各领域融合创新水平不断提升，新技术、新模式、新业态、新产业正在构筑经济社会发展的新动能，创业创新日趋活跃。在新一轮科技革命和产业变革的历史进程中，人工智能将扮演越来越重要的角色。

世界主要国家高度重视人工智能发展。美国白宫接连发布三份关于人工智能的政府报告，是世界上第一个将人工智能发展上升到国家战略层面的国家，人工智能的战略规划被视为美国新的阿波罗登月计划，美国希望能够在人工智能领域拥有像其在互联网时代一样的霸主地位。英国通过《2020 年发展战略》加速人工智能技术应用；欧盟 2014 年启动了全球最大的民用机器人研发计划"SPARC"；日本政府在 2015 年制定了《日本机器人战略：

愿景、战略、行动计划》，促进人工智能机器人发展。我国发布了《新一代人工智能发展规划》，构筑人工智能先发优势，加快建设创新型国家和世界科技强国。

人工智能的影响是世界性的、革命性的，会带来经济、社会、法律、监管等一系列问题，甚至可能颠覆现有的治理体系。当前，人工智能发展与相关法律的冲突问题、缺失问题开始显现，社会关注度不断提升。加强相关法律、伦理和社会问题研究，建立保障人工智能健康发展的法律法规和伦理道德框架是值得关注的重大命题。

中国信息通信研究院在人工智能产业、政策、法律、监管方面的研究取得积极进展，先后支撑了《关于积极推进"互联网＋"行动的指导意见》《"互联网＋"人工智能三年行动实施方案》等多项国家相关政策的研究起草工作。《人工智能》一书是中国信息通信研究院互联网法律研究中心与腾讯研究院等机构在人工智能领域的合作研究成果。本书全面介绍了人工智能的演变历程、产业发展情况和各国人工智能政策，分析法律和伦理问题，提出治理思路，预测人工智能发展趋势。希望本书能够成为政府部门、互联网企业、科研院所等各界人士进一步了解人工智能的窗口，为推进我国人工智能产业发展和法律政策建设发挥积极作用。

序 三

腾讯 AI Lab 主任、杰出科学家　张　潼

　　绝大多数人对人工智能的认知是从 AlphaGo 战胜李世石的时候开始的，但这个概念的诞生其实可以追溯到上世纪 50 年代。人工智能在过去 60 年几经起落，并且在最近 10 年发展迅速，其影响已经远超之前的想象。当今的人工智能技术以机器学习为核心，在视觉、语音、自然语言、大数据等应用领域迅速发展，像水电煤一样赋能于各个行业。资本已经把人工智能作为风口大力投入；创业公司如雨后春笋般涌现；巨头企业则是抢滩布局、相继成立 AI 实验室，开发前沿技术。相关人才更是炙手可热。

　　作为一名机器学习研究者，我对此深有感触。90 年代末的机器学习学术会议还非常小众，以 NIPS 为例，参会者只有两三百人，以学术界为主。而随着互联网、移动互联网、人工智能的发展，2016 年 NIPS 的参会人数已经达到了 6 000 人，录取论文数创下新高，会场上也出现了非常多企业的身影。到了今天，和人工智能相关的学术会议已经成为了各大公司展示技术实力和争夺人才的战场。这种变化印证了人工智能在产业界的兴起。

　　展望未来，我相信在今后的一二十年内，人工智能会在全行

业引发巨大的变革。这些变革会是在每一个不同垂直领域内的深耕，比如棋类游戏、疾病诊断、金融、安防、交通等等。人工智能系统会基于更大规模的数据和更强的计算能力，在这些垂直领域内不断优化，直至达到或超越人类专家的水平。这些发展势必会对社会、劳务、立法、伦理等一系列领域产生深远影响。然而在可预见的未来，人工智能并不会威胁到人类的安全，因为人类还没有开发出针对复杂场景的通用人工智能技术。

在产业智能化的这个时代趋势之下，有人怀疑泡沫即将破裂，有人坚信这场变革会带来巨大的机会，有人抛出威胁论……然而大多数人对人工智能的理解是模糊的，比如技术的边界在哪儿，产业界能否落地，国家如何战略布局，法律伦理是否面临困境等等。本书作为人工智能的系统性读物，以通俗易懂的方式，为大家介绍了人工智能的方方面面，让不同知识水平的读者都能从中获益。希望这本书能够使广大读者对人工智能有一个清晰的理解，并且帮助相关人员更好地参与到人工智能带来产业变革的这个时代浪潮中来。

腾讯开放平台副总经理
腾讯众创空间总经理　王　兰

> 意识不是一个由下至上的过程，而是由外至内的过程。
> ——乔纳森·诺兰《西部世界》

人工智能并不是新事物。早在 1956 年的达特茅斯会议上，人工智能的概念便被正式提出，距今已经有 60 个年头；而人工智能的爆发却始于近三年，2015—2016 年诞生的人工智能企业数量，超过了过去 10 年之和，融资额也在不断再创新高。今天的人们，已经迎来了一场真正的智能革命，这一切源于技术的跨越式突破和大规模普及。

当我们在谈论智能革命时，我们该做些什么？

腾讯开放平台始终在做的一件事，就是通过一纵一横的"T字形战略"探索未来。"一纵"代表未来先进的生产力方向，比如人工智能，沿着人类先进生产力的主轴纵深走；"一横"代表腾讯过去 6 年打造的开放生态，横向整合资源，不断变换和创新商业模式，去培育一片丰沃的土壤，让土壤产生生产力。

2017 年，腾讯开放平台整合腾讯内部 AI 能力与业界资源，实现技术与场景、软件与硬件、人才与资本的连接，为人工智能企业培育一片丰沃的土壤，并期待这片土壤能长出参天大树来。

在寻找人工智能合作伙伴、推进腾讯 AI 加速器的过程中，我们接触到许多优质人工智能企业。有的具有核心人工智能技术和能力，有的具有独特的场景行业优势，分布在交通、医疗、翻译、安防、制造、法律等各个领域。人工智能在现阶段的渗透和可以实现的应用比我们想象的要丰富得多。腾讯公司自身也在探索人工智能在各个领域的应用：为内容创业者服务，让科技闪耀人文之光；在医疗领域推出"觅影"，让早期癌症不再难以发现……当人工智能与细分产业相结合时，会爆发出更为强大的力量。

业界对人工智能持有不同的观点。软银的孙正义觉得"睡觉都是浪费时间"，特斯拉的马斯克认为人工智能是"人类文明面临的最大威胁"。《西部世界》里有句台词："意识不是一个由下至上的过程，而是由外至内的过程。"人工智能由人类创造，它的走向也将取决于人类的集体意识。而毋庸置疑的是，人工智能终将打开一个新世界。你可以选择观望，也可以选择投身其中，而这本《人工智能》，很可能就是一把打开新世界的钥匙。

目　录

第一篇
技术篇：颠覆性技术的真相

人工智能（Artificial Intelligence，AI）所涵盖的定义是一场永恒的战争，并且由这一领域的进步而不断更新。当下热门的"AI"是一个非常笼统的概念，将大量不同技术宽泛地涵盖在这两个字母缩写之下。人工智能领域由于其长达60余年的历史和涉及范围的广泛，使其拥有比一般科技领域更复杂、更丰富的概念。人工智能的研究是如何开端的？当代人工智能研究发展到哪一步了？人们对于人工智能的理解和认知有哪些共性和差异？在本篇中，我们将带你走近人工智能的前世今生，为你揭示这项颠覆性技术的真相。

第一章　认知鸿沟下的人工智能

人工智能再度崛起

2016 年对于人工智能来说是一个特殊的年份。年初，Alpha-Go 大胜围棋九段李世石，让近十年来再一次兴起的人工智能技术走向台前，进入公众的视野。过去几年中，科技巨头已相继成立人工智能实验室，投入越来越多的资源抢占人工智能市场，甚至整体转型为人工智能驱动的公司，紧锣密鼓筹谋人工智能未来。我国及其他各国政府都把人工智能当作未来的战略主导，出台战略发展规划，从国家层面进行整体推进，迎接即将到来的人工智能社会。这一次革命将不仅仅是实验室研究。学术研究和商业化的同时推进正在将人工智能产品化、服务化，让公众真实感受到它的存在。尤其是在图像、语音识别、自然语言处理等基于深度学习算法应用的领域正在迅速产业化，赛道已经铺开。

尽管我们在不同的场合频繁地谈论人工智能，但我们发现，现在处于全球热议中的"人工智能"，并不完全等同于以往学院派定义的人工智能。以科学家为代表的人工智能基础研究者和人

人工智能

工智能产品设计者、商务人士、政策制定者和广大的公众通常在不同的语境下使用"人工智能"这个术语。另一方面，就像之前的"云计算""大数据"和"机器学习"，"人工智能"这个词已经被市场营销人员和广告文案人员大肆使用。在不同群体眼中，"人工智能"似乎既是解决所有难题的一剂良药，也是造成大规模失业的定时炸弹。

作为一个专业术语，"人工智能"可以追溯到 20 世纪 50 年代。美国计算机科学家约翰·麦卡锡及其同事在 1956 年的达特茅斯会议上提出，"让机器达到这样的行为，即与人类做同样的行为"可以被称为人工智能。在随后的 60 年中，人工智能曾经经历了"三起两落"，三次兴起，又两次陷入低谷。除了技术方向本身不断进化之外，人工智能的含义由于解释的灵活性，也出现了多层次的划界。在 AlphaGo 打败李世石和柯洁之前，多数公众对人工智能这件事的印象可能还只停留在电影中。几十年来，《人工智能》《黑客帝国》《她》《超能特工队》等一系列电影描述了人类对"人工智能"的憧憬与恐惧。人工智能的概念不仅是一种科学共识，也是一种流行和商业文化的形塑。一小部分人工智能专家和使用"黑箱"技术的公众之间的认知差距越来越大。那么，在人工智能再度兴起的今天，我们是否清楚它意味着什么？它的能力和局限是什么？相比过去，人工智能的内涵转变了吗？

认知鸿沟下的人工智能

为了了解人们对人工智能的理解情况，腾讯研究院于 2017 年 5—6 月展开了一次网络调查。通过腾讯问卷平台，我们对与人工智能直接或间接相关的研发人员、技术人员、产品人员、法律政策与人文社科研究者等不同群体投放了问卷，共计收到了2 968名各界人士的回复。根据此次调查数据，依次回答以下问题：不同群体对人工智能的理解和认识程度如何，是否存在差别？在不同领域人们对人工智能的接受和信任程度如何？人工智能的研究过程中需要注意什么问题？对于管理者而言，是否清楚人工智能的能力与局限？

在本次调查的受访者中，男女比例约为2∶1，整体教育程度较高（见表1-1）。其中，11.9%的人从事的职业与人工智能直接相关，45.7%的人从事的职业与人工智能间接相关，42.4%的人从事的职业与人工智能不相关。在人工智能直接或间接从业者中，包含了科学家、技术人员、产品/设计、法律政策相关、人文社科研究者、媒体、创业者等不同角色（见图1-1）。我们认识到上述数据资料的局限性，并不试图推论出全国总体情况。

表1-1　　　　　　　　　　受访者构成情况

变量	取值	百分比
性别	男	67.5%
	女	32.5%
学历	本科	50.7%
	硕士	37.2%
	博士	3.8%

本调查涉及人工智能领域的五大重要话题，分别为：人工智能的理解与认知、人工智能的未来预测、人工智能的信任与接受程度、人工智能的威胁，以及人工智能的法律与研究责任。

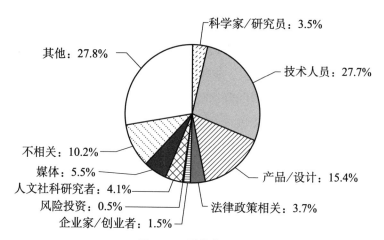

图 1-1　受访者职业

人工智能的理解与认知

本部分主要分析人们对于人工智能的印象和理解。人们眼中的人工智能究竟意味着什么？在本次调查中，我们没有预设广义或是狭义的人工智能，而是广泛询问公众对于人工智能的第一印象、已有成果的了解和未来的想象。

（1）AI印象：提到"人工智能"，你首先想到什么？（见图1-2）

图 1-2　AI印象图谱

　　超过半数的调查对象提到了"阿尔法狗"（AlphaGo）、"机器人"。热度高的词还包括"自动驾驶""终结者""Siri""大数据"。在谈论人工智能时，人们常常把它和机器人的概念混淆起来。而本轮人工智能浪潮更多是基于大数据的深度学习算法繁荣的表现，和以往试图以机器人的形态还原人类智能和行为的智能系统的"通用型人工智能"（Artificial General Intelligence）并不能等同起来。

　　（2）AI已经具备哪些能力？（见图1-3）

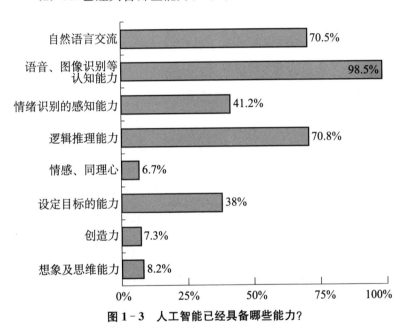

图1-3　人工智能已经具备哪些能力？

　　人工智能是一组技术的统称。要理解AI已经具备的能力，需要了解人工智能目前技术领域的发展及其能够解决的问题，而并非把"人工智能"看成是一种笼统的能力。例如，决策能力涉及强化学习。创造力是指跟创造有关的生成模型，在内容生成领域会有很好的应用。情感计算研究就是试图创建一种能感知、识别和理解人的情感，并能针对人的情感做出智能、灵敏、友好反应的计算系统，即赋予计算机像人一样的观察、理解和生成各种情感特征的能力。目前，有关研究已经在人脸表情、姿态分析、语音的情感和识别方面获得一定进展。机器了解你的喜怒哀乐，但并不意味着它会因此像人类一样引发"同理心"。

人工智能的未来预测

人工智能进入高速发展期，随着人工智能在各行业的应用全面开花，由人类和人工智能和谐共生的社会越来越近，我们将会迎来一个什么样的人工智能社会？

（1）AI会在10年后在社会普及吗？

47.8%的调查对象认为，人工智能将在10年后普及。经过进一步分析，从事行业与人工智能直接相关的受访者有更高的比例认为人工智能会在未来10年在社会普及（见图1-4）。

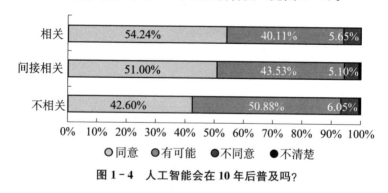

图1-4 人工智能会在10年后普及吗？

（2）人工智能是否会产生积极影响？

调查结果显示，受访者对人工智能对社会的影响呈现出积极的态度（见图1-5）。

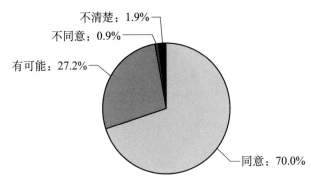

图 1 - 5 人工智能是否会带来积极影响？

对人工智能的了解程度越多，越可能认为人工智能会带来积极影响。

选择"非常了解"人工智能的受访者中，有 82.63％同意人工智能将对社会产生积极影响；而选择"不太了解"人工智能的受访者中，只有 59.30％认为人工智能将对社会产生积极影响。使用过人工智能产品的受访者中，有 73.38％认为人工智能将对社会产生积极影响；而没有使用过人工智能产品的受访者中，有 64.28％认为人工智能将对社会产生积极影响，比使用过人工智能产品的受访者低 9.1 个百分点。对人工智能缺乏了解，甚至误解，可能面对人工智能陷入一种"无知的恐惧"中。

（3）人工智能会发展出意识么？（见图 1 - 6）

意识是人类最为神奇的心理能力，也是非常神秘复杂的现象。自 20 世纪 90 年代以来，众多哲学家、心理学家、神经科学家开始展开被称为"机器意识"的研究。对于现象意识的存在性问题，有截然相左的两种观点。一种是神秘论的观点，认为我们神经生物系统唯一共有的就是主观体验，这种现象意识是不可还原为物理机制或逻辑描述的，靠人类心智是无法把握的。另一种是取消论的观

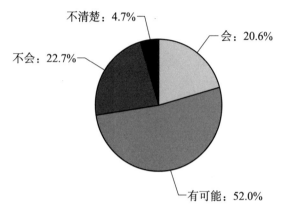

图 1-6 人工智能可能发展出意识吗?

点，认为机器仅仅是一个蛇神（zombie）而已，除了机器还是机器，不可能具有任何主观体验的东西。[1]对于机器智能的争论本身包含人们对于意识的不同理解。对于达到人工智能的终极目标而言，意识是一个绕不开的难题。如果未来"通用型人工智能"成为可能，一定会伴随着"机器意识"的出现。而对于本轮基于机器学习的人工智能浪潮而言，这还是一个相对遥远的研究方向。

人工智能的信任与接受程度

可接受度是人工智能落地的关键。用户对人工智能系统的信任，是人工智能系统产生社会效益的前提。安稳的信任需要不断重复考验。信任需要一个实践系统，帮助指导人工智能系统的安全和道德管理。其中包括协调社会规范和价值观、算法责任、遵守现行法律规范，以及确保数据算法及系统的完整性，并且保护个人隐私。

（1）您希望在哪些领域使用人工智能？

调查结果显示，受访者最希望在智能家居、交通运输、老年人/儿童陪护和个性化推荐领域使用（见图1-7）。

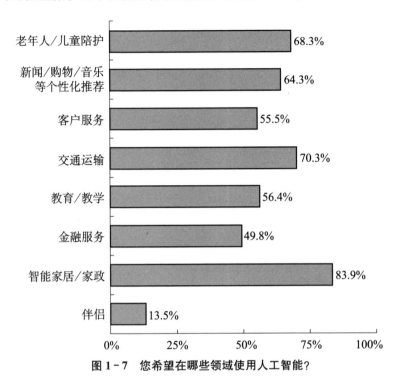

图1-7　您希望在哪些领域使用人工智能？

（2）九大领域接受程度：我们准备好了吗？

根据目前人工智能领域企业分布和研究领域的观察，我们筛选出了九大常见的应用场景：自动驾驶，虚拟助理，研究/教育，金融服务，医疗和诊断，设计和艺术创作，合同、诉讼等法律实践，社交陪伴，以及服务业和工业。调查对象被要求回答在这九大场景中，多大程度上可以交给"人工智能"去完成：1）人类自己做；2）人类为主，人工智能为辅；3）人工智能为主，人类监督；4）人工智能取代人；5）不清楚。

调查结果如图1-8所示。

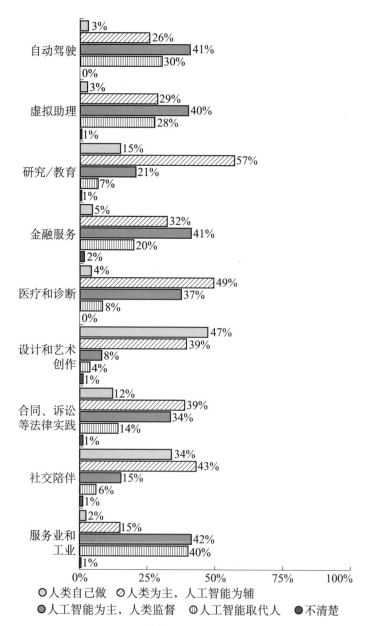

图 1-8　九大领域人工智能的接受程度

人工智能接受程度较高的领域有：服务业和工业、自动驾驶、金融服务及虚拟助理，分别有42％、41％、41％和40％的调查对象认为应该以人工智能为主，人类监督。尤其在服务业和工业领域，40％的调查对象认为人工智能可以取代人。

人工智能接受程度相对较低的领域有：研究/教育、医疗和诊断、社交陪伴以及合同、诉讼等法律实践，分别有57％、49％、43％和39％的调查对象认为应该以人类为主，人工智能为辅。

对人工智能接受程度最低的是设计和艺术创作领域，47％的调查对象认为应该人类自己做，只有4％的调查对象认为该领域人工智能可以取代人。

根据人们对以上问题的答案，容易得出一个符合公众想象的结论，即机械化程度越高的工作，人们越希望由人工智能来完成。而需要创作的工作，人们对于人类的能力更自信。

而事实是，不同于以往的自动化浪潮仅仅影响机械性劳动，人工智能已经越来越多地出现在研究和艺术领域。2016年底，索尼发布了一首人工智能创作的流行歌曲"Daddy's Car"。该曲目由索尼计算机科学实验室人工智能程序 FlowMachines 创作，通过分析一个有大量歌曲的数据库探索出一种特别的风格。人工智能已经能够创作出诗歌和歌曲，在以往人们认为不可被机器替代的艺术和创作领域，人机结合的趋势也慢慢显现出来。不过，FlowMachines 负责人 Pacht 表示，虽然人工智能现在可以创作"完美"的歌曲，但只有音乐家才能创造出独一无二的作品。

（3）AI交互模式："自然语言交流"成为人机交互首选模式（见图1-9）。

每一次技术革命都同时推动着交互方式的演变。随着语言识

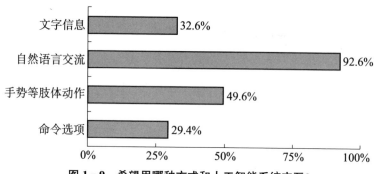

图 1-9　希望用哪种方式和人工智能系统交互？

别技术和自然语言处理技术（NLP）的快速发展，语音识别逐渐成为一种智能机器普遍的交互方式。有分析师在一篇报告中提出，估计到 2020 年普通人与机器之间的对话将超过配偶之间的对话。[2]报告并未指出原因是人对 AI 技术依赖增加还是未来配偶关系恶化，不过也有可能是两种因素的综合。在当下，电子设备中的"屏幕操作"到"聊天界面"的转变已成大势。在语音交互相关领域已经出现一批玩家和产品，国外有亚马逊的 Alexa、谷歌的 GoogleAssistant，国内有腾讯云小微、百度的度秘等，这些产品以对话作为交互方式，控制不同的智能设备。所有科技公司都在加速完成这种转变，争取下一代人工智能服务入口。

人工智能的威胁

当人工智能在各个领域开拓疆土的时候，各种关于 AI 的隐忧也层出不穷。有人担心 AI 会大量取代人力，有人担忧 AI 的发展会不受控制。《大都会》《终结者》这类电影都有这样的论调，它们表达了一种恐惧。当强人工智能系统被造出来的时候，也许它的智慧会远超人类，带来一些无法想象的风险。究竟应该如何理解人工智能的威胁？

（1）人工智能是否有可能控制人类？（见图 1-10）

选择对人工智能不太了解的人群中，有 38.47％的人认同人工智能可能将控制人类，而在选择有些了解和非常了解的人群中，这个比例分别是 36.76％和 27.8％。

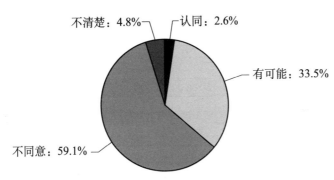

图 1-10　人工智能是否有可能控制人类？

（2）"强人工智能"会在什么时候到来？

对于人工智能的威胁，最著名的当属伊隆·马斯克发表的"AI 威胁论"，他曾经几次公开表示，人工智能有可能成为人类文明的最大威胁，呼吁政府快速采取措施，监管这项技术。与马斯克的"AI 威胁论"相对的是，包括扎克伯格、李开复、吴恩达等在内的多位人工智能业界和学界人士都表示人工智能对人类的生存威胁尚且遥远。双方对人工智能是否会威胁人类的最大分歧来源于对"人工智能"的不同理解。马斯克语境中的"人工智能"主要是指"强人工智能"（或"通用型人工智能"），即具备处理多种类型的任务和适应未曾预料的情形和能力。而扎克伯格所说的"人工智能"是指狭义的专业领域的人工智能能力。目前科学界对"强人工智能"何时会实现尚无定论。超过半数的科学家及技术研究者认为"强人工智能"在 2045 年之前不会实现，而非技术领域的群体则预测它会在更短的时间内实现（见图 1-11）。

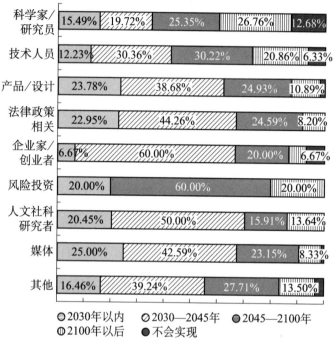

图 1-11 不同群体预测"强人工智能"何时到来

人工智能的法律与研究责任

我们所爱的文明可以说是智能的产物，所以将人工智能用于放大人类智能有潜力带来前所未有的繁荣。当然，我们要在造福人类的前提之下发展技术。

在人工智能不断发展的过程中，它的出现对伦理道德、法律责任提出了新的问题。例如，当人工智能系统对用户产生潜在威胁时，该由谁来承担法律责任？图 1-12 显示了对于人工智能法律与研究责任的态度的调查结果。

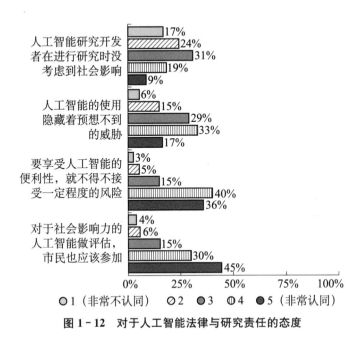

图 1-12 对于人工智能法律与研究责任的态度

（1）您认为自动驾驶、医疗等领域的人工智能对人的生命财产安全造成损害时，法律责任将由谁来承担？（见图 1-13）

（2）应该从哪个阶段开始考虑伦理、法律、社会影响？

只有 1% 的受访者认为，无须考虑人工智能带来的伦理、法律、社会影响（1.2% 选择不清楚），但在从哪个时间段开始考虑这些影响这个问题上，不同群体的考虑不同（见图 1-14）。

相比科研群体，人文、法律群体在人工智能的更早阶段关注人工智能的伦理、法律及社会影响（见图 1-15）。人文社科研究者和政策法律群体认为应该从人工智能的基础研究阶段开始考虑伦理、法律、社会影响。而科学家、企业家/创业者和技术人员较晚考虑人工智能的伦理、法律及社会影响。

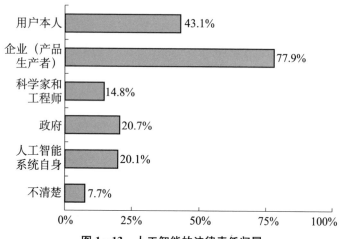

图 1-13　人工智能的法律责任归属

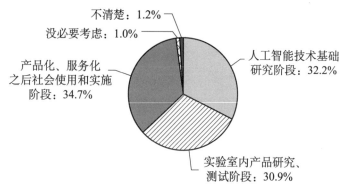

图 1-14　从哪个阶段开始考虑伦理、法律、社会影响?

对人工智能的误解

根据上述研究,我们列举了以下七条人工智能领域的常见误解:

误解 1:人工智能等于机器人。

事实:人工智能是包含大量子领域的全部术语,涉及广泛的

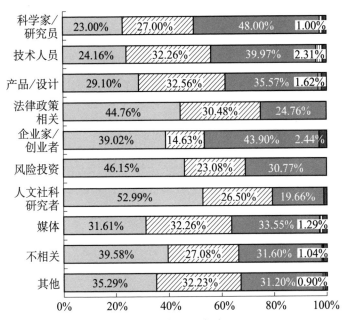

图 1-15　不同群体的差别

应用范围。

误解 2：人工智能对标的是 O2O，电商和消费升级这样的具体赛道。

事实：人工智能提供的是为全产业升级的技术工具。

误解 3：人工智能的产品离普通人很遥远。

事实：现实生活中，我们已经在使用 AI 技术，而且无处不在。例如：邮件过滤、个性化推荐、微信语音转文字、苹果 Siri、谷歌搜索引擎、机器翻译、自动驾驶等等。

误解 4：人工智能是一项技术。

事实：人工智能包含许多技术。在具体的语境中，如果一个系统拥有语音识别、图像识别、检索、自然语言处理、机器翻译、机器学习中的一个或几个能力，那么我们就认为它拥有一定的人工智能。

误解 5：通用型人工智能将在短期内到来。

事实：短期内，通用型人工智能不是产业界主流的研究方向。我们更有可能看到深度学习技术在各个领域深耕。

误解 6：人工智能可以独立、自主地产生意识。

事实：目前的人工智能离通用型人工智能还有一段距离。工具型人工智能无法产生意识。

误解 7：人工智能会在短期内取代人类的工作。

事实：人工智能在不同领域的应用成熟度差别很大，虽然现在人工智能已经能在围棋领域战胜世界上最强的职业棋手，但可能还需要 50 年才能自主创作出畅销作品。工具型人工智能和人类的能力在许多情境下是互补的，短期内更有可能出现的是人机协作的状态。

迎接未来

人工智能再度兴起并非偶然。本轮人工智能之所以能蓬勃发展，源于我们有了足够海量的数据、强大的计算资源以及更先进的算法。新一代的变化出现了重要的特征：基于大数据的深度学习。2006 年深度学习（深度神经网络）基本理论框架得到了验证，从而使得人工智能开启了新一轮的繁荣。2010 年率先在语音、自然语言处理领域取得突破。自 2011 年深度学习在图像识别领域的准确率超过人类后，这类算法在各个领域大放异彩。产业界谈论的人工智能对各行各业的改变，也无不围绕着深度学习及其相关的一系列数据处理技术。

我们现在只是身处本轮人工智能浪潮的初始阶段。摒弃外界的宣传，我们需要实际且更准确地理解人工智能。在本篇后面的章节中，我们将一一揭开人工智能的前世今生以及它正在带来的商业和社会变革。本书分为技术篇、产业篇、战略篇、法律篇、伦理篇、治理篇和未来篇。本书的作者也包含不同的研究主体。作者们从不同的角度层层剥开人工智能的概念和它的发展道路，带你领略人工智能的崎岖与光明。人工智能最终将重塑这个世界。现在已经在各行各业观察到这些变化趋势。同时，每一次人工智能的突破，都会带来伦理、法律的挑战。我们还将在技术发展的前期快速研究人工智能的伦理、法律、社会影响，迎接一个"人机共生"的社会。

欢迎来到人工智能的新世界。

第二章　人工智能的过去

人工智能的概念

提起人工智能，我们会想起在各类影视作品中看到的场景：《她》里让人类陷入爱情的人工智能操作系统萨曼莎、《超能特工队》里的充气医疗机器人大白、《西部世界》里游荡在公园里逐渐意识觉醒的机器人接待员等等，都是人们对人工智能的美好期待。

时间回到 1956 年的夏天，在达特茅斯夏季人工智能研究会议上，约翰·麦卡锡、马文·明斯基、纳撒尼尔·罗切斯特和克劳德·香农，以及其余 6 位科学家，共同讨论了当时计算机科学领域尚未解决的问题，第一次提出了人工智能的概念。在这次会议之后，人工智能开始了第一春，但受限于当时的软硬件条件，那时的人工智能研究多局限于对于人类大脑运行的模拟，研究者只能着眼于一些特定领域的具体问题，出现了几何定理证明器、西洋跳棋程序、积木机器人等。在那个计算机仅仅被作为数值计算器的时代，这些略微展现出智能的应用，即被视作人工智能的体现。

进入 21 世纪，随着深度学习的提出，人工智能又一次掀起浪潮。小到手机里的 Apple Siri，大到城市里的智慧安防，层出不穷的应用出现在论文里、新闻里以及人们的日常生活中。而其中最称得上里程碑事件的是，2016 年由谷歌旗下 DeepMind 公司开发的 AlphaGo，在与围棋世界冠军、职业九段棋手李世石进行的围棋人机大战中，以 4 比 1 的总比分获胜。这一刻，即使是之前对人工智能一无所知的人，也终于开始感受到它的力量。

虽然人工智能技术在近几年取得了高速的发展，但要给人工智能下个准确的定义并不容易。一般认为，人工智能是研究、开发用于模拟、延伸和扩展人的智能的理论、方法、技术及应用系统的一门新的技术科学。人类日常生活中的许多活动，如数学计算、观察、对话、学习等，都需要"智能"。"智能"能预测股票、看得懂图片或视频，也能和其他人进行文字或语言上的交流，不断督促自我完善知识储备，它会画画，会写诗，会驾驶汽车，会开飞机。在人们的理想中，如果机器能够执行这些任务中的一种或几种，就可以认为该机器已具有某种性质的"人工智能"。时至今日，人工智能概念的内涵已经被大大扩展，它涵盖了计算机科学、统计学、脑神经学、社会科学等诸多领域，是一门交叉学科。人们希望通过对人工智能的研究，能将它用于模拟和扩展人的智能，辅助甚至代替人们实现多种功能，包括识别、认知、分析、决策等等。

人工智能的层次

　　如果要结构化地表述人工智能的话，从下往上依次是基础设施层、算法层、技术层、应用层（见图1-16）。基础设施包括硬件/计算能力和大数据；算法层包括各类机器学习算法、深度学习算法等；再往上是多个技术方向，包括赋予计算机感知/分析能力的计算机视觉技术和语音技术、提供理解/思考能力的自然语言处理技术、提供决策/交互能力的规划决策系统和大数据/统计分析技术。每个技术方向下又有多个具体子技术；最顶层的是行业解决方案，目前比较成熟的包括金融、安防、交通、医疗、游戏等。

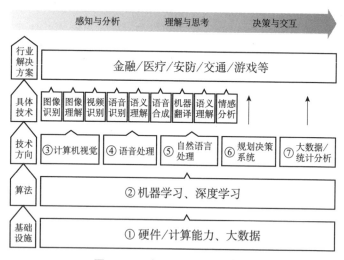

图1-16　人工智能的层次结构

基础设施层

回顾人工智能发展史，每次基础设施的发展都显著地推动了算法层和技术层的演进。从 20 世纪 70 年代的计算机兴起、80 年代的计算机普及，到 90 年代计算机运算速度和存储量的增加、互联网兴起带来的数据电子化，均产生了较大的推动作用。而到了 21 世纪，这种推动效果则更为显著，互联网大规模服务集群的出现、搜索和电商业务带来的大数据积累、GPU（图形处理器）和异构/低功耗芯片兴起带来的运算力提升，促成了深度学习的诞生，点燃了人工智能的这一波爆发浪潮。

这波浪潮之中，数据的爆发增长功不可没。我们知道，海量的训练数据是人工智能发展的重要燃料，数据的规模和丰富度对算法训练尤为重要。如果我们把人工智能看成一个刚出生的婴儿，某一领域专业的、海量的、深度的数据就是喂养这个天才的奶粉。奶粉的数量决定了婴儿是否能长大，而奶粉的质量则决定了婴儿后续的智力发育水平。2000 年以来，得益于互联网、社交媒体、移动设备和传感器的普及，全球产生及存储的数据量剧增。根据 IDC 报告显示，2020 年全球数据总量预计将超过 40ZB（相当于 4 万亿 G）[3]，这一数据量是 2011 年的 22 倍（见图 1-17）。在过去几年，全球的数据量以每年 58% 的速度增长，在未来这个速度将会更快。与之前相比，现阶段"数据"包含的信息量越来越大、维度越来越多，从简单的文本、图像、声音等数据，到动作、姿态、轨迹等人类行为数据，再到地理位置、天气等环境数据。有了规模更大、类型更丰富的数据，模型效果自然也能得到提升。

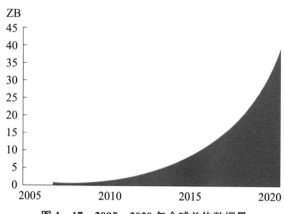

图 1 - 17　2005—2020 年全球总体数据量

　　而在另一方面，运算力的提升也起到了明显效果。AI 芯片的出现显著提高了数据处理速度，尤其在处理海量数据时明显优于传统 CPU。在擅长处理/控制和复杂流程但高功耗的 CPU 的基础之上，诞生了擅长并行计算的 GPU，以及拥有良好运行能效比、更适合深度学习模型的 FPGA 和 ASIC。芯片的功耗比越来越高，而灵活性则越来越低，甚至可以是为特定功能的深度学习算法量身定做的（见图 1 - 18）。

典型计算密集型任务功耗比对标

			单精度浮点峰值运算力（GFLOPS）	功耗（W）	功耗比（GFLOPS/W）	灵活性
CPU		擅长处理/控制和复杂流程，高功耗	1 330	145	9	很高
GPU		擅长简单并行计算，高功耗	8 740	300	29	高
FPGA		可重复编程，低功耗	1 800	30	60	中
ASIC		高性能，研发成本高，任务不可更改	450	0.5	900	低

图 1 - 18　不同类型芯片运算能力、功耗对比

算法层

说到算法层，必须先明确几个概念。所谓"机器学习"，是指利用算法使计算机能够像人一样从数据中挖掘出信息；而"深度学习"作为"机器学习"的一个子集，相比其他学习方法，使用了更多的参数、模型也更复杂，从而使得模型对数据的理解更加深入，也更加智能。传统机器学习是分步骤来进行的，每一步的最优解不一定带来结果的最优解；另一方面，手工选取特征是一种费时费力且需要专业知识的方法，很大程度上依赖经验和运气。而深度学习是从原始特征出发，自动学习高级特征组合，整个过程是端到端的，直接保证最终输出的是最优解。但中间的隐层是一个黑箱，我们并不知道机器提取出了什么特征（见图1-19）。

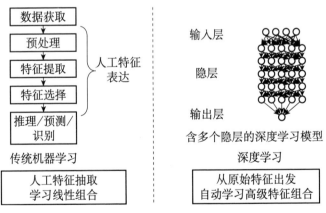

图1-19 深度学习与传统机器学习的差别

机器学习中会碰到以下几类典型问题（见图1-20）。第一类是**无监督学习问题**：给定数据，从数据中发现信息。它的输入是

没有维度标签的历史数据，要求的输出是聚类后的数据。比如给
定一篮水果，要求机器自动将其中的同类水果归在一起。机器会
怎么做呢？首先对篮子里的每个水果都用一个向量来表示，比如
颜色、味道、形状。然后将相似向量（向量距离比较近）的水果
归为一类，红色、甜的、圆形的被划在了一类，黄色、甜的、条
形的被划在了另一类。人类跑过来一看，原来第一类里的都是苹
果，第二类里的都是香蕉呀。这就是无监督学习，典型的应用场
景是用户聚类、新闻聚类等。

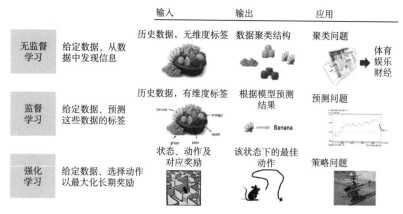

图1-20　机器学习中的三类典型问题

第二类是**监督学习问题**：给定数据，预测这些数据的标签。
它的输出是带维度标签的历史数据，要求的输出是依据模型所做
出的预测。比如给定一篮水果，其中不同的水果都贴上了水果名
的标签，要求机器从中学习，然后对一个新的水果预测其标签
名。机器还是对每个水果进行了向量表示，根据水果名的标签，
机器通过学习发现红色、甜的、圆形的对应的是苹果，黄色、甜
的、条形的对应的是香蕉。于是，对于一个新的水果，机器按照

这个水果的向量表示知道了它是苹果还是香蕉。监督学习典型的应用场景是推荐、预测相关的问题。

第三类是**强化学习问题**：给定数据，选择动作以最大化长期奖励。它的输入是历史的状态、动作和对应奖励，要求输出的是当前状态下的最佳动作。与前两类问题不同的是，强化学习是一个动态的学习过程，而且没有明确的学习目标，对结果也没有精确的衡量标准。强化学习作为一个序列决策问题，就是计算机连续选择一些行为，在没有任何维度标签告诉计算机应怎么做的情况下，计算机先尝试做出一些行为，然后得到一个结果，通过判断这个结果是对还是错，来对之前的行为进行反馈。举个例子来说，假设在午饭时间你要下楼吃饭，附近的餐厅你已经体验过一部分，但不是全部，你可以在已经尝试过的餐馆中选一家最好的（开发，exploitation），也可以尝试一家新的餐馆（探索，exploration），后者可能让你发现新的更好的餐馆，也可能吃到不满意的一餐。而当你已经尝试过的餐厅足够多的时候，你会总结出经验（"大众点评"上的高分餐厅一般不会太差；公司楼下近的餐厅没有远的餐厅好吃，等等），这些经验会帮助你更好地发现靠谱的餐馆。许多控制决策类的问题都是强化学习问题，比如让机器通过各种参数调整来控制无人机实现稳定飞行，通过各种按键操作在电脑游戏中赢得分数等。

机器学习算法中的一个重要分支是**神经网络算法**。虽然直到21世纪才因为 AlphaGo 的胜利而为人们所熟知，但神经网络的历史至少可以追溯到 60 年前。60 年来神经网络几经起落，由于各个时代背景下数据、硬件、运算力等的种种限制，一次次因遭遇瓶颈而被冷落，又一次次取得突破重新回到人们的视野中，最近的一次是随着深度学习的兴起而备受关注。

从 20 世纪 40 年代起，就有学者开始从事神经网络的研究：McCulloch 和 Pitts 发布了 A Logical Calculus of the Ideas Immanent in Nervous Activity[4]，被认为是神经网络的第一篇文章；神经心理学家 Hebb 出版了 *The Organization of Behavior*[5] 一书，在书中提出了被后人称为"Hebb 规则"的学习机制。第一个大突破出现于 1958 年，Rosenblatt 在计算机上模拟实现了一种他发明的叫作"感知机"（Perceptron）的模型[6]，这个模型可以完成一些简单的视觉处理任务，也是后来神经网络的雏形、支持向量机（一种快速可靠的分类算法）的基础（见图 1-21）。一时间，这种能够模拟人脑的算法得到了人们的广泛追捧，国防部等政府机构纷纷开始赞助神经网络的研究。神经网络的风光持续了十余年，1969 年，Minsky 等人论证了感知机在解决 XOR（异或）等基本逻辑问题时能力有限[7]，这一缺陷的展现浇灭了人们对神经网络的热情，原来的政府机构也逐渐停止资助，直接造成了此后长达 10 年的神经网络的"冷静时期"。期间，Werbos 在 1974 年证明了在神经网络中多加一层[8]，并且利用"后向传播"（Back-propagation）算法可以有效解决 XOR 问题，但由于当时仍处于神经网络的低潮，这一成果并没有得到太多关注。

直到 80 年代，神经网络才终于迎来复兴。物理学家 Hopfield 在 1982 年和 1984 年发表了两篇关于人工神经网络研究的论文[9]，提出了一种新的神经网络，可以解决一大类模式识别问题，还可以给出一类组合优化问题的近似解。他的研究引起了巨大的反响，人们重新认识到神经网络的威力以及付诸应用的现实性。1985 年，Rumelhart、Hinton 等许多神经网络学者成功实现了使

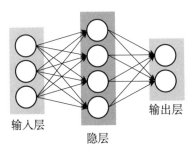

输入层

隐层

输出层

图1-21　感知机模型图示

用"后向传播"BP算法来训练神经网络[10]，并在很长一段时间内将BP作为神经网络训练的专用算法。在这之后，越来越多的研究成果开始涌现。1995年，Yann LeCun等人受生物视觉模型的启发，改进了卷积神经网络（Convolution Neural Network，CNN）（见图1-22）。[11]这个网络模拟了视觉皮层中的细胞（有小部分细胞对特定部分的视觉区域敏感，个体神经细胞只有在特定方向的边缘存在时才能做出反应），以类似的方式计算机能够进行图像分类任务（通过寻找低层次的简单特征，如边缘和曲线，然后运用一系列的卷积层建立一个更抽象的概念），在手写识别等小规模问题上取得了当时的最好结果。2000年之后，Bengio等人开创了神经网络构建语言模型的先河。[12]

　　直到2001年，Hochreiter等人发现使用BP算法时，在神经网络单元饱和之后会发生梯度损失[13]，即模型训练超过一定迭代次数后容易产生过拟合，就是训练集和测试集数据分布不一致（就好比上学考试的时候，有的人采取题海战术，把每道题目都背下来。但是题目稍微一变，他就不会做了。因为机器非常复杂地记住了每道题的做法，却没有抽象出通用的规则）。神经网络又一次被人们所遗弃。然而，神经网络并未就此沉寂，许多学者

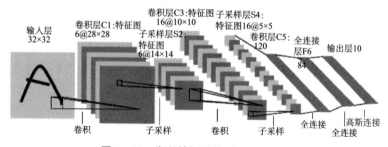

图 1 - 22 卷积神经网络（CNN）图示

仍在坚持不懈地进行研究。2006 年，Hinton 和他的学生在 *Science* 杂志上发表了一篇文章[14]，从此掀起了深度学习（Deep Learning）的浪潮。深度学习能发现大数据中的复杂结构，也因此大幅提升了神经网络的效果。2009 年开始，微软研究院和 Hinton 合作研究基于深度神经网络的语音识别[15]，使得相对误识别率降低 25%。2012 年，Hinton 又带领学生在目前最大的图像数据库 ImageNet 上，对分类问题取得了惊人成果，将 Top5 错误率由 26% 降低至 15%。[16]再往后的一个标志性时间是 2014 年，Ian Goodfellow 等学者发表论文提出题目中的"生成对抗网络"[17]，标志着 GANs 的诞生，并自 2016 年开始成为学界、业界炙手可热的概念，它为创建无监督学习模型提供了强有力的算法框架。时至今日，神经网络经历了数次潮起潮落后，又一次站在了风口浪尖，在图像识别、语音识别、机器翻译等领域，都随处可见它的身影（见图 1 - 23）。

而其他**浅层学习**的算法，也在另一条路线上不断发展着，甚至一度取代神经网络成为人们最青睐的算法。直到今天，即使神经网络的发展如日中天，这些浅层算法也在一些任务中占有一席之地。

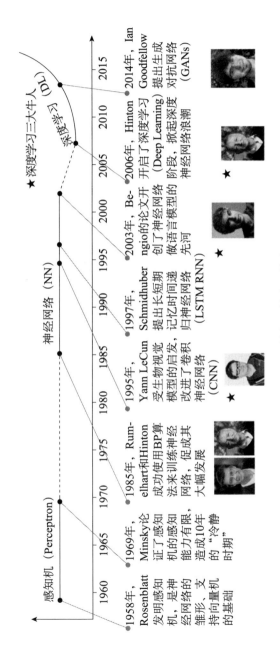

图1-23 神经网络发展简史

1984 年，Breiman 和 Friedman 提出决策树算法[18]，作为一个预测模型，代表的是对象属性与对象值之间的一种映射关系。1995 年，Vapnik 和 Cortes 提出支持向量机（SVM）[19]，用一个分类超平面将样本分开从而达到分类效果（见图 1-24）。这种监督式学习的方法，可广泛地应用于统计分类以及回归分析。鉴于 SVM 强大的理论地位和实证结果，机器学习研究也自此分为神经网络和 SVM 两派。1997 年，Freund 和 Schapire 提出了另一个坚实的 ML 模型 AdaBoost[20]，该算法最大的特点在于组合弱分类器形成强分类器，在脸部识别和检测方面应用很广。2001 年，Breiman 提出可以将多个决策树组合成为随机森林[21]，它可以处理大量输入变量，学习过程快，准确度高（见图 1-25）。随着该方法的提出，SVM 在许多之前由神经网络占据的任务中获得了更好的效果，神经网络已无力和 SVM 竞争。之后虽然深度学习的兴起给神经网络带来了第二春，使其在图像、语音、NLP 等领域都取得了领先成果，但这并不意味着其他机器学习流派的终结。深度神经网络所需的训练成本、调参复杂度等问题仍备受诟病，SVM 则因其简单性占据了一席之地，在文本处理、图像处理、网页搜索、金融征信等领域仍有着广泛应用。

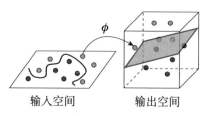

图 1-24 支持向量机（SVM）图示

另一个重要领域是强化学习，这个因 AlphaGo 而为人所熟知

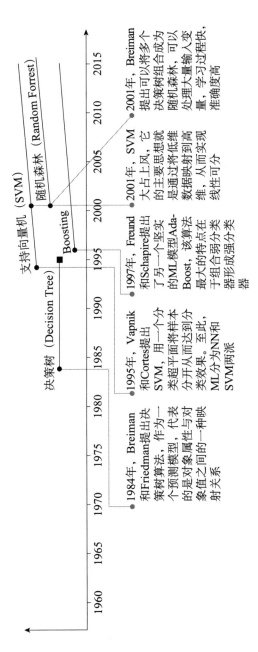

图1-25　浅层学习算法发展历史

的概念，从 60 年代诞生以来，一直不温不火地发展着，直到在
AlphaGo 中与深度学习的创造性结合让它重获新生。

1967 年，Samuel 发明的下棋程序是强化学习的最早应用雏
形。但在六七十年代，人们对强化学习的研究与监督学习、模式
识别等问题混淆在一起，导致进展缓慢。进入 80 年代后，随着
对神经网络的研究取得进展以及基础设施的完善，强化学习的研
究再现高潮。1983 年，Barto 通过强化学习使倒立摆维持了较长
时间。另一位强化学习大牛 Sutton 也提出了强化学习的几个主要
算法，包括 1984 年提出的 AHC 算法[22]，之后又在 1988 年提出
TD 方法[23]。1989 年，Watkins 提出著名的 Q-learning 算法。[24]
随着几个重要算法被提出，到了 90 年代，强化学习已逐渐发展
成为机器学习领域的一个重要组成部分。

最新也是最大的一个里程碑事件出现在 2016 年，谷歌旗下
DeepMind 公司的 David Silver 创新性地将深度学习和强化学习结合
在了一起，打造出围棋软件 AlphaGo，接连战胜李世石、柯洁等一
众世界围棋冠军，展现了强化学习的巨大威力（见图 1 - 26）。

技术方向的发展

计算机视觉

"看"是人类与生俱来的能力。刚出生的婴儿只需要几天的
时间就能学会模仿父母的表情，人们能从复杂结构的图片中找到
关注重点、在昏暗的环境下认出熟人。随着人工智能的发展，机
器也试图在这项能力上匹敌甚至超越人类。

计算机视觉的历史可以追溯到 1966 年，人工智能学家 Min-
sky 在给学生布置的作业中，要求学生通过编写一个程序让计算

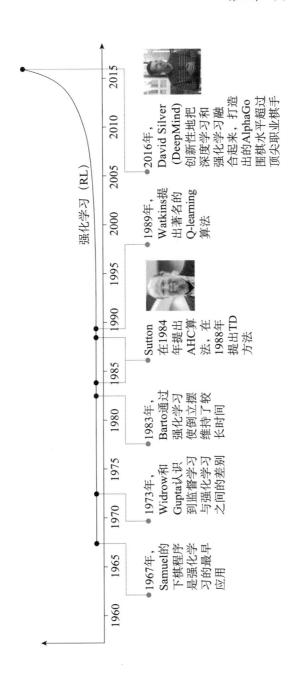

强化学习（RL）

1967年，Samuel的下棋程序是强化学习的最早应用

1973年，Widrow和Gupta认识到监督学习与强化学习之间的差别

1983年，Barto通过强化学习使倒立摆维持了较长时间

Sutton在1984年提出AHC算法，在1988年提出TD方法

1989年，Watkins提出著名的Q-learning算法

2016年，David Silver（DeepMind）创新性地把深度学习和强化学习融合起来，打造出的AlphaGo围棋水平超过顶尖职业棋手

图1-26 强化学习算法发展历史

机告诉我们它通过摄像头看到了什么，这也被认为是计算机视觉最早的任务描述。到了七八十年代，随着现代电子计算机的出现，计算机视觉技术也初步萌芽。人们开始尝试让计算机回答出它看到了什么东西，于是首先想到的是从人类看东西的方法中获得借鉴。借鉴之一是当时人们普遍认为，人类能看到并理解事物，是因为人类通过两只眼睛可以立体地观察事物。因此要想让计算机理解它所看到的图像，必须先将事物的三维结构从二维的图像中恢复出来，这就是所谓的"三维重构"的方法。借鉴之二是人们认为人之所以能识别出一个苹果，是因为人们已经知道了苹果的先验知识，比如苹果是红色的、圆的、表面光滑的，如果给机器也建立一个这样的知识库，让机器将看到的图像与库里的储备知识进行匹配，是否可以让机器识别乃至理解它所看到的东西呢，这是所谓的"先验知识库"的方法。这一阶段的应用主要是一些光学字符识别、工件识别、显微/航空图片的识别等等。

到了 90 年代，计算机视觉技术取得了更大的发展，也开始广泛应用于工业领域。一方面是由于 GPU、DSP 等图像处理硬件技术有了飞速进步；另一方面是人们也开始尝试不同的算法，包括统计方法和局部特征描述符的引入。在"先验知识库"的方法中，事物的形状、颜色、表面纹理等特征受到视角和观察环境的影响，在不同角度、不同光线、不同遮挡的情况下会产生变化。因此，人们找到了一种方法，通过局部特征的识别来判断事物，通过对事物建立一个局部特征索引，即使视角或观察环境发生变化，也能比较准确地匹配上（见图 1-27）。

进入 21 世纪，得益于互联网兴起和数码相机出现带来的海量数据，加之机器学习方法的广泛应用，计算机视觉发展迅速。

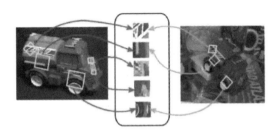

图 1 - 27　基于局部特征识别的计算机视觉技术

以往许多基于规则的处理方式，都被机器学习所替代，自动从海量数据中总结归纳物体的特征，然后进行识别和判断。这一阶段涌现出了非常多的应用，包括典型的相机人脸检测、安防人脸识别、车牌识别等等。数据的积累还诞生了许多评测数据集，比如权威的人脸识别和人脸比对识别的平台——FDDB 和 LFW 等，其中最有影响力的是 ImageNet，包含 1 400 万张已标注的图片，划分在上万个类别里。

到了 2010 年以后，借助于深度学习的力量，计算机视觉技术得到了爆发增长，实现了产业化。通过深度神经网络，各类视觉相关任务的识别精度都得到了大幅提升。在全球最权威的计算机视觉竞赛 ILSVR（ImageNet Large Scale Visual Recognition Competition）上，千类物体识别 Top-5 错误率在 2010 年和 2011 年时分别为 28.2% 和 25.8%，从 2012 年引入深度学习之后，后续 4 年分别为 16.4%、11.7%、6.7%、3.7%，出现了显著突破。由于效果的提升，计算机视觉技术的应用场景也快速扩展，除了在比较成熟的安防领域应用外，也应用于金融领域的人脸识别身份验证、电商领域的商品拍照搜索、医疗领域的智能影像诊断、机器人/无人车上作为视觉输入系统等，包括许多有意思的场景：照片自动分类（图像识别＋分类）、图像描述生成（图像识别＋理解）等等（见图1-28）。

语音技术

语言交流是人类最直接最简洁的交流方式。长久以来，让机器学会"听"和"说"，实现与人类的无障碍交流一直是人工智能、人机交互领域的一大梦想。

早在电子计算机出现之前，人们就有了让机器识别语音的梦想。1920年生产的"Radio Rex"玩具狗可能是世界上最早的语音识别器，当有人喊"Rex"的时候，这只狗能够从底座上弹出来（见图1-29）。但实际上它所用到的技术并不是真正的语音识别，而是通过一个弹簧，这个弹簧在接收到500赫兹的声音时会自动释放，而500赫兹恰好是人们喊出"Rex"中元音的第一个共振峰。第一个真正基于电子计算机的语音识别系统出现在1952年，AT&T贝尔实验室开发了一款名为Audrey的语音识别系统，能够识别10个英文数字，正确率高达98％。70年代开始出现了大规模的语音识别研究，但当时的技术还处于萌芽阶段，停留在对孤立词、小词汇量句子的识别上。

80年代是技术取得突破的时代，一个重要原因是全球性的电传业务积累了大量文本，这些文本可作为机读语料用于模型的训练和统计。研究的重点也逐渐转向大词汇量、非特定人的连续语音识别。那时最主要的变化来自用基于统计的思路替代传统的基于匹配的思路，其中的一个关键进展是隐马尔科夫模型（HMM）的理论和应用都趋于完善。工业界也出现了广泛的应用，德州仪器研发了名为Speak & Spell语音学习机，语音识别服务商Speech Works成立，美国国防部高级研究计划局（DARPA）也

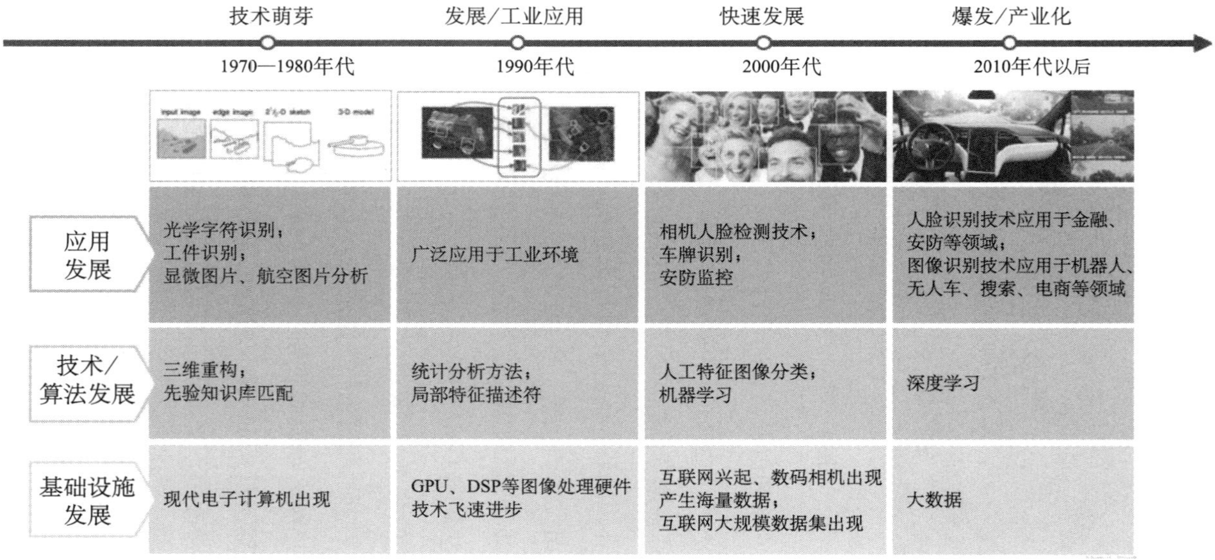

	技术萌芽 1970—1980年代	发展/工业应用 1990年代	快速发展 2000年代	爆发/产业化 2010年代以后
应用发展	光学字符识别; 工件识别; 显微图片、航空图片分析	广泛应用于工业环境	相机人脸检测技术; 车牌识别; 安防监控	人脸识别技术应用于金融、安防等领域; 图像识别技术应用于手机器人、无人车、搜索、电商等领域
技术/算法发展	三维重构; 先验知识库匹配	统计分析方法; 局部特征描述符	人工特征图像分类; 机器学习	深度学习
基础设施发展	现代电子计算机出现	GPU, DSP等图像处理硬件技术飞速进步	互联网兴起, 产生海量数据; 数码相机出现; 互联网大规模数据集出现	大数据

图1-28 计算机视觉发展历程

图 1 - 29 "Radio Rex"玩具狗

赞助支持了一系列语音相关的项目。

90 年代是语音识别基本成熟的时期，主流的高斯混合模型 GMM-HMM 框架逐渐趋于稳定，但识别效果与真正实用还有一定距离，语音识别研究的进展也逐渐趋缓。由于 80 年代末 90 年代初神经网络技术的热潮，神经网络技术也被用于语音识别，提出了多层感知器-隐马尔科夫模型（MLP-HMM）混合模型，但是性能上无法超越 GMM-HMM 框架。

突破的产生始于深度学习的出现。随着深度神经网络（DNN）被应用到语音的声学建模中，人们陆续在音素识别任务和大词汇量连续语音识别任务上取得突破。基于 GMM-HMM 的语音识别框架被基于 DNN-HMM 的语音识别系统所替代，而随着系统的持续改进，又出现了深层卷积神经网络和引入长短时记忆模块（LSTM）的循环神经网络（RNN），识别效果得到了进一步提升，在许多（尤其是近场）语音识别任务上达到了可以进入人们日常生活的标准。于是我们看到以 Apple Siri 为首的智能语音助手、以 Echo 为首的智能硬件入口等等。而这些应用的普及，又进一步扩充了语料资源的收集渠道，为语言和声学模型的训练储备了丰富的燃料，使得构建大规模通用语言模型和声学模型成为可能（见图1-30）。

自然语言处理

人类的日常社会活动中，语言交流是不同个体间信息交换和沟通的重要途径。因此，对机器而言，能否自然地与人类进行交流、理解人们表达的意思并做出合适的回应，被认为是衡量其智能程度的一个重要参照，自然语言处理也因此成为了绕不开的议题。

早在20世纪50年代，随着电子计算机的出现，产生了许多自然语言处理的任务需求，其中最典型的就是机器翻译。当时存在两派不同的自然语言处理方法：基于规则方法的符号派和基于概率方法的随机派。受限于当时的数据和算力，随机派无法发挥出全部的功力，使得符号派的研究略占上风。体现到翻译上，人们认为机器翻译的过程是在解读密码，试图通过查询词典来实现逐词翻译，这种方式产出的翻译效果不佳、难以实用。当时的一些成果包括1959年宾夕法尼亚大学研制成功的TDAP系统（Transformation and Discourse Analysis Project，最早的、完整的英语自动剖析系统）、布朗美国英语语料库的建立等。IBM-701计算机进行了世界上第一次机器翻译试验，将几个简单的俄语句子翻译成了英文。在这之后，苏联、英国、日本等国家也陆续进行了机器翻译试验。

1966年，美国科学院的语言自动处理咨询委员会（ALPAC）发布了一篇题为《语言与机器》的研究报告，报告全面否定了机器翻译的可行性，认为机器翻译不足以克服现有困难，难以投入

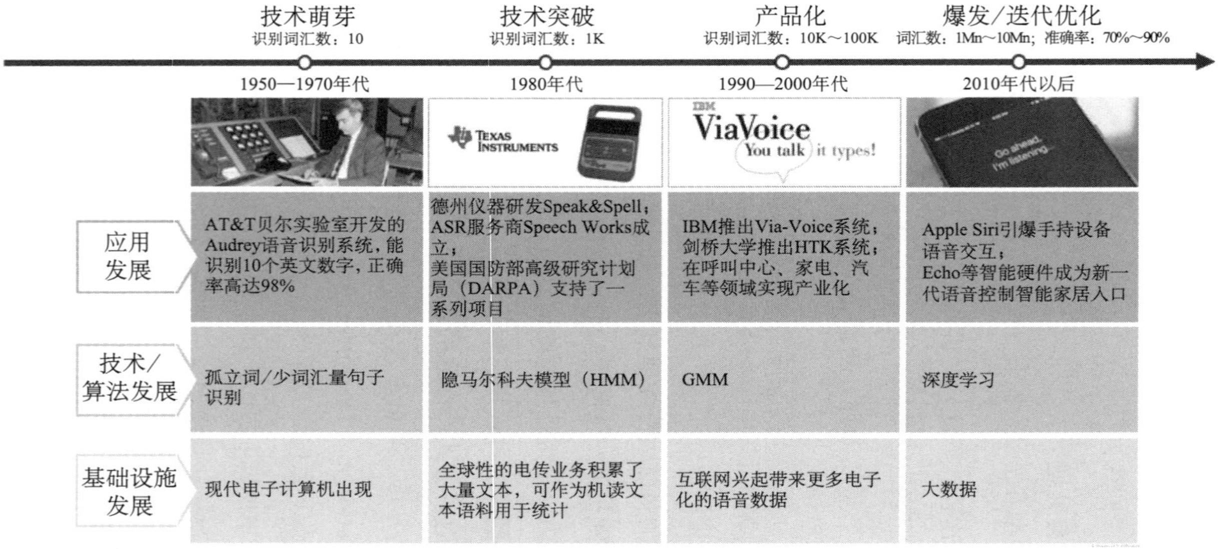
技术萌芽
识别词汇数：10
1950—1970年代
技术突破
识别词汇数：1K
1980年代
产品化
识别词汇数：10K～100K
1990—2000年代
爆发/迭代优化
词汇数：1Mn～10Mn；准确率：70%～90%
2010年代以后
TEXAS INSTRUMENTS
IBM
ViaVoice
You talk it types!
Go ahead. I'm listening.
应用发展
AT&T贝尔实验室开发的Audrey语音识别系统，能识别10个英文数字，正确率高达98%
德州仪器研发Speak&Spell；ASR服务商Speech Works成立；美国国防部高级研究计划局（DARPA）支持了一系列项目
IBM推出Via-Voice系统；剑桥大学推出HTK系统；在呼叫中心、家电、汽车等领域实现产业化
Apple Siri引爆手持设备语音交互；Echo等智能硬件成为新一代语音控制智能家居入口
技术/算法发展
孤立词/少词汇量句子识别
隐马尔科夫模型（HMM）
GMM
深度学习
基础设施发展
现代电子计算机出现
全球性的电传业务积累了大量文本，可作为机读文本语料用于统计
互联网兴起带来更多电子化的语音数据
大数据

图1－30　语音技术发展历程

使用。这篇报告浇灭了之前的机器翻译热潮,许多国家开始削减这方面的经费投入,许多相关研究被迫暂停,自然语言研究陷入低谷。许多研究者痛定思痛,意识到两种语言间的差异不仅体现在词汇上,还体现在句法结构的差异上,为了提升译文的可读性,应该加强语言模型和语义分析的研究。里程碑事件出现在 1976 年,加拿大蒙特利尔大学与加拿大联邦政府翻译局联合开发了名为TAUM-METEO 的机器翻译系统,提供天气预报服务。这个系统每小时可以翻译 6 万~30 万个词,每天可翻译 1 000~2 000 篇气象资料,并能够通过电视、报纸立即公布。在这之后,欧盟、日本也纷纷开始研究多语言机器翻译系统,但并未取得预期的成效。

到了 90 年代,自然语言处理进入了发展繁荣期。随着计算机的计算速度和存储量大幅增加、大规模真实文本的积累产生,以及被互联网发展激发出的、以网页搜索为代表的基于自然语言的信息检索和抽取需求出现,人们对自然语言处理的热情空前高涨。在传统的基于规则的处理技术中,人们引入了更多数据驱动的统计方法,将自然语言处理的研究推向了一个新高度。除了机器翻译之外,网页搜索、语音交互、对话机器人等领域都有自然语言处理的功劳。

进入 2010 年以后,基于大数据和浅层、深度学习技术,自然语言处理的效果得到了进一步优化。机器翻译的效果进一步提升,出现了专门的智能翻译产品。对话交互能力被应用在客服机器人、智能助手等产品中。这一时期的一个重要里程碑事件是IBM 研发的 Watson 系统参加综艺问答节目 *Jeopardy*。比赛中Watson 没有联网,但依靠 4TB 磁盘内 200 万页结构化和非结构化的信息,成功战胜了人类选手取得冠军,向世界展现了自然语言处理技术的实力（见图 1-31）。机器翻译方面，谷歌推出的神经网络机器翻译（GNMT）相比传统的基于词组的机器翻译（PBMT），英语到西班牙语的错误率下降了 87%，英文到中文的错误率下降了 58%，取得了非常强劲的提升（见图 1-32）。

图 1-31　IBM Watson 在综艺问答节目 *Jeopardy* 中获胜

规划决策系统

　　人工智能规划决策系统的发展，一度是以棋类游戏为载体的。最早在 18 世纪的时候，就出现过一台能下棋的机器，击败了当时几乎所有的人类棋手，包括拿破仑和富兰克林等。不过最终被发现机器里藏着一个人类高手，通过复杂的机器结构以混淆观众的视线，只是一场骗局而已。真正基于人工智能的规划决策系统出现在电子计算机诞生之后，1962 年时，Arthur Samuel 制作的西洋跳棋程序 Checkers 经过屡次改进后，终于战胜了州冠军。当时的程序虽然还算不上智能，但已经具备了初步的自我学习能力，这场胜利在当时引起了巨大的轰动，毕竟是机器首次在智力的角逐中战胜人类。这也让人们发出了乐观的预言："机器将在十年内战胜人类象棋冠军"。

　　但人工智能所面临的困难比人们想象得要大很多，跳棋程序在此之后也败给了国家冠军，未能更上一层楼。而与跳棋相比，

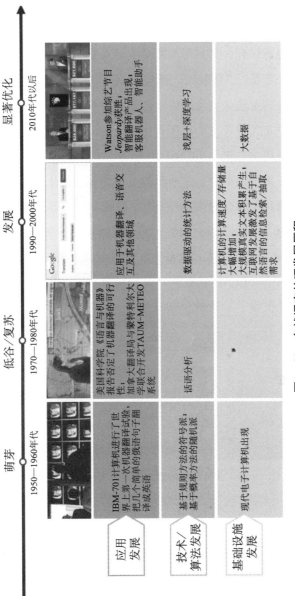

图1-32 自然语言处理发展历程

国际象棋要复杂得多，在当时的计算能力下，机器若想通过暴力计算战胜人类象棋棋手，每步棋的平均计算时长是以年为单位的。人们也意识到，只有尽可能减少计算复杂度，才可能与人类一决高下。于是，"剪枝法"被应用到了估值函数中，通过剔除掉低可能性的走法，优化最终的估值函数计算。在"剪枝法"的作用下，西北大学开发的象棋程序 Chess4.5 在 1976 年首次击败了顶尖人类棋手。进入 80 年代，随着算法上的不断优化，机器象棋程序在关键胜负手上的判断能力和计算速度上大幅提升，已经能够击败几乎所有的顶尖人类棋手。

到了 90 年代，硬件性能、算法能力等都得到了大幅提升，在 1997 年那场著名的人机大战中，IBM 研发的深蓝（Deep Blue）战胜国际象棋大师卡斯帕罗夫，人们意识到在象棋游戏中人类已经很难战胜机器了（见图 1 - 33）。

图 1 - 33　IBM 深蓝战胜国际象棋大师卡斯帕罗夫

到了 2016 年，硬件层面出现了基于 GPU、TPU 的并行计算，算法层面出现了蒙特卡洛决策树与深度神经网络的结合。4∶1 战胜李世石；在野狐围棋对战顶尖棋手 60 连胜；3∶0 战胜世界排名第一的围棋选手柯洁，随着棋类游戏最后的堡垒——围棋也被 AlphaGo 所攻克，人类在完美信息博弈的游戏中已彻底输给机器，只能在不完美信息的德州扑克和麻将中苟延残喘。人们从棋类游戏中积累的知识和经验，也被应用在更广泛的需要决策规划的领域，包括机器人控制、无人车等等。棋类游戏完成了它的历史使命，带领人工智能到达了一个新的历史起点（见图 1 - 34）。

人工智能的第三次浪潮

自 1956 年夏天在达特茅斯夏季人工智能研究会议上人工智能的概念被第一次提出以来，人工智能技术的发展已经走过了 60 年的历程。在这 60 年里，人工智能技术的发展并非一帆风顺，其间经历了 20 世纪 50—60 年代以及 80 年代的人工智能浪潮期，也经历过 70—80 年代的沉寂期。随着近年来数据爆发式的增长、计算能力的大幅提升以及深度学习算法的发展和成熟，我们已经迎来了人工智能概念出现以来的第三个浪潮期。然而，这一次的人工智能浪潮与前两次的浪潮有着明显的不同。基于大数据和强大计算能力的机器学习算法已经在计算机视觉、语音识别、自然语言处理等一系列领域中取得了突破性的进展，基于人工智能技术的应用也已经开始成熟。同时，这一轮人工智能发展的影响已经远远超出学界之外，政府、企业、非营利机构都开始拥抱人工智能技术。AlphaGo 对李世石的胜利更使得公众开始认识、了解人工智能。我们身处的第三次人工智能浪潮仅仅是一个开始。在人工智能概念被提出一个甲子后的今天，人工智能的高速发展为我们揭开了一个新时代的帷幕。

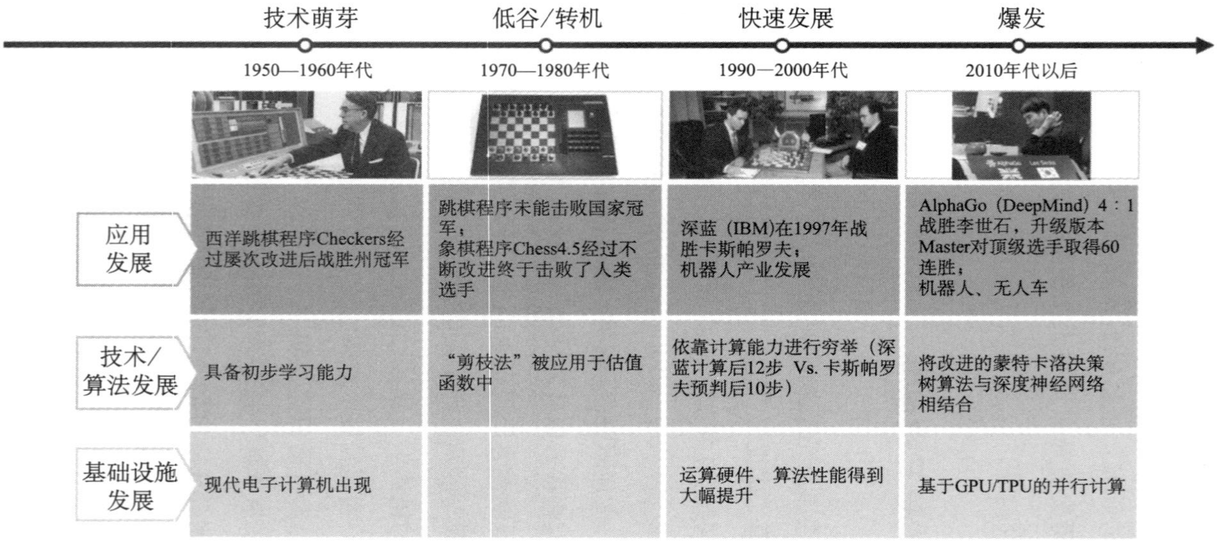

图1-34 规划决策系统发展历程

	技术萌芽 1950—1960年代	低谷/转机 1970—1980年代	快速发展 1990—2000年代	爆发 2010年代以后
应用发展	西洋跳棋程序Checkers经过数次改进战胜跳州冠军	跳棋程序未能击败国家冠军；象棋程序Chess4.5经过不断改进最终于击败了人类选手	深蓝（IBM）在1997年战胜卡斯帕罗夫；机器人产业发展	AlphaGo（DeepMind）4：1战胜李世石，升级版本Master对顶级选手取得60连胜；机器人、无人车
技术/算法发展	具备初步学习能力	"剪枝法"被应用于估值函数中	依靠计算能力进行穷举（深蓝计算12步 Vs.卡斯帕罗夫预判后10步）	将改进的蒙特卡洛决策树算法与深度神经网络相结合
基础设施发展	现代电子计算机出现		运算硬件、算法性能得到大幅提升	基于GPU/TPU的并行计算

第三章　人工智能的现在与未来

时至今日，人工智能的发展已经突破了一定的"阈值"。与前几次的热潮相比，这一次的人工智能来得更"实在"，这种"实在"体现在不同垂直领域的性能提升、效率优化。计算机视觉、语音识别、自然语言处理的准确率都已不再停留在"过家家"的水平，应用场景也不再只是一个新奇的"玩具"，而是逐渐在真实的商业世界中扮演起重要的支持角色。

语音处理

一个完整的语音处理系统，包括前端的信号处理、中间的语音语义识别和对话管理（更多涉及自然语言处理），以及后期的语音合成。总体来说，随着语音技术的快速发展，之前的限定条件正在不断减少：包括从小词汇量到大词汇量再到超大词汇量；从限定语境到弹性语境再到任意语境；从安静环境到近场环境再到远场嘈杂环境；从朗读环境到口语环境再到任意对话环境；从单语种到多语种再到多语种混杂，这给语音处理提出了更高的要求。

语音的前端处理涵盖几个模块。说话人声检测：有效地检测说话人声开始和结束时刻，区分说话人声与背景声；回声消除：当音箱在播放音乐时，为了不暂停音乐而进行有效的语音识别，需要消除来自扬声器的音乐干扰；唤醒词识别：人类与机器交流的触发方式，就像日常生活中需要与其他人说话时，你会先喊一下那个人的名字；麦克风阵列处理：对声源进行定位，增强说话人方向的信号、抑制其他方向的噪音信号；语音增强：对说话人语音区域进一步增强、环境噪声区域进一步抑制，有效降低远场语音的衰减。除了手持设备是近场交互外，其他许多场景——车载、智能家居等——都是远场环境。在远场环境下，声音传达到麦克风时会衰减得非常厉害，导致一些在近场环境下不值一提的问题被显著放大。这就需要前端处理技术能够克服噪声、混响、回声等问题，较好地实现远场拾音；同时，也需要更多远场环境下的训练数据，持续对模型进行优化，提升效果。

语音识别的过程需要经历特征提取、模型自适应、声学模型、语言模型、动态解码等多个过程。除了前面提到的远场识别问题之外，还有许多前沿研究集中于解决"鸡尾酒会问题"（见图1-35）。"鸡尾酒会问题"显示的是人类的一种听觉能力，能在多人场景的语音/噪声混合中，追踪并识别至少一个声音，在嘈杂环境下也不会影响正常交流。这种能力体现在两种场景下：一是人们将注意力集中在某个声音上时，比如在鸡尾酒会上与朋友交谈时，即使周围环境非常嘈杂、音量甚至超过了朋友的声音，我们也能清晰地听到朋友说的内容；二是人们的听觉器官突然受到某个刺激的时候，比如远处突然有人喊了自己的名字，或者在非母语环境下突然听到母语的时候，即使声音出现在远处、音量很小，我们的耳朵也能立刻捕捉到。而机器就缺乏这种能力，虽然当前的语音技术在识别一个人所讲的内容时能够体现出较高的精度，当说话人数为两人或两人以上时，识别精度就会大打折扣。如果用技术的语言来描述，问题的本质其实是给定多人混合语音信号，一个简单的任务是如何从中分离出特定说话人的信号和其他噪音，而复杂的任务则是分离出同时说话的每个人的独立语音信号。在这些任务上，研究者已经提出了一些方案，但还需要更多训练数据的积累、训练过程的打磨，逐渐取得突破，最终解决"鸡尾酒会问题"。

图 1 - 35　语音识别之"鸡尾酒会问题"

考虑到语义识别和对话管理环节更多是属于自然语言处理的范畴，剩下的就是语音合成环节。语音合成的几个步骤包括：文本分析、语言学分析、音长估算、发音参数估计等。基于现有技术合成的语音在清晰度和可懂度上已经达到了较好的水平，但机器口音还是比较明显。目前的几个研究方向包括：如何使合成语音听起来更自然；如何使合成语音的表现力更丰富；如何实现自然流畅的多语言混合合成。只有在这些方向上有所突破，才能使合成的语音真正与人类声音无异。

可以看到，在一些限制条件下，机器确实能具备一定的"听说"能力。因此在一些具体的场景下，比如语音搜索、语音翻译、机器朗读等，确实有用武之地。但真正做到像正常人类一样，与其他人流畅沟通、自由交流，还有待时日。

计算机视觉

计算机视觉的研究方向，按技术难度的从易到难、商业化程度的从高到低，依次是处理、识别检测、分析理解。图像处理是指不涉及高层语义，仅针对底层像素的处理；图像识别检测则包含了语音信息的简单探索；图像理解更上一层楼，包含了更丰富、更广泛、更深层次的语义探索。目前在处理和识别检测层面，机器的表现已经可以让人满意，但在理解层面，还有许多值得研究的地方。

图像处理以大量的训练数据为基础（例如通过有噪声和无噪声的图像配对），通过深度神经网络训练一个端到端的解决方案，有几种典型任务：去噪声、去模糊、超分辨率处理、滤镜处理等。运用到视频上，主要是对视频进行滤镜处理。这些技术目前已经相对成熟，在各类P图软件、视频处理软件中随处可见。

图像识别检测的过程包括图像预处理、图像分割、特征提取和判断匹配，也是基于深度学习的端到端方案，可以用来处理分类问题（如识别图片的内容是不是猫）；定位问题（如识别图片中的猫在哪里）；检测问题（如识别图片中有哪些动物、分别在哪里）；分割问题（如图片中的哪些像素区域是猫）等（见图1-36）。这些技术也已比较成熟，图像上的应用包括人脸检测识别、OCR（Optical Character Recognition，光学字符识别）等，视频上可用来识别影片中的明星等。当然，深度学习在这些任务中都扮演了重要角色。传统的人脸识别算法，即使综合考虑颜色、形状、纹理等特征，也只能做到95%左右的准确率。而有了深度学习的加持，准确率可以达到99.5%，错误率下降了4.5个百分点，从而使得在金融、安防等领域的广泛商业化应用成为可能。在OCR领域，传统的识别方法要经过清晰度判断、直方图均衡、灰度化、倾斜矫正、字符切割等多项预处理工作，得到清晰且端正的字符图像，再对文字进行识别和输出。而深度学习的出现不仅省去了复杂且耗时的预处理和后处理工作，更将字符准确率从60%提高到90%以上。

| 分类 | 定位 | 检测 | 分割 |

是不是猫？　　　猫在哪里？　　有哪些动物？在哪里？动物在哪些像素区域？

图1-36　图像检测识别相关问题

　　图像理解本质上是图像与文本间的交互，可用来执行基于文本的图像搜索、图像描述生成、图像问答（给定图像和问题，输出答案）等。在传统的方法下，基于文本的图像搜索是针对文本搜索最相似的文本后，返回相应的文本图像对；图像描述生成是根据从图像中识别出的物体，基于规则模板产生描述文本；图像问答是分别对图像与文本获取数字化表示，然后分类得到答案。

而有了深度学习，就可以直接在图像与文本之间建立端到端的模型，提升效果。图像理解任务目前还没有取得非常成熟的结果，商业化场景也正在探索之中。

可以看到，计算机视觉已经达到了娱乐用、工具用的初级阶段。照片自动分类、以图搜图、图像描述生成等等这些功能，都可作为人类视觉的辅助工具。人们不再需要靠肉眼捕捉信息、大脑处理信息、进而分析理解，而是可以交由机器来捕捉、处理和分析，再将结果返回给人类。展望未来，计算机视觉有望进入自主理解、甚至分析决策的高级阶段，真正赋予机器"看"的能力，从而在智能家居、无人车等应用场景发挥更大的价值。

自然语言处理

自然语言处理的几个核心环节包括知识的获取与表达、自然语言理解、自然语言生成等等，也相应出现了知识图谱、对话管理、机器翻译等研究方向，与前述的处理环节形成多对多的映射关系。由于自然语言处理要求机器具备的是比"感知"更难的"理解"能力，因此其中的许多问题直到今天也未能得到较好的解决。

知识图谱是基于语义层面对知识进行组织后得到的结构化结果，可以用来回答简单事实类的问题，包括语言知识图谱（词义上下位、同义词等）、常识知识图谱（"鸟会飞但兔子不会飞"）、实体关系图谱（"刘德华的妻子是朱丽倩"）。知识图谱的构建过程其实就是获取知识、表示知识、应用知识的过程。举例来说，针对互联网上的一句文本"刘德华携妻子朱丽倩出席了电影节"，我们可以从中取出"刘德华""妻子""朱丽倩"这几个关键词，然后得到"刘德华-妻子-朱丽倩"这样的三元表示。同样地，我们也可以得到"刘德华-身高-174cm"这样的三元表示。将不同领域不同实体的这些三元表示组织在一起，就构成了知识图谱系统。

语义理解是自然语言处理中的最大难题，这个难题的核心问题是如何从形式与意义的多对多映射中，根据当前语境找到一种最合适的映射。以中文为例，这里面需要解决四个困难，首先是歧义消除，包括词语的歧义（例如"潜水"可以指一种水下运动，也可以指在论坛中不发言）、短语的歧义（例如"进口彩电"可以指进口的彩电，也可以指一个行动动作）、句子的歧义（例如"做手术的是他父亲"可以指他父亲在接受手术，也可以指他父亲是手术医生）；其次是上下文关联性，包括指代消解（例如"小明欺负小李，所以我批评了他"，需要依靠上下文才知道我批评的是调皮的小明）、省略恢复（例如"老王的儿子学习不错，比老张的好"，其实是指"比老张的儿子的学习好"）；再次是意图识别，包括名词与内容的意图识别（"晴天"可以指天气也可以指周杰伦的歌）、闲聊与问答的意图识别（"今天下雨了"是一句闲聊，而"今天下雨吗"则是有关天气的一次查询）、显性与隐性的意图识别（"我要买个手机"和"这手机用得太久了"都是用户想买新手机的意图）；最后是情感识别，包括显性与隐性的情感识别（"我不高兴"和"我考试没考好"都是用户在表示心情低落）、基于先验常识的情感识别（"续航时间长"是褒义的，而"等待时间长"则是贬义的）。鉴于上述的种种困难，语义理解可能的解决方案是利用知识进行约束，来破解多对多映射的困局，通过知识图谱来补充机器的知识。然而，即使克服了语义理解上的困难，距离让机器显得不那么智障还是远远不够的，还需要在对话管理上有所突破。

目前对话管理主要包含三种情形，按照涉及知识的通用到专业，依次是闲聊、问答、任务驱动型对话（见图 1-37）。闲聊是开放域的、存在情感联系和聊天个性的对话，比如"今天天气真不错""是呀，要不要出去走走？"闲聊的难点在于如何通过巧妙的回答激发兴趣/降低不满，从而延长对话时间、提高黏性；问答是基于问答模型和信息检索的对话，一般是单一轮次，比如"刘德华的老婆是谁？""刘德华的妻子朱丽倩，1966 年 4 月 6 日出生于马来西亚槟城……"问答不仅要求有较为完善的知识图谱，还需要在没有直接答案的情况下运用推理得到答案。任务驱动型对话涉及槽位填充、智能决策，一般是多轮次，比如"放一首跑步听的歌吧""为您推荐羽泉的《奔跑》""我想听英文歌""为您推荐 Eminem 的 Not afraid"。简单任务驱动型对话已经比较成熟，未来的攻克方向是如何不依赖人工的槽位定义，建立通用领域的对话管理。

历史上自然语言生成的典型应用一直是机器翻译。传统方法是一种名为 Phrased-Based Machine Translation（PBMT）的方法：先将完整的一句话打散成若干个词组，对这些词组分别进行翻译，然后再按照语法规则进行调序，恢复成一句通顺的译文。整个过程看起来并不复杂，但其中涉及多个自然语言处理算法，包括中文分词、词性标注、句法结构等等，环环相扣，其中任一环节出现的差错都会传导下去，影响最终结果。而深度学习则依靠大量的训练数据，通过端到端的学习方式，直接建立源语言与

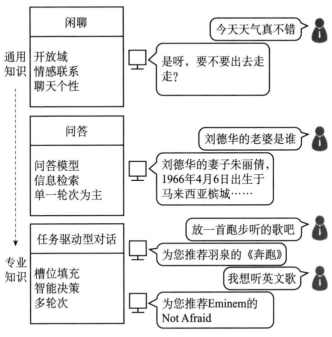

图1-37　人工智能对话管理的三种情形

目标语言之间的映射关系，跳过了中间复杂的特征选择、人工调参等步骤。在这样的思想下，人们对早在90年代就提出了的"编码器-解码器"神经机器翻译结构进行了不断完善，并引入了注意力机制（Attention Mechanism），使系统性能得到显著提高。之后谷歌团队通过强大的工程实现能力，用全新的机器翻译系统GNMT（Google Neural Machine Translation）替代了之前的SMT（Statistical Machine Translation），相比之前的系统更为通顺流畅，错误率也大幅下降。虽然仍有许多问题有待解决，比如对生僻词的翻译、漏词、重复翻译等，但不可否认神经机器翻译在性能上确实取得了巨大突破，未来在出境游、商务会议、跨国交流等场景的应用前景十分可观。

随着互联网的普及，信息的电子化程度也日益提高。海量数据既是自然语言处理在训练过程中的燃料，也为其提供了广阔的发展舞台。搜索引擎、对话机器人、机器翻译，甚至高考机器人、办公智能秘书都开始在人们的日常生活中扮演越来越重要的角色。

机器学习

按照人工智能的层次来看，机器学习是比计算机视觉、自然语言处理、语音处理等技术层更底层的一个概念。近几年来技术层的发展风生水起，处在算法层的机器学习也产生了几个重要的研究方向。

首先是在垂直领域的广泛应用。鉴于机器学习还存在不少的局限，不具备通用性，在一个比较狭窄的垂直领域的应用就成了较好的切入口。因为在限定的领域内，一是问题空间变得足够小，模型的效果能够做到更好；二是具体场景下的训练数据更容易积累，模型训练更高效、更有针对性；三是人们对机器的期望是特定的、具体的，期望值不高。这三点导致机器在这个限定领域内表现出足够的智能性，从而使最终的用户体验也相对更好。因此，在金融、律政、医疗等垂直领域，我们都看到了一些成熟应用，且已经实现了一定的商业化。可以预见，在垂直领域内的重复性劳动，未来将有很大比例会被人工智能所取代。

其次是从解决简单的凸优化问题到解决非凸优化问题。凸优化问题是指将所有的考虑因素表示为一组函数，然后从中选出一个最优解。而凸优化问题的一个很好的特性是局部最优就是全局最优。目前机器学习中的大部分问题，都可以通过加上一定的约束条件，转化或近似为一个凸优化问题。虽然任何的优化问题通过遍历函数上的所有点，一定能够找到最优值，但这样的计算量十分庞大。尤其当特征维度较多的时候，会产生维度灾难（特征数超过已知样本数可存在的特征数上限，导致分类器的性能反而退化）。而凸优化的特性，使得人们能通过梯度下降法寻找到下降的方向，找到的局部最优解就会是全局最优解。但在现实生活中，真正符合凸优化性质的问题其实并不多，目前对凸优化问题的关注仅仅是因为这类问题更容易解决，就像在夜晚的街道上丢了钥匙，人们会优先在灯光下寻找一样。因此，换一种说法，人们现在还缺乏针对非凸优化问题的行之有效的算法，这也是人们的努力方向。

再次是从监督学习向非监督学习和强化学习的演进。目前来看，大部分的 AI 应用都是通过监督学习，利用一组已标注的训练数据，对分类器的参数进行调整，使其达到所要求的性能。但在现实生活中，监督学习不足以被称为"智能"。对照人类的学习过程，许多都是建立在与事物的交互中，通过人类自身的体会、领悟，得到对事物的理解，并将之应用于未来的生活中。而机器的局限就在于缺乏这些"常识"。卷积神经网络之父、Facebook AI 研究院院长 Yann LeCun 曾通过一个"黑森林蛋糕"的比喻来形容他所理解的监督学习、非监督学习与强化学习间的关系：如果将机器学习视作一个黑森林蛋糕，那（纯粹的）强化学习是蛋糕上不可或缺的樱桃，需要的样本量只有几个 Bits；监督学习是蛋糕外层的糖衣，需要 10 到 10 000 个 Bits 的样本量；无监督学习则是蛋糕的主体，需要数百万 Bits 的样本量，具备强大的预测能力。但他也强调，樱桃是必须出现的配料，意味着强化学习与无监督学习是相辅相成、缺一不可的。无监督学习领域近期的研究重点在于"生成对抗网络"（GANs），其实现方式是让生成器（Generator）和判别器（Discriminator）这两个网络互相博弈，生成器随机从训练集中选取真实数据和干扰噪音，产生新的训练样本，判别器通过与真实数据进行对比，判断数据的真实性。在这个过程中，生成器与判别器交互学习、自动优化预测能力，从而创造最佳的预测模型。自 2014 由 Ian Goodfellow 提出后，GANs 席卷各大顶级会议，被 Yann LeCun 评价为是"20 年来机器学习领域最酷的想法"。而强化学习这边，则更接近于自然界生物学习过程的本源：如果把自己想象成是环境（Environment）中的一个代理（Agent），一方面你需要不断探索以发现新的可能性（Exploration），一方面又要在现有条件下做到极致（Exploitation）。正确的决定或早或晚一定会为你带来奖励（Positive Reward），反之则会带来惩罚（Negative Reward），直到最终彻底掌握问题的答案（Optimal Policy）。强化学习的一个重要研究方向在于建立一个有效的、与真实世界存在交互的仿真模拟环境，不断训练，模拟采取各种动作、接受各种反馈，以此对模型进行训练。

无处不在的人工智能算法

随着深度学习在计算机视觉、语音识别以及自然语言处理领域取得的成功，近几年来，无论是在消费者端还是在企业端，已经有许多依赖人工智能技术的应用臻于成熟，并开始渗透到我们生活的方方面面。小到我们使用的智能手机中的智能助手、网页界面中的智能推荐系统，大到智能投顾系统、智能安防系统，都依赖于以机器学习算法为基础的人工智能技术。人工智能算法存在于人们的手机和个人电脑里，存在于政府机关、企业和公益机构的服务器上，存在于共有或者私有的云端之中。虽然我们不一定能够时时刻刻感知到人工智能算法的存在，但人工智能算法已经高度渗透到我们的生活之中。随着人工智能技术在各个领域的不断成熟，可以预见在未来人工智能技术会加速渗透深入各行各业，与传统的模式相结合提升生产力。同时人工智能技术也将进一步融入我们的生活中，日益深刻地改变我们日常生活的方方面面。

人工智能的未来

随着技术水平的突飞猛进，人工智能终于迎来它的黄金时代。回顾人工智能60年来的风风雨雨，历史告诉了我们这些经验：首先，基础设施带来的推动作用是巨大的，人工智能屡次因数据、运算力、算法的局限而遇冷，突破的方式则是由基础设施逐层向上推动至行业应用；其次，游戏AI在发展过程中扮演了重要的角色，因为游戏中牵涉到人机对抗，能帮助人们更直观地理解AI、感受到触动，从而起到推动作用；最后，我们也必须清醒地意识到，虽然在许多任务上，人工智能都取得了匹敌甚至超越人类的结果，但瓶颈还是非常明显的。比如计算机视觉方面，存在自然条件的影响（光线、遮挡等）、主体的识别判断问题

人工智能

（从一幅结构复杂的图片中找到关注重点）；语音技术方面，存在特定场合的噪音问题（车载、家居等）、远场识别问题、长尾内容识别问题（口语化、方言等）；自然语言处理方面，存在理解能力缺失、与物理世界缺少对应（"常识"的缺乏）、长尾内容识别等问题。总的来说，我们看到，现有的人工智能技术，一是依赖于大量高质量的训练数据，二是对长尾问题的处理效果不好，三是依赖于独立的、具体的应用场景，通用性很低。

从未来看，人们对人工智能的定位绝不仅仅只是用来解决狭窄的、特定领域的某个简单具体的小任务，而是真正像人类一样，能同时解决不同领域、不同类型的问题，进行判断和决策，也就是所谓的通用型人工智能。具体来说，需要机器一方面能够通过感知学习、认知学习去理解世界；另一方面通过强化学习去模拟世界。前者让机器能感知信息，并通过注意、记忆、理解等方式将感知信息转化为抽象知识，快速学习人类积累的知识；后者通过创造一个模拟环境，让机器通过与环境交互试错来获得知识、持续优化知识。人们希望通过算法上、学科上的交叉、融合和优化，整体解决人工智能在创造力、通用性、对物理世界理解能力上的问题。

回到之前提到的人工智能层次的概念。从未来看，底层的基础设施将会是由互联网、物联网提供的现代人工智能场景和数据，这些是生产的原料；算法层将会是由深度学习、强化学习提供的现代人工智能核心模型，辅之以云计算提供的核心算力，这些是生产的引擎。在这些的基础之上，不管是计算机视觉、自然语言处理、语音技术，还是游戏 AI、机器人等，都是基于同样的数据、模型、算法之上的不同的应用场景。这其中还存在着一些亟待攻克的问题，如何解决这些问题正是人们一步一个脚印走向AGI的必经之路。

首先是**从大数据到小数据**。深度学习的训练过程需要大量经过人工标注的数据，例如无人车研究需要大量标注了车、人、建筑物的街景照片，语音识别研究需要文本到语音的播报和语音到文本的听写，机器翻译需要双语的句对，围棋需要人类高手的走子记录等。但针对大规模数据的标注工作是一件费时费力的工作，尤其对于一些长尾的场景来说，连基础数据的收集都成问题。因此，一个研究方向就是如何在数据缺失的条件下进行训练，从无标注的数据里进行学习，或者自动模拟（生成）数据进行训练，目前特别火热的GANs就是一种数据生成模型。

其次是**从大模型到小模型**。目前深度学习的模型都非常大，动辄几百兆字节（MB），大的甚至可以到几千兆字节甚至几十千兆字节（GB）。虽然模型在PC端运算不成问题，但如果要在移动设备上使用就会非常麻烦。这就造成语音输入法、语音翻译、图像滤镜等基于移动端的APP无法取得较好的效果。这块的研究方向在于如何精简模型的大小，通过直接压缩或是更精巧的模型设计，通过移动终端的低功耗计算与云计算之间的结合，使得在小模型上也能跑出大模型的效果。

最后是**从感知认知到理解决策**。在感知和认知的部分，比如视觉、听觉，机器在一定限定条件下已经能够做到足够好了。当然这些任务本来也不难，机器的价值在于可以比人做得更快、更准、成本更低。但这些任务基本都是静态的，即在给定输入的情况下，输出结果是一定的。而在一些动态的任务中，比如如何下赢一盘围棋、如何开车从一个路口到另一个路口、如何在一只股票上投资并赚到钱，这类不完全信息的决策型的问题，需要持续地与环境进行交互、收集反馈、优化策略，这些也正是强化学习的强项。而模拟环境（模拟器）作为强化学习生根发芽的土壤，也是一个重要的研究方向。

2016 年 3 月，当 AlphaGo 战胜围棋世界冠军李世石时，我们都是历史的见证者。AlphaGo 的胜利标志着一个新时代的开启：在人工智能概念被提出 60 年后，我们真正进入了一个人工智能的时代。在这次人工智能浪潮中，人工智能技术持续不断地高速发展着，最终将深刻改变各行各业和我们的日常生活。发展人工智能的最终目标并不是要替代人类智能，而是通过人工智能增强人类智能。人工智能可以与人类智能互补，帮助人类处理许多能够处理，但又不擅长的工作，使得人类从繁重的重复性工作中解放出来，转而专注于发现、创造的工作。有了人工智能的辅助，人类将会进入一个知识积累加速增长的阶段，最终带来方方面面的进步。人工智能在这一路的发展历程中，已经给人们带来了很多的惊喜与期待。只要我们能够善用人工智能，相信在不远的未来，人工智能技术一定能实现更多的不可能，带领人类进入一个充满无限可能的新纪元。

第二篇
产业篇：人工智能发展全貌

伴随着 AlphaGo 先后打败人类最顶尖的棋手，人工智能成为 2017 年最火热的一个词汇。毋庸置疑，人工智能的发展，离不开各国战略和政策的高度支持，离不开机器学习算法的发展、计算能力的提高、数据开放和应用的不断深化。从产业发展成熟度来看，交通、医疗、金融、娱乐可能成为人工智能最先落地的领域。自动驾驶、智能机器人、虚拟现实和增强现实等应用融合了图像识别、语音识别、智能交互等多项人工智能技术，当前得到了产业界和国家的高度关注，将成为本篇重点分析的内容。当然，产业的发展需要资本的推动，人工智能发展更离不开大佬们对于创投企业的高度追捧和持续投资。接下来，我们将带领大家一览人工智能发展全貌。

第四章　人工智能产业发展概况

引领 AI 产业发展的技术竞赛，主要是巨头之间的角力。由于 AI 产业核心技术和资源掌握在巨头企业手里，而巨头企业在产业中的资源和布局，都是创业公司所无法比拟的，所以巨头引领着 AI 发展。

目前，苹果、谷歌、微软、亚马逊、Facebook 这五大巨头无一例外都投入了越来越多的资源，来抢占人工智能市场，甚至将自己整体转型为人工智能驱动型的公司。国内互联网领军者"BAT"也将人工智能作为重点战略，凭借自身优势，积极布局人工智能领域。

随着政府和产业界的积极推动，中美两国技术竞赛格局初步显现，本章主要对中国、美国人工智能产业发展情况进行对比分析。

美国 AI 企业数量遥遥领先全球

在全球范围内，人工智能领先的国家主要有美国、中国及其他发达国家。截止到 2017 年 6 月，全球人工智能企业总数达到

2 542 家，其中美国拥有 1 078 家，占 42％；中国其次，拥有 592 家，占 23％。中美两国相差 486 家。其余 872 家企业分布在瑞典、新加坡、日本、英国、澳大利亚、以色列、印度等国家。

从企业历史统计来看，美国人工智能企业的发展早于中国 5 年。美国最早从 1991 年萌芽，1998 年进入发展期，2005 年后开始高速成长期，2013 年后发展趋稳。中国 AI 企业诞生于 1996 年，2003 年进入发展期，在 2015 年达到峰值后进入平稳期。

美国全产业布局，而中国只在局部有所突破

美国 AI 产业布局全面领先，在基础层、技术层和应用层，尤其是在算法、芯片和数据等产业核心领域，积累了强大的技术创新优势，各层级企业数量全面领先中国（见表 2-1）。

表 2-1 　　　全球重点互联网公司产业布局情况

公司	应用层		技术层	基础层
	消费级产品	行业解决方案	技术平台/框架	芯片
谷歌	谷歌无人车、Google Home	Voice Intelligence API、Google Cloud	TensorFlow 系统、Cloud Machine Learning Engine	定制化 TPU、Cloud TPU、量子计算机
亚马逊	智能音箱 Echo、Alexa 语音助手、智能超市 Amazon go、PrimeAir 无人机	Amazon Lex、Amazon Polly、Amazon Rekognition	AWS 分布式机器学习平台	Annapurna ASIC

续前表

公司	应用层		技术层	基础层
	消费级产品	行业解决方案	技术平台/框架	芯片
Facebook	聊天机器人Bot、人工智能管家Jarvis、智能照片管理应用Moments	人脸识别技术DeepFace、DeepMask、SharpMask、MultiPathNet	深度学习框架Torchnet、FBLearner Flow	人工智能硬件平台Big Sur
微软	Skype即时翻译、小冰聊天机器人、Cortana虚拟助理、Tay、智能摄像头A-eye	微软认知服务	DMTK、Bot Framework	FPGA芯片
苹果	Siri、iOS照片管理	—	—	Apple Neural Engine
IBM	—	Watson、Bluemix、ROSS	SystemML	类脑芯片
腾讯	WechatAI、Dreamwriter新闻写作机器人、围棋AI产品"绝艺"、天天P图	智能搜索引擎"云搜"和中文语义平台"文智"、优图	腾讯云平台、Angel、NCNN	—
百度	百度识图、百度无人车、度秘（Duer）	Apollo、DuerOS	Paddle-Paddle	DuerOS芯片
阿里巴巴	智能音箱天猫精灵X1、智能客服"阿里小蜜"	城市大脑	PAI 2.0	—

从基础层（主要为处理器/芯片）企业数量来看，中国拥有14家，美国拥有33家，中国仅为美国的42%。

技术层（自然语言处理/计算机视觉与图像/技术平台），中国拥有273家，美国拥有586家，中国为美国的47%。

应用层（机器学习应用/智能无人机/智能机器人/自动驾驶辅助驾驶/语音识别），中国拥有304家，美国拥有488家，中国是美国的62%。

美国人才梯队完整，中国参差不齐

AI产业的竞争，说到底是人才和知识储备的竞争。只有投入更多的科研人员，不断加强基础研究，才会获得更多的智能技术。

美国研究者更关注基础研究，人工智能人才培养体系扎实，研究型人才优势显著。具体来看，在基础学科建设、专利及论文发表、高端研发人才、创业投资和领军企业等关键环节上，美国形成了能够持久领军世界的格局。

美国产业人才总量约是中国的两倍。美国1 078家人工智能企业约有78 000名员工，中国592家公司中约有39 000位员工，约为美国的50%。

美国基础层人才数量是中国的13.8倍。美国团队人数在处理器/芯片、机器学习应用、自然语言处理、智能无人机四大热点领域全面压制中国。

在研究领域，近年来中国在人工智能领域的论文和专利数量保持高速增长，已进入第一梯队。相较而言，中国人工智能需要在研发费用和研发人员规模上的持续投入，加大基础学科的人才培养，尤其是算法和算力领域。

美国投入资本雄厚，中国近年奋起直追

初创公司往往会成为巨头的猎物。打个比方，如果 AI 全产业是一部巨大机器，那么新兴创业公司大多是机器上的某个零部件。这是因为新兴创业公司仅具有某一项或几项技术优势，很难成为主导全局型应用，但有助于完善巨头布局，因而最终难逃被巨头收购的命运。

自 1999 年美国第一笔人工智能风险投资出现以后，全球 AI 加速发展，在 18 年内，投资到人工智能领域的风险资金累计 1 914 亿美元。截至目前，美国达到 978 亿美元，在融资金额上领先中国 54.01%，占全球总融资的 51.10%；中国仅次于美国，635 亿美元，占全球的 33.18%；其他国家合计占 15.73%。中国的 1 亿美元级大型投资热度高于美国，共有 22 笔，总计 353.5 亿美元。美国超过 1 亿美元的融资一共 11 笔，总计 417.3 亿美元，超过中国 63.8 亿美元。

巨头公司通过投资和并购储备人工智能研发人才与技术的这种趋势越来越明显。中美并购事件近两年密集增加。CB Insights 的研究报告显示，谷歌自 2012 年以来共收购了 11 家人工智能创业公司，是所有科技巨头中最多的，苹果、Facebook 和英特尔分别排名第二、第三和第四。标的集中于计算机视觉、图像识别、语义识别等领域。谷歌于 2014 年以 4 亿美元收购了深度学习算法公司 DeepMind，该公司开发的 AlphaGo 为谷歌的人工智能添上

人工智能

了浓墨重彩的一笔。

中美在 AI 行业热点领域各有优势

深度学习引领了本轮 AI 发展热潮。究其原因，在于算力和数据在近十年来获得了重大的突破。当下，人工智能产业出现了九大发展热点领域，分别是芯片、自然语言处理、语音识别、机器学习应用、计算机视觉与图像、技术平台、智能无人机、智能机器人、自动驾驶。

在美国 AI 创业公司中排名前三的领域为：自然语言处理、机器学习应用和计算机视觉与图像。

在中国 AI 创业公司中排名前三的领域为：计算机视觉与图像、智能机器人和自然语言处理。

美国主导产业巨头具有先发优势

巨头通过招募 AI 高端人才、组建实验室（见表 2-2）等方式加快关键技术研发；同时，通过持续收购新兴 AI 创业公司，争夺人才与技术，并通过开源技术平台，构建生态体系。

表 2-2　　　　　　　　巨头纷纷建立 AI 实验室

公司	名称	简介
谷歌	AI 实验室	谷歌人工智能实验室负责谷歌自身产品相关的 AI 产品开发，推出第二代人工智能系统 TensorFlow

续前表

公司	名称	简介
微软	微软研究院	微软研究院的工作主要集中在包括语音识别、自然语言和计算机视觉等在内的人工智能研究上
IBM	IBM 研究院	IBM 推出超级电脑深蓝和 Watson
Facebook	Facebook 人工智能研究实验室（FAIR）	研究图像识别、语义识别等人工智能技术，支持读懂照片、识别照片中的好友、智能筛选上传照片、回答简单问题等功能
	应用机器学习实验室（AML）	将人工智能和机器学习领域的研究成果应用于 Facebook 现有的产品
百度	深度学习实验室（IDL）	研究方向包括深度学习、机器学习、机器人、人机交互、3D 视觉、图像识别、语音识别等。相关产品包括百度识图、百度无人车、百度无人飞行器、DuBike、BaiduEye、DuLight 等概念性产品
	硅谷 AI Lab（SVAIL）	深度学习、系统学习、软硬件结合研究
阿里巴巴	AI Lab	消费级人工智能产品研究
腾讯	腾讯 AI Lab	专注机器学习、计算机视觉、语音识别、自然语言处理的基础研究，及内容、游戏、社交和平台工具型 AI 等应用探索
	优图实验室	专注于图像处理、模式识别、机器学习、数据挖掘等领域的技术研发和业务落地
	腾讯 AI Lab - 西雅图实验室	专注语音识别、自然语义理解等领域的基础研究

中国 AI 产业未来在哪里？

放眼技术社会变迁，IT 时代，Wintel 联盟一统江山；互联网时代，谷歌、亚马逊异军突起、雄霸天下；移动时代，又有苹果、谷歌引领世界潮流。现在，人工智能正在缓缓揭开时代变迁的新篇章。

与互联网相似，中国将会成为 AI 应用的最大市场，拥有丰富的应用场景，拥有全球最多的用户和活跃的数据生产主体。我们需要进一步加大基础学科建设和人才培养，以便让中国 AI 有机会走得更远。

国家实力的提升来源于科技企业创新。美国以绝对实力处于领先地位，一批中国初创企业也在蓄势待发。未来 AI 时代必然也会产生类似英特尔、微软、谷歌、苹果这样的全球级企业。我们相信中国企业有机会成为人工智能时代的弄潮儿，在 AI 领域占有一席之地。

AI 群雄逐鹿，天下未定，机遇和挑战同在。让我们保持冷静的头脑，见证这个伟大的时代吧。

第五章　自动驾驶

拥挤的都市里，很多人都会觉得开车麻烦，包括方向感不好的人、穿高跟鞋的女性、需要应酬的中年人、反应慢的老人等等。对于他们来说，高峰期打不到车，乘地铁太拥挤，骑自行车不安全，交通出行难已经成为现代都市面临的"通病"。如果有了自动驾驶汽车，上述麻烦都会迎刃而解。也许在不远的将来，我们通过智能手机就可以呼叫一辆没有司机的车辆前来"接驾"，送我们安全抵达目的地。

不仅如此，自动驾驶技术的发展可能对世界产生巨大的变化。举几个例子来说，在汽车行业，自动驾驶汽车可能不再"私有化"，车企将由"销售车辆"转向"销售车辆娱乐服务"。在ICT行业，自动驾驶汽车之间是通过通信技术相互连接的，在移动通信营业厅也将可以购买自动驾驶汽车服务。在金融行业，有了"不会发生车祸的汽车"后，汽车保险的定义、资金流向、产业结构都会发生巨大变化。对于交通监管部门，既然不再由人类驾驶汽车，驾照是否可以取消？从产业发展的情况来看，上述推断都不再是遥远的梦想，不仅谷歌、苹果等国外高科技巨头瞄准这个方向，美国、德国、日本、中国也都在自动驾驶方面积极部署，希望抢占发展的先机和制高点。

总的来看，自动驾驶是汽车产业与人工智能、物联网、高性能计算等新一代信息技术深度融合的产物，是当前全球汽车与交通出行领域智能化和网联化发展的主要方向。

组成自动驾驶的各项"元素"

自动驾驶汽车可以被理解为"站在四个轮子上的机器人"，利用传感器、摄像头、雷达感知环境，使用 GPS 和高精度地图确定自身位置，从云端数据库接收交通信息，利用处理器使用收集到的各类数据，向控制系统发出指令，实现加速、刹车、变道、跟随等各种操作。

自动驾驶技术的两种分级模式

自动驾驶技术分为多个等级，业界采用较多的为美国汽车工程师协会（SAE）和美国高速公路安全管理局（NHTSA）推出的分类标准。按照 SAE 的标准[1]，自动驾驶汽车视智能化、自动化程度水平分为 6 个等级：无自动化（L0）、驾驶支援（L1）、部分自动化（L2）、有条件自动化（L3）、高度自动化（L4）和完全自动化（L5）。两种不同分类标准的主要区别在于完全自动驾驶场景下，SAE 更加细分了自动驾驶系统作用范围。详细标准见表 2-3。

表 2-3 自动驾驶不同分级标准及定义

自动驾驶分级		名称（SAE）	SAE 定义	主体			
NHTSA	SAE			驾驶操作	周边监控	支援	系统作用域
0	0	无自动化	由人类驾驶者全权操作汽车，在驾驶过程中可以得到警告和保护系统的帮助	人类驾驶者	人类驾驶者	人类驾驶者	无
1	1	驾驶支援	通过驾驶环境对方向盘和加减速中一项操作提供驾驶支援，其他的驾驶动作都由人类驾驶员进行操作	人类驾驶者和系统			部分
2	2	部分自动化	通过驾驶环境对方向盘和加减速中的多项操作提供驾驶支援，其他的驾驶动作都由人类驾驶员进行操作	系统	系统	系统	
3	3	有条件自动化	由无人驾驶系统完成所有的驾驶操作，根据系统请求，人类驾驶者提供适当的应答				
4	4	高度自动化	由无人驾驶系统完成所有的驾驶操作，根据系统请求，人类驾驶者不一定需要对所有的系统请求做出应答，限定道路和环境条件驾驶				
	5	安全自动化	由无人驾驶系统完成所有的驾驶操作，人类驾驶者在可能的情况下接管，在所有的道路和环境条件下驾驶				全域

自动驾驶的两条技术路线

在自动驾驶技术方面，有两条不同的发展路线：一条是"渐进演化"的路线，也就是在今天的汽车上逐渐新增一些自动驾驶功能，例如特斯拉、宝马、奥迪、福特等车企均采用此种方式，这种方式主要利用传感器，通过车车通信（V2V）、车云通信实现路况的分析。另一条是完全"革命性"的路线，即从一开始就是彻彻底底的自动驾驶汽车，例如谷歌和福特公司正在一些结构化的环境里测试的自动驾驶汽车，这种路线主要依靠车载激光雷达、电脑和控制系统实现自动驾驶。从应用场景来看，第一种方式更加适合在结构化道路[2]上测试，第二种方式除结构化道路外，还可用于军事或特殊领域。

自动驾驶涉及的软硬件

传感器

传感器相当于自动驾驶汽车的眼睛。通过传感器，自动驾驶汽车能够识别道路、其他车辆、行人障碍物和基础交通设施，在最小测试量和验证量的前提下保证车辆对周围环境的感知。按照自动驾驶不同技术路线，传感器可分为激光雷达、传统雷达和摄像头三种。

激光雷达是被当前自动驾驶企业采用比例最大的传感器类型。谷歌、百度、优步等公司的自动驾驶技术目前都依赖于它，这种设备安装在汽车的车顶上，能够用激光脉冲对周围环境进行距离检测，并结合软件绘制 3D 图，从而为自动驾驶汽车提供足够多的环境信息。激光雷达具有准确快速的识别能力，唯一缺点在于造价高昂（平均价格在 8 万美元一台），导致量产汽车中难以使用该技术。

　　传统雷达和摄像头是传感器替代方案。由于激光雷达的高昂价格，走实用性技术路线的车企纷纷转向以传统雷达和摄像头作为替代，从软件和车辆连接能力方面进行补偿。例如著名电动汽车生产企业特斯拉，采用的方案就是雷达和单目摄像头。其硬件原理与目前车载的 ACC 自适应巡航系统类似，依靠覆盖汽车周围 360°视角的摄像头及前置雷达来识别三维空间信息，从而确保交通工具之间不会互相碰撞。虽然这种传感器方案成本较低、易于量产，但对于摄像头的识别能力具有很高要求：单目摄像头需要建立并不断维护庞大的样本特征数据库，如果缺乏待识别目标的特征数据，就会导致系统无法识别以及测距，很容易造成事故的发生。而双目摄像头可直接对前方景物进行测距，但难点在于计算量大，需要提高计算单元性能（见图 2-1）。

图 2-1　自动驾驶方案中的双目摄像头

地图和定位

自动驾驶车辆只有准确识别车辆的位置，才可以决定如何进行导航，所以地图的重要性不言而喻。自动驾驶技术对于车道、车距、路障等信息的依赖程度更高，需要更加精确的位置信息，是自动驾驶车辆对环境理解的基础。随着自动驾驶技术不断进化升级，为了实现决策的安全性，需要达到厘米级的精确程度。如果说传感器为自动驾驶车辆提供了直观的环境印象，那么高精度地图则可以通过车辆准确定位，将车辆准确地还原在动态变化的立体交通环境中。

地图路线选择目前主要有两种：一是精致高清（HD）地图。这种地图往往配备在那些使用了激光雷达的厂商方案中，目的是为了创建 360°的周围环境认知（见图 2-2）。二是特征映射地图。这种方案通常与雷达、摄像头的方案进行结合，可以通过地图捕捉车道标记、道路和交通标志，虽然这种方式提供的地图精度不

图 2-2　使用激光雷达可精确还原车辆环境

足，但通过映射道路特征，使系统的处理和更新变得更加容易。对于地图制作者来说，需要不断采集和更新传感器包来保证地图不断更新。

车辆定位的方案也主要包括两种：一是通过高清地图。这种方案使用包括 GPS 在内的车载传感器比较自动驾驶车辆感知到的环境与高清地图之间的区别，可以非常精确地识别车辆所处位置、车道信息及行驶方向等，所使用的技术包括了 V2X[3]等（见图 2-3）。二是通过 GPS 定位。这种方案主要通过 GPS 定位获取车辆位置，然后再使用车载摄像头等装置改善定位信息，逐帧比较的方式可以降低 GPS 信号的误差范围。以上两种定位方式都对导航系统和测绘数据有很强的依赖。第一种方式可以更加准确地描绘位置信息，但第二种方式更加易于部署，也不需要高精地图支持。对于设计者来说，第二种方式更加适合乡村或人烟稀少的区域，对车辆位置的准确性要求不高。

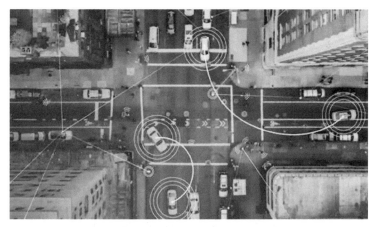

图 2-3　高精度地图、GPS 与车车通信可帮助确认车辆所处位置

决策

目前，自动驾驶汽车设计者使用一系列方法实现自动驾驶汽车决策。一是神经网络，主要为了识别特定的场景并做出适当决策，但这些网络复杂的特性导致很难理解特定决策的根本原因或逻辑。二是以规则为基础的决策系统，主要是"IF-THEN"决策系统，决策根据具体规则做出。三是混合决策，包括了以上两种决策方式，主要通过集中性神经网络连接个人的处理，并通过"IF-THEN"规则完善这样的路径。

无论采用哪种方式，算法是支撑自动驾驶技术决策最关键的部分，目前主流自动驾驶公司都采用机器学习与人工智能算法来实现。海量的数据是机器学习以及人工智能算法的基础，通过此前提到的传感器、V2X设施和高精度地图信息所获得的数据，以及收集到的驾驶行为、驾驶经验、驾驶规则、案例和周边环境的数据信息，不断优化的算法能够识别并最终规划路线、操纵驾驶。

自动驾驶产业发展情况和趋势

从自动驾驶国内外整个发展情况来看，美、德引领自动驾驶产业发展大潮，日本、韩国迅速觉醒，我国呈追赶态势。具体而言，体现出以下几个趋势：

以尽快商用为目标，加快推进路面测试和法规出台

各国纷纷将 2020 年作为重要时间节点，希望届时实现自动

驾驶汽车全面部署。美国在联邦和州层面积极进行自动驾驶立法。2017 年 7 月 27 日，美国联邦层面关于自动驾驶的立法取得了重大突破，众议院一致通过了两党法案《自动驾驶法案》（Self Drive Act），首次对自动驾驶汽车的生产、测试和发布进行管理。[4]待美国总统批准后，此法案将上升为法律（Law）并正式实施。[5]在州层面，截至 2017 年 8 月，已有 20 个州颁布实施了 40 份涉及自动驾驶的法案和行政命令。[6]

德国政府 2015 年已允许在连接慕尼黑和柏林的 A9 高速公路上开展自动驾驶汽车测试项目，2016 年 4 月批准了交通部起草的相关法案，将"驾驶员"定义扩大到能够完全控制车辆的自动系统。2017 年 5 月，德国联邦参议院投票通过首部关于自动驾驶法律规定，允许自动驾驶汽车在特定条件下代替人类驾驶。

从我国看，工信部 2016 年在上海开展上海智能网联汽车试点示范；在浙江、北京、河北、重庆、吉林、湖北等地开展"基于宽带移动互联网的智能汽车、智慧交通应用示范"，推进自动驾驶测试工作。北京已出台智能汽车与智慧交通应用示范五年行动计划，将在 2020 年底完成北京开发区范围内所有主干道路智慧路网改造，分阶段部署 1 000 辆全自动驾驶汽车的应用示范。江苏于 2016 年 11 月与工信部、公安部签订三方合作协议，共建国家智能交通综合测试基地。

以网联汽车为方向，推动系统研发和通信标准统一

从目前产业趋势来看，多数企业采取了网联汽车（Connected Cars）的发展路径，加快芯片处理能力、自动驾驶认知系统研发，推动统一车辆通信标准的出台。

研发方面，德国博世集团和 NVIDIA 正在合作开发一个人工智能自动驾驶系统，NVIDIA 提供深度学习软件和硬件，Bosch AI 将基于 NVIDIA Drive PX 技术以及该公司即将推出的超级芯片 Xavier，届时可提供第 4 级自动驾驶技术。[7] IBM 宣布其科学家获得了一项机器学习系统的专利，可以在潜在的紧急情况下动态地改变人类驾驶员和车辆控制处理器之间的自主车辆控制权，从而预防事故的发生。[8]

车辆通信标准方面，LTE-V、5G 等通信技术成为自动驾驶车辆通信标准的关键，将为自动驾驶提供高速率、低时延的网络支撑。一方面，国内外协同推进 LTE-V2X 成为 3GPP 4.5G 重要发展方向。大唐、华为、中国移动、中国信息通信研究院等企业和单位合力推动，在 V2V、V2I 的标准化工作方面取得了积极进展。另一方面，LTE-V2X 技术也随着自动驾驶需求的发展正逐步向 5GV2X 演进。5G、V2X 专用通信可将感知范围扩展到车载传感器工作边界以外的范围，实现安全高带宽业务应用和自动驾驶，完成汽车从代步工具向信息平台、娱乐平台的转化，有助于进一步丰富业务情景。当前，5G 汽车协会（5GAA）和欧洲汽车与电信联盟（EATA）签署了谅解备忘录，将共同推进 C-V2X 产业，使用基于蜂窝的通信技术的标准化、频谱和预部署项目。中国移动与北汽、通用、奥迪等合作推动 5G 联合创新，华为则与宝马、奥迪等合作推动基于 5G 的服务开发。此外，工信部组织起草的智能网联汽车标准体系方案即将对外发布，车联网标准体系也在逐步完善，对于智能网联汽车发展至关重要。[9]

以创新业态为引领，互联网企业成为重要驱动力量

互联网企业天生具有业务创新和发展的基因，目前也纷纷涉

足自动驾驶行业，成为行业重要的驱动力量。美国方面，谷歌公司 2009 年已开始无人驾驶研发，2015 年 12 月至 2016 年 12 月在加州道路上共行驶记录 635 868 英里，不仅是加州测试里程最多的企业，也是系统停用率最低的企业。[10]美国第一大网约车服务商优步已在匹兹堡、坦佩、旧金山和加州获准进行无人驾驶路测，第二大网约车服务商 Lyft 于 2016 年 9 月公布自动驾驶汽车三阶段发展计划，目前也已在匹兹堡开展测试。苹果公司也于 2017 年 4 月刚刚获得加州测试许可证。韩国方面，刚刚批准韩国互联网公司 Naver 在公路上测试自动驾驶汽车，成为第 13 家获得许可的自动驾驶汽车研发企业，计划于 2020 年前商业化 3 级自动驾驶汽车。[11]

从我国来看，百度公司于 2016 年 9 月获得了在美国加州的测试许可，11 月在浙江乌镇开展普通开放道路的无人车试运营。其总裁兼首席运营官陆奇更是于 2017 年 4 月发布了"Apollo"计划，计划将公司掌握的自动驾驶技术向业界开放，将开放环境感知、路径规划、车辆控制、车载操作系统等功能的代码或能力，并且提供完整的开发测试工具，目的是进一步降低无人车的研发门槛，促进技术的快速普及。腾讯于 2016 年下半年成立自动驾驶实验室，依托 360°环视、高精度地图、点云信息处理以及融合定位等方面的技术积累，聚焦自动驾驶核心技术研发。阿里、乐视等也纷纷与上汽等车企合作开发互联网汽车。

以企业并购为突破，初创企业和领军企业成为标的

自动驾驶发展较快的企业所并购的主要对象为掌握自动驾驶关键技术的领军企业或初创企业。2016 年 7 月，通用公司以超过

10亿美元价格收购了硅谷创业公司 Cruise Automation，后者研发的 RP-1 高速公路自动驾驶系统具备高度自动化驾驶应用潜力。[12]2017 年 3 月，英特尔以 153 亿美元收购以色列科技企业 Mobileye，后者致力于研发与自动驾驶有关的软硬件系统，是特斯拉、宝马等公司驾驶辅助系统的主要摄像头供应商，掌握一系列图像识别方面的专利。优步公司 2015 年收购了提供位置 API 的创业公司 deCarta，还从微软 Bing 部门获取了精通图像和数据收集的员工。[13]2017 年 4 月，百度宣布全资收购一家专注于机器视觉软硬件解决方案的美国科技公司 xPerception，该公司对面向机器人、AR/VR、智能导盲等行业客户提供以立体惯性相机为核心的机器视觉软硬件产品，可实现智能硬件在陌生环境中对自身的定位、对空间三维结构的计算和路径规划。据业界分析，百度此举可能为了加强视觉感知领域的软硬件能力。[14]总的来看，收购领军企业或具有潜力的初创企业，应该可以迅速加快自身自动驾驶技术的积累，形成竞争优势。

自动驾驶汽车何时能够上路？

虽然自动驾驶汽车产业发展如火如荼，但目前仍有一个问题还没有最终答案，那就是自动驾驶汽车什么时间能够真正商用，成为我们日常生活的组成部分。从现实来看，目前没有任何一种实用性的方式可以在自动驾驶汽车广泛部署前验证其安全性。另一个关键问题是，自动驾驶汽车上路前应该有"多安全"？即使自动驾驶汽车事故率远低于人类驾驶员，人们还是接受不了将生命安全交给一个自己不了解的机器人。

2017 年 5 月，美国兰德智库向美国交通运输委员会、住房和城市发展及相关机构提交了一份名为"实现自动驾驶汽车安全性和移动福利的挑战和进程"[15]的报告。其中提到一个矛盾，那就是自动驾驶汽车上路的一个关键前提就是已经在真实世界里积累了丰富的测试经验，任何封闭的环境都无法模拟出真实世界的路况，这对于提升机器学习算法来说非常重要。但硬币的另一面是，各国都不允许自动驾驶汽车在不具备相应安全条件的前提下接入公共交通道路，因为那将对行人、其他车辆和驾驶员带来不可预估的风险。用报告中的话来说，"允许自动驾驶汽车在真实世界中上路，带来的风险就像允许未成年人驾驶汽车一样。"

此外，麦肯锡未来移动中心[16]也于 2017 年 5 月发布一份报告——自动驾驶机器人何时能够上路[17]，对自动驾驶汽车的商业部署时间进行估计。报告认为，SAE 分级标准中的 LEVEL4 自动驾驶车辆将在未来 5 年出现，而完全无人驾驶汽车（LEVEL5 以上）的应用则将在 10 年以后，原因是目前存在很大的阻碍。一方面，LEVEL5 意味着自动驾驶系统操作车辆不会受到任何环境限制，但真实世界中很多区域都是非结构化道路，也没有明显的车道或交通标志，为自动驾驶系统的构建带来了更大的困难。另一方面，软件的进步速度难以跟上硬件。一是研发识别和验证物体需要的数据融合技术，相关数据可能来自固定物体、激光点云、摄像头图像等多个地方；二是研发覆盖所有场景的"IF-THEN"引擎，模拟人的决策，需要不断将不同场景加入到人工智能系统的训练当中；三是构建一个可以验证故障安全措施的系统，保证车辆在出现故障时依然有安全措施保证乘客的安全，需要预知软件可能出现的各种情况及相关后果。以上软件系统的构建都需要大量的时间，这也是自动驾驶汽车迈向高级别的难点所在。

但是，加快自动驾驶汽车的部署速度也并不是无路可走。对于监管部门来说，应当联合产业、研究机构和高校，找到更加切实有效的安全测试方法，并对相关方法进行严格、客观、独立的验证评估。此外，还应当采用更加灵活的安全测试规范，根据不同阶段自动驾驶产业发展的需要，确定自动驾驶车辆融入公共交通环境需要满足的准入要求。对于自动驾驶行业来说，自动驾驶技术的基础性研究比炒作各种自动驾驶功能噱头更加有效。未来可以在保证安全的情况下开展技术研究，包括开展基于真实世界的、低风险的自动驾驶导航研究（用于受限的环境和用途），向行业和监管机构共享自动驾驶测试数据（包括测试里程、碰撞情况、系统错误）等，不仅可以帮助其他企业在研发和测试方面少走弯路，还能为企业走向商用提供安全性的证明。

第六章　智能机器人

机器人很早之前就屡屡出现在人类的科幻作品中，20 世纪中叶，第一台工业机器人在美国诞生。如今，随着计算机、微电子等信息技术的快速进步，机器人技术的开发速度越来越快，智能化程度越来越高，应用范围也得到了极大的扩展。机器人在工业、家庭服务、医疗、教育、军事等领域大显神通。人与机器人，正在改变世界。

什么是机器人？

机器人是指由仿生元件组成并具备运动特性的机电设备，它具有操作物体以及感知周围环境的能力。[18]

对于机器人的分类，虽然国际上没有统一的标准，但一般可以按照应用领域、用途、结构形式以及控制方式等标准进行分类。按照应用领域的不同，当前机器人主要分为两种，即工业机器人和服务机器人（见图 2 - 4）。1987 年国际标准化组织对工业机器人进行了定义："工业机器人是一种具有自动控制的操作和移动功能，能完成各种作业的可编程操作机。"按用途进一步细分，工业机器人

人工智能

可分为搬运机器人、焊接机器人、装配机器人、真空机器人、码垛机器人、喷漆机器人、切割机器人、洁净机器人等。作为机器人家族中的新生代，服务机器人尚没有一个特别严格的定义，各国科学家对它的看法也不尽相同。其中，认可度较高的定义来自国际机器人联合会（International Federation of Robotics，IFR）的提法："服务机器人是一种半自主或全自主工作的机器人，它能完成有益于人类健康的服务工作，但不包括从事生产的设备。"我国在《国家中长期科学和技术发展规划纲要（2006—2020 年)》[19] 中对服务机器人的定义为，"智能服务机器人是在非结构环境下为人类提供必要服务的多种高技术集成的智能化装备。"服务机器人可细分为专业服务机器人、个人/家用服务机器人。

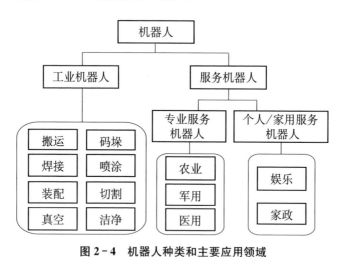

图 2-4 机器人种类和主要应用领域

工业机器人产业应用成熟并稳步增长

工业机器人是最典型的机电一体化数字化装备，技术附加值很高，应用范围很广。作为先进制造业的支撑技术和信息化社会的新兴产业，将对未来生产和社会发展起着越来越重要的作用。[20]自全球金融风暴过后，市场复苏使得机器人行业恢复好转，全球机器人行业增长态势延续，市场规模不断扩大（见图 2-5），各国政府和跨国企业在机器人行业投资活跃。2016 年全球工业机器人订单量 258 900 台，存货 1 779 000 台；中国 85 000 台，存货 332 300 台。据联合国欧洲经济委员会（UNECE）和国际机器人联合会（IFR）的统计，世界机器人市场前景看好，从 20 世纪下半叶起，世界机器人产业一直保持着稳步增长的良好势头。其中，亚洲机器人增长幅度最为突出，高达 43%。

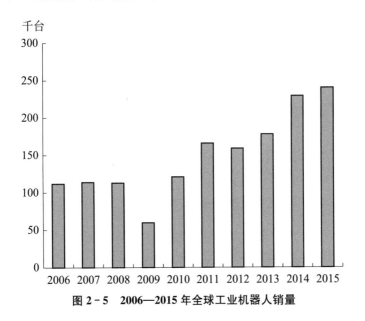

图 2-5　2006—2015 年全球工业机器人销量

　　我国的工业机器人产业从 80 年代起步起至今已有 30 多年的时间，如今产业发展到了何种程度，又有哪些特点呢？

人工智能

市场规模急速扩大

2015 年以来，我国经济下行压力进一步加大，企业面临超出预期的困难和挑战。受国内外经济的综合影响，同时随着我国劳动力成本的快速上涨，人口红利逐渐消失，工业企业对包括工业机器人在内的自动化、智能化装备需求快速上升。[21]

自主品牌机器人未成规模化

随着《中国制造 2025》及其重点领域技术路线图的发布和发改委、财政部、工信部等三部委《智能制造装备创新发展工程实施方案》的出台，以及工信部智能制造试点示范专项行动等政策的实施，中国机器人市场前景广阔，国际机器人巨头纷纷加入中国市场，国内市场竞争加剧，发展壮大我国自主品牌机器人已成为当务之急。

应用领域不断延伸

随着国家层面出台的《工业和信息化部关于推进工业机器人产业发展的指导意见》《原材料工业两化深度融合推进计划（2015—2018 年）》《民爆安全生产少（无）人化专项工程实施方案》等相关政策不断推进落实，以及地方政府出台的相关推进举措，工业机器人的应用领域从目前的汽车、电子、金属制品、橡胶塑料等行业，逐渐延伸到纺织、物流、国防军工、民用爆破、制药、半导体、食品、原材料等行业。

应用区域不断扩展

近年来，在需求快速扩张及国家自主创新政策作用下，国内一大批企业或自主研制或与科研院所合作，进入机器人研制和生产行列，我国工业机器人和服务机器人分别进入了初步产业化和产业孕育阶段。[22]其中，工业机器人发展已形成环渤海、长三角、珠三角和中西部四大产业集聚区（见表2-4）。

表2-4　　　　　　　工业机器人区域分布情况

区域	产业集聚	研究机构	特点
中西部	重庆两江机器人产业园、芜湖机器人产业园	重庆中科院	科技资源不足
珠三角	广州机器人产业园	中科院深圳先进技术研究院、广州机械科学研究院、广东省智能机器人研究院	市场应用空间大，控制系统占优势
环渤海	哈尔滨经开区机器人产业园、沈阳新城机器人产业基地、青岛国际机器人产业园、天津滨海机器人产业园等	中科院沈阳自动化研究所、机械科学研究总院、国家机械局北京自动化所	科研实力强，产品以 AGV、焊接机器人等为主
长三角	上海机器人产业园、昆山机器人产业基地、常州武进高新区机器人及智能装备产业园	上海交大、上海大学、上海电气中央研究院	外资、合资企业多，系统集成商发达，市场优势明显

服务机器人产业还处于起步阶段

服务机器人的出现时间稍晚于工业机器人，20世纪90年代才正式登上历史舞台。从目前发展状况来看，全球服务机器人尚处于起步阶段，市场化程度不高，但由于受到简单劳动力不足及人口老龄化等刚性驱动和科技发展促进的影响，服务机器人产业发展非常迅速，应用范围也在逐步扩大。服务机器人按照其应用领域划分，主要包括个人/家用服务机器人和专业服务机器人两大类。其中，个人/家用服务机器人主要包括教育机器人、扫地机器人、娱乐机器人、残障辅助机器人等；专业服务机器人主要包括国防机器人、野外机器人、医疗机器人、物流机器人等。目前世界上已经有 20 多个国家涉足服务型机器人开发。在日本、北美和欧洲，迄今已有 7 种类型计几十款服务型机器人进入实验和半商业化应用。在服务机器人领域，发展处于前列的国家中，西方国家以美国、德国和法国为代表，亚洲以日本和韩国为代表。[23]

随着"人工智能"时代的到来，发达国家纷纷将服务机器人产业列为国家的发展战略。我国也陆续出台相关政策，将服务机器人作为未来优先发展的战略技术，重点攻克一批智能化高端装备，发展和培育一批产值超过 100 亿元的服务机器人核心企业。其中，公共安全机器人、医疗康复机器人、仿生机器人平台和模块化核心部件等四大任务是重中之重。在政策的大力支持下，我国服务机器人产业正在快速扩张。当前我国服务机器人市场现状有以下特点：

市场渗透率低

由于我国服务机器人产业起步较晚，加之我国城乡居民消费能力不高，服务机器人在中国市场的渗透率较低。我国的服务机器人于 2005 年前后才初具规模。国内专门研发生产服务机器人的企业少且多半集中于低端市场,与日本、美国等发达国家相比差距较大。目前,产业化已经初具规模的产品包括清洁机器人、教育娱乐机器人等,但也陆续涌现了一批研产结合良好的企业。

应用场景日趋成熟

服务机器人的应用场景涉及个人/家庭服务类、医疗类、军用类以及特殊应用类等。个人/家庭服务机器人主要包括智能家居、娱乐教育、安全健康和信息服务这四大类,技术相对简单,应用场景明确,商业可行性高,是服务机器人行业发展最成熟、竞争最激烈的领域。目前,我国已有数家企业涉足该领域。医疗机器人可分为手术机器人和康复机器人两大子领域。医疗机器人在我国仍处于发展缓慢的起步阶段,缺乏专门的人才和技术,整体水平不高,与发达国家差距巨大。目前,我国还没有成型的规模化医用机器人产品,医用机器人在各大医院的普及率也较低。军用机器人可分为地面军用机器人、空中机器人、水下机器人和空间机器人。目前,我国军用机器人还处在研发的初级阶段,新松机器人于2014年6月成为军队采购的一级供应商,且具备军工产品二级保密资格及计算机信息系统集成一级资质等多项资质,是我国唯一一家获此殊荣的机器人企业。另外,我国对公共安全、农业、测绘等特殊应用类机器人也有较大需求。目前,我国有部分上市公司通过兼并收购或业务升级进军消防、巡视等公共安全服务机器人领域,已经取得初步成效。在农业和测绘应用领域,我国农业机械化程度还较低,地面农用机器人技术还处于技术研究过程当中,测绘作业也缺乏高科技支持。无人机经济性更高,实用性更强,市场前景广阔。

市场前景良好

服务机器人在国内发展的阻力远远小于工业机器人。一方面是因为服务机器人是中国公司和国外公司差距较小的领域。这是由于服务机器人往往要针对特定市场进行开发，可以发挥中国本土公司与行业紧密结合的优势，从而在与国外公司竞争中占据优势地位；另一方面，国外服务机器人也属于新兴行业，目前比较大的服务机器人公司产业化历史也多在 5～10 年，大量公司仍处于前期研发阶段，这也在时间上客观给予中国公司缩小差距的机会。再者，服务机器人更靠近消费端，市场空间非常广阔。在人口老龄化加剧以及劳动力成本急剧上升等刚性因素的驱动下，服务机器人产业必将迎来大发展的春天。

全球机器人发展趋势

工业大国出台机器人产业政策。工业大国提出机器人产业政策，如德国工业 4.0、日本机器人新战略、美国先进制造业伙伴计划皆将机器人产业发展作为重要内容，不仅将促使工业机器人市场持续增长，也将带动专业型与个人/家庭型服务机器人市场快速增长。[24]

汽车工业仍为工业机器人主要用户。现阶段汽车工业制造厂商仍然是工业机器人的最大用户，以 2014 年汽车工业使用机器人密度来看，日、德、美、韩每万名员工中皆使用超过一千台以上的工业机器人。由于日本、德国、美国与韩国均是汽车工业大国，未来工业机器人的主要需求仍在汽车工业。

双臂协力型机器人为工业机器人市场新亮点。随着人力成本持续增长，包括组装代工大厂与中小企业等的人力成本负担相对沉重，加上人口老化严重，国家劳动力短缺，使得双臂协力型机器人成为降低人力成本、提高生产效率与补足劳力缺口等的解决方案。

服务机器人市场成长动能十分可期。现阶段服务机器人以扫地机器人、娱乐机器人及医疗看护机器人等支撑整体市场。此外，部分国家和地区农业人口高龄化日益严重，因此也将带动农业机器人的需求增长。

我国机器人产业发展趋势

研发能力进一步增强。国内工业机器人起步较晚，目前已初步形成产业化，也诞生了一些实力雄厚的标杆企业，但总体研发创新能力落后于世界先进水平，与国际先进制造强国差距仍较明显。要打破技术壁垒降低成本、突破重点产品向中高端制造迈进，还需要加强人才队伍建设，投入更多的研发力量和时间精力。

智造升级势不可挡。随着国内劳动力人口增长趋缓，劳动力占总人口的比例也在迅速下滑，未来将面临劳动力短缺的状况，人口红利也将随之消失。目前最有效的方法就是进行制造业的自动化升级改造。在政府的大力扶持和传统产业转型升级的拉动下，机器人概念或将持续火爆，市场参与热度继续上升。

服务机器人或将赶超。当下人口老龄化加剧和劳动力成本飙升，其他社会刚性需求增多，在这样的背景驱动下，服务机器人的普及成为必然。另外，在这个新兴行业，中国发展程度与发达国家差距较小，结合本土文化开发特色需求场景，可获取竞争优势。因此，服务机器人产业具有更大的机遇与空间，或将成为未来机器人制造业主力军，市场份额不可估量。[25]

扶持政策将趋于规范。国内机器人产业因政府利好政策和极具潜力的市场空间引来大量跟风资本，存在过热隐患，为缓解机器人行业盲目扩张和"高端产业低端化"的趋势，政府将进一步规范完善鼓励扶持体系，助力市场有序化形成，促进机器人行业良性稳健发展。

第七章　智能医疗

近年来，智能医疗在国内外的发展热度不断提升。有人提出，"尽管安防和智能投顾最为火热，但 AI 在医疗领域可能会率先落地。"[26] 根据 CB Insights 2017 年 8 月发布的《人工智能全局报告》，医疗健康是人工智能最热的投资领域，从 2012 年至今已经有 270 起交易。[27] 一方面，图像识别、深度学习、神经网络等关键技术的突破带来了人工智能技术新一轮的发展，大大推动了以数据密集、知识密集、脑力劳动密集为特征的医疗产业与人工智能的深度融合。另一方面，随着社会进步和人们健康意识的觉醒，人口老龄化问题的不断加剧，人们对于提升医疗技术、延长人类寿命、增强健康的需求也更加迫切。而实践中却存在着医疗资源分配不均，药物研制周期长、费用高，以及医务人员培养成本过高等问题。对于医疗进步的现实需求极大地刺激了以人工智能技术推动医疗产业变革升级浪潮的兴起。

智能医疗的主要应用场景

"从全球创业公司实践的情况来看，智能医疗的具体应用包括洞察与风险管理、医学研究、医学影像与诊断、生活方式管理与监督、精神健康、护理、急救室与医院管理、药物挖掘、虚拟助理、可穿戴设备以及其他。"[28]总结来看，目前人工智能技术在医疗领域的应用主要集中于以下五个领域[29]：

医疗机器人

"机器人技术在医疗领域的应用并不少见，比如智能假肢、外骨骼和辅助设备等技术修复人类受损身体，医疗保健机器人辅助医护人员的工作等。"[30]目前实践中的医疗机器人主要有两种：

一是能够读取人体神经信号的可穿戴型机器人，也称为"智能外骨骼"；

二是能够承担手术或医疗保健功能的机器人，以IBM开发的达·芬奇手术系统为典型代表。

智能药物研发

智能药物研发是指将人工智能中的深度学习技术应用于药物研究，通过大数据分析等技术手段，快速、准确地挖掘和筛选出合适的化合物或生物，达到缩短新药研发周期、降低新药研发成本、提高新药研发成功率的目的。人工智能通过计算机模拟，可以对药物活性、安全性和副作用进行预测。借助深度学习，人工智能已在心血管药、抗肿瘤药和常见传染病治疗药等多领域取得了新突破；在抗击埃博拉病毒中智能药物研发也发挥了重要的作用。

智能诊疗

智能诊疗就是将人工智能技术用于辅助诊疗中，让计算机

"学习"专家医生的医疗知识，模拟医生的思维和诊断推理，从而给出可靠诊断和治疗方案。智能诊疗场景是人工智能在医疗领域最重要、也最核心的应用场景。人工智能能够更快地处理海量数据，通过深度学习从大数据中总结、发现规律，归纳总结出带有规律性的差异，从而进行疾病的诊断。

智能医学影像

智能医学影像是将人工智能技术应用在医学影像的诊断上。人工智能在医学影像上的应用主要分为两部分：一是图像识别，应用于感知环节，其主要目的是将影像进行分析，获取一些有意义的信息；二是深度学习，应用于学习和分析环节，通过大量的影像数据和诊断数据，不断对神经元网络进行深度学习训练，促使其掌握诊断能力。

智能健康管理

智能健康管理是将人工智能技术应用到健康管理的具体场景中。目前主要集中在风险识别、虚拟护士、精神健康、在线问诊、健康干预以及基于精准医学的健康管理。

（1）风险识别：通过获取信息并运用人工智能技术进行分析，识别疾病发生的风险及提供降低风险的措施。

（2）虚拟护士：收集病人的饮食习惯、锻炼周期、服药习惯等个人生活习惯信息，运用人工智能技术进行数据分析并评估病人整体状态，协助规划日常生活。

（3）精神健康：运用人工智能技术从语言、表情、声音等数据进行情感识别。

（4）移动医疗：结合人工智能技术提供远程医疗服务。

（5）健康干预：运用 AI 对用户体征数据进行分析，定制健康管理计划。

智能医疗产业应用典型案例

医疗机器人

一是智能外骨骼。俄罗斯 ExoAtlet 公司生产了两款"智能外骨骼"产品：ExoAtletⅠ和 ExoAtlet Pro。前者适用于家庭，后者适用于医院。ExoAtletⅠ适用于下半身瘫痪的患者，只要上肢功能基本完整，它能帮助患者完成基本的行走、爬楼梯及一些特殊的训练动作。ExoAtlet Pro 在 ExoAtletⅠ的基础上包括了更多功能，如测量脉搏、电刺激、设定既定的行走模式等。日本厚生劳动省已经正式将"机器人服"和"医疗用混合型辅助肢"列为医疗器械在日本国内销售，主要用于改善肌萎缩侧索硬化症、肌肉萎缩症等疾病患者的步行机能。

二是手术机器人。世界上最有代表性的做手术的机器人就是达·芬奇手术系统。"达·芬奇手术系统分为两部分：手术室的手术台和医生可以在远程操控的终端。手术台是一个有三个机械手臂的机器人，它负责对病人进行手术，每一个机械手臂的灵活性都远远超过人，而且带有摄像机可以进入人体内手术，因此不仅手术的创口非常小，而且能够实施一些人类一生很难完成的手术。在控制终端上，计算机可以通过几台摄像机拍摄的二维图像还原出人体内的高清晰度的三维图像，以便监控整个手术过程。

目前全世界共装配了 3 000 多台达·芬奇机器人，完成了 300 万例手术。"[31]

智能药物研发

"效率是药物开发的关键"。美国硅谷公司 Atomwise 通过 IBM 超级计算机，在分子结构数据库中筛选治疗方法，经评估选出 820 万种药物研发的候选化合物。2015 年，Atomwise 基于现有的候选药物，应用人工智能算法，在不到一天时间内就成功地寻找出能控制埃博拉病毒的两种候选药物。

除挖掘化合物研制新药外，美国 Berg 生物医药公司通过研究生物数据研发新型药物。"Berg 通过其开发的 Interrogative Biology 人工智能平台，研究人体健康组织，探究人体分子和细胞自身防御组织以及发病原理机制，利用人工智能和大数据来推算人体自身分子潜在的药物化合物。这种利用人体自身的分子来医治类似于糖尿病和癌症等疑难杂症，要比研究新药的时间成本与资金少一半。"[32]

智能诊疗

国外最早将人工智能应用于医疗诊断的是 MYCIN 专家系统。我国研制基于人工智能的专家系统始于 20 世纪 70 年代末，但是发展很快。早期有北京中医学院研制成的"关幼波肝炎医疗专家系统"，它是模拟著名老中医关幼波大夫对肝病诊治的程序。80 年代初，福建中医学院与福建计算机中心研制了林如高骨伤计算机诊疗系统。其他如厦门大学、重庆大学、河南医科大学、长春大学等高等院校和研究机构开发了基于人工智能的医学计算机专家系统，并成功应用于临床。[33]

在智能诊疗的应用中，IBM Watson 是目前最成熟的案例。IBM Watson 可以在 17 秒内阅读 3 469 本医学专著、248 000 篇论文、69 种治疗方案、61 540 次试验数据、106 000 份临床报告。2012 年 Watson 通过了美国职业医师资格考试，并部署在美国多家医院提供辅助诊疗的服务。目前 Watson 提供诊治服务的病种包括乳腺癌、肺癌、结肠癌、前列腺癌、膀胱癌、卵巢癌、子宫癌等多种癌症。Watson 实质是融合了自然语言处理、认知技术、自动推理、机器学习、信息检索等技术，并给予假设认知和大规模的证据搜集、分析、评价的人工智能系统。

智能影像识别

贝斯以色列女执事医学中心（BIDMC）与哈佛医学院合作研发的人工智能系统，对乳腺癌病理图片中癌细胞的识别准确率能达到 92%。

美国企业 Enlitic 将深度学习运用到了癌症等恶性肿瘤的检测中，该公司开发的系统的癌症检出率超越了 4 位顶级的放射科医生，诊断出了人类医生无法诊断出的 7% 的癌症。

智能健康管理

一是风险识别。风险预测分析公司 Lumiata，通过其核心产品——风险矩阵（Risk Matrix），在获取大量的健康计划成员或患者电子病历和病理生理学等数据的基础上，为用户绘制患病风险随时间变化的轨迹。利用 Medical Graph 图谱分析对病人做出迅速、有针对性的诊断，从而使病人的分诊时间缩短 30%～40%。

二是虚拟护士。Next IT 开发的一款 APP 慢性病患者虚拟助理（Alme Health Coach），"是专为特定疾病、药物和治疗设计配置。它可以与用户的闹钟同步，来触发例如'睡得怎么样'的问题，还可以提示用户按时服药。这种思路是收集医生可用的可行动化数据，来更好地与病人对接"[34]。该款 APP 主要服务于患有慢性疾病的病人，其基于可穿戴设备、智能手机、电子病历等多渠道数据的整合，综合评估病人的病情，提供个性化健康管理方案。美国国立卫生研究院（NIH）投资了一款名为 AiCure 的 App。这款 App 通过将手机摄像头和人工智能相结合，自动监控病人服药情况。

三是精神健康。2011 年，美国 Ginger.io 公司开发了一个分析平台，通过挖掘用户智能手机数据来发现用户精神健康的微弱波动，推测用户生活习惯是否发生了变化，根据用户习惯来主动对用户提问。当情况变化时，会推送报告给身边的亲友甚至医生。Affectiva 公司开发的情绪识别技术，通过网络摄像头来捕捉记录人们的表情，并能分析判断出人的情绪是喜悦、厌恶还是困惑等。

四是移动医疗。Babylon 开发的在线就诊系统，能够基于用户既往病史与用户和在线人工智能系统对话时所列举的症状，给出初步诊断结果和具体应对措施。AiCure 是一家提醒用户按时用药的智能健康服务公司，"其利用移动技术和面部识别技术来判断患者是否按时服药，再通过 APP 来获取患者数据，用自动算法来识别药物和药物摄取"[35]。

五是健康干预。Welltok 通过旗下的 Café Well Health 健康优化平台，运用人工智能技术分析来源于可穿戴设备的 Map My

Fitness 和 Fit Bit 等合作方的用户体征数据，提供个性化的生活习惯干预和预防性健康管理计划。

国内智能医疗发展情况

根据方正证券发布的互联网医疗深度报告，"中国互联网医疗发展经历了三个阶段：信息服务阶段，实现人和信息的连接；咨询服务阶段，实现人和医生的连接；诊疗服务阶段，实现人和医疗机构的连接。"在实际的产业发展中，中国智能医疗仍处于起步阶段，但由于资本的追捧，多家智能医疗创业公司已顺利获得融资。在未来的发展中，国内公司应当加强数据库、算法、通用技术等基础层面的研发与投资力度，在筑牢基础的同时进一步拓展智能医疗的应用领域。

智能医疗发展中面临的挑战

政府监管障碍。医疗领域本身属于政府高度监管的行业领域，在医疗行业领域引入人工智能技术以及深度推广智能医疗的应用，都会引起政府监管政策的调整。推进智能医疗的纵深发展，应当首先符合政府的监管要求。如近期我国国家卫计委办公厅发布的《关于征求互联网诊疗管理办法（试行）》（征求意见稿）和《关于推进互联网医疗服务发展的意见》（征求意见稿）中即提出，我国将对互联网诊疗服务实行严格管理，强调依法依规保证质量和安全。

医疗数据的获取限制。由于医疗数据本身具有的敏感属性

（如涉及个人基因数据、患病信息等），许多国家对医疗数据的收集、存储、使用都做了比一般数据更为严格的规定。如澳大利亚规定，除列举的特殊情况外，境内的医疗数据不得传输到境外。美国也要求医疗信息的商业化应用必须严格符合 HIPPA 和 HITECH 两个法案的规定。而智能医疗想要获得长足发展，必须依赖大量医疗数据的积累。正如德勤医疗负责人 Rajeev Ronanki 所说，只有三股强大力量的结合，才能推动机器学习向前发展，这三股力量是：数据的指数级增长、更快速的分布式系统，以及更智能的能够处理和理解数据的算法。医疗数据获取和使用的限制，也会在一定程度上阻碍智能医疗的发展。

与传统医院业务兼容困难。实际上，目前传统医院已经具备了一定的信息化水平，推进智能医疗的应用，需要从根本上更新传统医院的 IT 系统和信息化业务，这不仅需要更新设备设施，也需要对相关人员进行培训教育，成本较高，且会对传统业务造成冲击。与传统业务的兼容也会滞缓智能医疗的发展与应用。

第八章　智能投顾

　　智能投顾是人工智能技术与金融服务深度结合的产物。智能投顾服务模式诞生于 2008 年[36]，自 2011 年开始在美国等市场发展速度显著加快。通过智能投顾开展投资管理是财富管理市场的重大突破，与传统投顾模式相比，智能投顾所具备的透明度较高、投资门槛和管理费率较低、用户体验良好、个性化投资建议等独特优势，对于特定客户群体而言吸引力较大，推动了用户数量和市场规模的不断增长。

何为智能投顾？

　　目前，国内外理论和实务界对于智能投顾（也称机器人投顾，Robo-Advisor）尚未形成权威和统一定义，在业务边界和范围上各国的实践选择也不尽相同。仅从术语角度而言，智能投顾的近义词还包括自动化顾问工具（Automated Advice Tools）、自动化投资平台（Automated Investment Platform）、自动化投资工具（Automated Investment Tools）等等。

　　维基百科将智能投顾定义为财务顾问（Financial Adviser）

的一种类型，是以线上方式提供理财建议或投资组合管理服务，通过算法实现对客户资产的配置、管理和优化，从而使人为干预因素降至最低程度。[37]

2015年5月，美国证券交易委员会（SEC）和证券业自律监管组织美国金融业监管局（FINRA）针对自动化投资工具业务联合发布投资者提示[38]，将智能投顾业务类型作广义界定，指通过移动设备或个人电脑，获取广泛的自动化投资工具，包括个人财务规划工具（如在线计算器）、投资组合选择或资产优化服务（如特定账户的配置建议服务）、线上投资管理程序（如进行投资组合筛选和管理的智能投顾）等。2017年2月，SEC发布智能投顾指引，认为智能投顾（又称自动化顾问）是使用创新技术，借助于线上算法程序，为客户提供资产管理服务的注册投资顾问。客户在使用智能投顾服务时，需在交互式电子平台（如网页或移动APP），输入个人信息和其他数据，根据客户输入信息，智能投顾自动生成投资组合并管理客户账户。

2016年8月，澳大利亚证券与投资委员会（ASIC）发布255号监管指引[39]，规范智能投顾服务，该指引采用"数字建议"（Digital Advice）一词指代智能投顾所提供的服务。数字建议是指利用算法或相关技术，为零售客户提供自动化金融产品建议，流程中不涉及人类投资顾问的直接参与。数字建议包括普遍性和个性化（结合某个客户具体的投资目标、财务状况和实际需求）建议，既涵盖范围较为狭窄的资产组合设计，也包括综合全面的财务管理计划。

2015年12月，欧洲三大金融监管机构——欧洲银行业管理局（EBA）、欧洲证券及市场管理局（ESMA）、欧洲保险与职业年金管理局（EIOPA）共同发布报告[40]，针对银行、保险、证券业中涌现的电子化和自动化趋势进行了分析。在证券市场中发展较为成熟的智能投顾是指在投资顾问业务中应用自动化工具，由投资者提供个人信息，自动化工具结合客户信息，通过算法为客户提供金融工具的交易建议。在信息收集、风险画像、投资组合分析、交易执行的各个环节中，会应用到不同的自动化工具，因此，智能投顾可理解为多种自动化工具的组合。

加拿大证券管理局（CSA）于2015年9月发布指引[41]，针对投资组合管理机构提供线上投资咨询服务提出了具体要求。值得注意的是，CSA指引侧重于对注册资产管理机构（PMs）和注册咨询顾问（ARs）通过交互式网页，从事投资管理业务进行规范。加拿大的线上投资顾问并不是"智能投顾"，而仅是以提高服务效率为目的，借助网络平台向客户提供投顾服务的表现形式。人类咨询顾问仍需主动参与并对客户投资决策流程承担相应责任。

在我国，与智能投顾较为接近的表述是在证监会2012年出台的《关于加强对利用"荐股软件"从事证券投资咨询业务监管的暂行规定》中，将"荐股软件"定位于具备证券投资咨询服务功能的软件产品、软件工具或终端设备，证券投资咨询服务功能包括提供涉及具体证券投资品种的投资分析意见或者预测具体证券投资品种的价格走势，提供具体证券投资品种选择建议，提供具体证券投资品种的买卖时机建议，提供其他证券投资分析、预测或者建议。根据《暂行规定》第2条，向投资者销售或者提供"荐股软件"，并直接或者间接获取经济利益的，属于从事证券投资咨询业务，应当经中国证监会许可，取得证券投资咨询业务资格。证监会在2016年8月的新闻发布会上，进一步明确智能投顾本质仍属于投资顾问服务,是证券投资咨询业务的一种基本形式,从业者和机构开展智能投顾业务须具备资质和持有牌照。

兴起因素

智能投顾服务兴起背后的推动因素是广泛的、多元化的。从大环境方面来看,创新技术的应用、传统投顾模式未能有效满足的市场需求、用户行为习惯和社会结构的变化,以及投资市场结构和监管环境的调整,带来了智能投顾服务的不断渗透和发展。

从市场需求角度来看,一方面,传统投顾服务的资金门槛和管理费用相对较高,导致数量众多的低净值客户的投资理财需求无法有效满足。以美国市场为例,传统投顾服务的平均资金门槛为 5 万美元[42],平均管理费率为管理资产规模的 1.35%,而智能投顾的最低投资金额可低至 500 美元[43],平均管理费用在 0.02%~1% 之间[44],部分智能投顾不设最低资金限制,或不收取管理费用。智能投顾的目标客户群一般是资金规模在 20 万美元以下的长尾用户,平均管理费率在 0.3%~0.5% 之间,为人工投顾管理费用的 60%~70%。另一方面,用户行为习惯的变化催生出通过新兴渠道开展投资理财服务的新需求,80 后、90 后年轻用户对于线上沟通交流方式的偏好,并且更青睐于可以随时随地获取个性化服务的理念,智能投顾提供的非面对面、定制化服务模式更好地顺应了这部分用户群体的投资理财需求。在美国、澳大利亚、加拿大等市场中,1980—2000 年间出生的千禧一代成为智能投顾的核心用户群。

从市场供给角度来看,包括大数据、云计算和人工智能等技术的不断成熟完善为智能投顾模式的发展奠定了基础。一方面，伴随互联网、移动互联网的普及，全球数据规模呈现爆发式增长，加之机构加大对大数据挖掘和分析的研发和投入，数据多样性和丰富性不断拓展，数据处理成本不断降低，为智能投顾出具更为精确、个性化的投资建议和资产组合方案提供了可能。另一方面，技术的发展降低了机构进入财富管理领域的门槛，许多初创企业、技术公司凭借技术优势，通过智能投顾服务切入财富管理领域，而商业银行、保险公司和大型财富管理机构通过将智能投顾整合进原有咨询类业务中，作为传统服务渠道和功能的延伸和拓展，充分利用客户规模和品牌效应优势，客观上为智能投顾的普及形成了支撑。

智能投顾业务模式

不同的智能投顾有不同的投资理念、方式和策略，支撑智能投顾的算法在复杂性方面存在较大差异，从构建单一投资组合的简单算法，到可以评估数千种金融工具和场景的多策略算法。我们从智能投顾所具备的功能、服务对象、从业机构、人工投顾参与程度等不同维度将智能投顾业务模式进行简要梳理。

从功能角度

2016 年 3 月，美国金融业监管局（FINRA）发布《数字投资建议报告》[45]，将数字投资建议工具所实现的功能进行了细化，核心业务活动分为客户画像、资产配置、投资组合筛选、交易执行、投资组合再平衡、税收损失收割（TLH）和投资组合分析。

前六种功能面向普通客户，投资组合分析功能则面向专业投资群体。在交易执行功能方面，加拿大、澳大利亚、日本、香港等国家或地区市场中已出现提供交易执行服务的智能投顾企业，交易执行可通过自有券商或外部合作券商进行。美国采取"双重注册制"，涉及交易执行功能的智能投顾需同时具备投资顾问和券商从业资质。部分智能投顾还可提供税收优化方案，在美国市场应用较为广泛，税收管理包括税收资产合理配置以及税收损失收割，通过调整资产配置，抵消一部分资产收益从而降低资本利得税，实现税收优惠的目的。

从服务对象角度

可将智能投顾分为面向普通个人投资者的 B2C 模式和面向机构投资者的 B2B 模式。在 B2B 模式中，智能投顾平台为机构投资者或传统投顾企业提供技术、资产配置、风险管理等专业化服务，有助于降低传统投顾模式的成本，进一步拓展业务规模。

从服务提供机构角度

不同类型的市场参与者均积极涉足智能投顾服务领域。一些初创企业开发了基于专有算法的自动化投资建议模型，这类企业面临着从零开始获得新客户群的挑战，但由于部分国家尚未将创新性技术企业纳入监管框架，这类机构受到的监管制约较少。而商业银行、资产管理机构等传统财富管理服务机构，也开始面向客户提供智能投顾服务，这类机构利用品牌效应和客户规模优势，降低服务成本，提升用户体验，进一步提高投顾服务覆盖范围，进而拓展大众零售投资市场。

从人工投顾参与程度角度

部分智能投顾采用纯自动化模式，在业务流程中较少或完全没有人工干预；部分智能投顾采用人机结合的混合模式，在业务开展的核心环节，需人工投顾的介入，但介入的方式和程度有所不同，比如，在美国智能投顾业务模式中，人类工作人员可提供技术和客户支持，也涉及围绕具体投资建议与客户进行沟通交流。而根据监管要求，加拿大仅允许发展混合模式智能投顾服务。在纯自动化模式中，部分国家（澳大利亚、德国、英国）要求智能投顾平台建立相应保障机制，以确保投资建议的适当性，部分国家（澳大利亚、英国）对纯自动智能投顾提供投资建议的范围进行了限制。大部分完全自动化智能投顾平台，客户仍可通过在线聊天、电话或视频电话等方式，与人工专业顾问进行沟通。

从定制化程度角度

部分智能投顾通过预先设定若干种资产配置组合，根据用户提供的信息，将投资者进行分类，为同类用户选择合适的资产配置组合。还有一些智能投顾能够提供更为个性化或定制化的资产配置计划，根据用户具体的投资目标和风险偏好，优化现有投资组合。

从投资产品角度

在大部分国家或地区，智能投顾所提供的投资产品中最为普遍的是投资基金、共同基金和交易型开放式指数基金（ETF），巴西的部分智能投顾提供国债等固定收益产品。在德国、澳大利亚等国家，智能投顾提供的投资产品包括债券和股票。而在美国、法国、土耳其的智能投顾所推荐的投资组合方案中，还出现了 OTC 产品，如金融衍生品差价合约（CFDs）、外汇、二元期权等，甚至比特币也成为部分智能投顾推荐的投资产品。

市场规模

据不完全统计，目前全球市场中已有近 140 家智能投顾机构，超过 80 家是 2014 年之后出现的[46]，在美国、欧洲、澳大利亚、印度、加拿大、韩国等市场中均涌现出此类服务。由于各国对智能投顾的定义存在差异，智能投顾市场规模缺乏官方统计数据，通过对多家市场咨询机构数据进行整理，我们可以发现，与传统投顾业务规模相比，现阶段智能投顾在全球资产管理规模（AUM）中所占份额仍然较小，2015 年全球传统资管机构管理的开放式基金净资产达到 37.19 万亿美元[47]，同期，全球智能投顾资产管理规模约为 6 000 亿美元。与此同时，智能投顾市场规模呈现快速增长趋势，BI Intelligence 数据显示[48]，预计到 2020 年，全球将有 10％的资产由智能投顾管理，市场规模约合 8.1 万亿美元，其中亚洲市场规模将达到 2.4 万亿美元，美国市场规模将达到 2.2 万亿美元。

美国是最早出现智能投顾模式的市场，除了 Wealthfront、Betterment 等独立智能投顾企业之外，一些传统金融机构如先锋（Vanguard）、嘉信（Charles Schwab）等老牌基金管理机构，先后推出了旗下的智能投顾业务；基金管理行业巨头黑石（Black-Rock）通过收购初创企业 Future Advisor，正式涉足智能投顾市场；美林银行、富国银行等商业银行也开始着手布局智能投顾市场（见表 2 - 5）。2016 年 9 月，美国传统资产管理机构通过智能

表 2-5　部分智能投顾平台数据（截至 2017 年 6 月）

	Vanguard	Charles Schwab	Betterment	Wealthfront	Personal Capital	Future Advisor	Rebalance IRA	SigFig	WiseBanyan
资产管理规模（AUM）	650 亿美元	159 亿美元	90 亿美元	65 亿美元	43 亿美元	9.69 亿美元	4.03 亿美元	1.14 亿美元	9 400 万美元
最低资金要求	5 万美元	5 000 美元	0	500 美元	2.5 万美元	1 万美元	10 万美元	2 000 美元	10 美元
管理费率	0.3%/年	—	0.25%/年，0.40%~0.50%/年（人工投顾）	低于 1 万美元，免费；超过 1 万美元，0.25%/年	0.49%~0.89%/年（根据资产管理规模）	0.5%/年	250 美元开户，0.5%/年+交易费用，最低 500 美元/年	低于 1 万美元，免费；超过 1 万美元，0.25%/年	无

资料来源：investorjunkie. com.

投顾模式管理的资产规模约为 520 亿美元，年均复合增长率为 179%。同期，美国独立智能投顾企业资产管理规模增长了 56%，达到 132 亿美元。[49] 在澳大利亚，初创企业和传统资产管理机构均在积极布局智能投顾模式，价值 2.3 万亿澳元的养老金市场是投资顾问市场的新兴蓝海。而在欧洲市场中，智能投顾仍处于早期萌芽阶段，在英国、德国和意大利的资产管理市场中出现了智能投顾模式。在中国市场上，据不完全统计，目前宣传具有"智能投顾"功能的各类理财平台已经超过 20 家，包括平安保险、招商银行、民生证券、广发证券等在内的传统金融机构将智能投顾功能整合到原有体系中，实现功能拓展，提高对投资者的吸引力，京东金融、宜信财富等互联网金融企业，以及弥财、同花顺、蓝海智投等独立平台也通过与国内外券商合作等模式，布局智能投顾服务市场。

第九章 虚拟现实和增强现实

虚拟现实的长足发展

虚拟现实（VR）技术这一概念最早在 20 世纪中期由美国 VPL 探索公司和它的创始人提出，后来美国宇航局（NASA）的艾姆斯空间中心利用流行的液晶显示电视和其他设备，开始研制低成本的虚拟现实系统，推动了该技术硬件的进步。目前，虚拟现实技术已获得了长足发展，表现在：

国际巨头纷纷涌入

2016 年是 VR 产业的元年，谷歌、索尼、HTC、微软、Facebook 等国际巨头相继入局 VR 领域。Facebook 在天价收购了 Oculus 之后，又开始着手收购与 VR 相关的科技公司，并着力打造应用平台，形成了硬件（Oculus Rift）＋内容（各大内容供应商，Oculus Store）＋社交（Facebook）为核心的生态闭环。索尼、微软、谷歌、三星等巨头公司也都通过类似的方式进行 VR 生态系统的建设和布局。受制于诸多因素，各家的 VR 生态系统虽说还远称不上完善，但却也在这场竞争中占得了先机。苹果也早已开始在 VR 行业暗自布局，除了收购公司，已经挖了各大公司的 VR 行业人才，组建了自己的 VR 开发团队。

硬件发展速度加快

Oculus、三星、HTC 都在 2016 年推出全新的 VR 硬件，而随着芯片和屏显厂商的加码，硬件的成熟将会加快。在芯片端，英特尔、微软、高通等国际巨头都开始加入战局，高通首席执行官 Steve Mollenkopf 在 2016 年全球移动大会上表示，下一代骁龙处理器将把大量桌面端场景搬到移动端。

美国仍是全球 VR 产业领军者

美国作为 VR 技术的发源地，其研究水平基本上就代表国际 VR 发展的水平。目前美国在该领域的基础研究主要集中在感知、用户界面、后台软件和硬件四个方面。NASA 的 Ames 实验室现在正致力于一个叫"虚拟行星探索"（vPE）的试验计划。现在 NASA 已经建立了航空、卫星维护 VR 训练系统，空间站 VR 训练系统，并且已经建立了可供全国使用的 VR 教育系统。北卡罗来纳大学（UNC）的计算机系是进行 VR 研究最早的大学，主要研究分子建模、航空驾驶、外科手术仿真、建筑仿真等。麻省理工学院（MIT）是研究人工智能、机器人和计算机图形学及动画的先锋，这些技术都是 VR 技术的基础，1985 年 MIT 成立了媒体实验室，进行虚拟环境的正规研究。从 90 年代初起，美国率先将虚拟现实技术用于军事领域。

我国 VR 产业发展势头良好

市场规模总体体量仍然较小，但潜力巨大

我国 VR 市场规模总体体量仍然较小。知萌咨询在《2016 年中国 VR 用户行为研究报告》中称，我国购买过 VR 设备的重度用户仅为 96 万人。腾讯研究院将 VR 消费人群分为深入了解型、保持关注型、有所耳闻型三类，其潜在消费金额分别仅有 2 392 万元、9 647 万元和 2.23 亿元。同时，国内 VR 市场尚处于起步阶段，概念普及率不高，消费市场还较为冷淡。

但不少机构都预测，我国 VR 产业市场规模潜力巨大。智研咨询发布的《2017—2022 年中国虚拟现实设备市场供需预测及投资战略研究报告》认为，经过一段时间的市场培育，中国市场的用户群体已经初具规模，2016 年消费者规模达 247.3 万人，并在今后数年保持稳定增长。2016 年 VR 市场潜在消费者规模已达到 1.35 亿人，随着 VR 技术的成熟，VR 技术的行业应用将在数年后成为潮流，VR 市场需求量将会有大幅度提升，预计 2019 年中国 VR 市场消费者潜在规模将达到 2.5 亿人。

投融资整体处于 A 轮前阶段，但日趋活跃

从投融资阶段上看，目前我国 VR 项目的投融资主要集中在天使轮和 Pre-A 轮。大多数风险投资机构对 VR 企业仍处在谨慎观望状态。从投资主体上看，上市公司表现活跃。在 VR 投资领域，上市公司具有投资金额大，A、B 轮领投居多等特点，参股

并购等投资方式均逐渐增多。从投资项目上看，资金集中布局在产业链的设备端和内容端。

VR生态圈初步形成

现阶段，我国VR产业发展正在由用户、技术、硬件、内容、开发者、渠道、资本等力量共同推进，一个良性VR产业生态圈已初步建立，并正在形成一条包括工具设备、行业应用、内容制作、分发平台、相关服务在内的全产业链。

从产业格局上看，形成了地域以一线城市为主，厂商以初创小公司为主，变现方式以线下体验馆为主的发展态势。目前，我国VR厂商集中在北上广深等一线城市，初期以初创小公司为主，后期也有大的上市公司进行参股和并购。相较国外科技巨头高投入、长周期的VR开发模式，国内大部分小规模初创企业的VR开发具有投入较少、周期较短、技术含量相对较低等特征，产品主要面向国内市场。

从产品形式上看，头戴式VR设备是市场主流产品，游戏和影视是市场主要内容。目前我国市场上的VR设备主要分为VR头盔、VR眼镜和VR一体机三种，前两种均可归为头戴式VR产品，占据市场主流。目前国内VR平台有约3 500款内容产品，其中VR游戏约800款，58.6%来自PC平台，41.4%来自移动平台；VR影视约2 700款，52.8%是全景视频，47.2%是非全景3D视频。

VR 产品形态丰富多样

VR 硬件

目前国内 VR 硬件投资市场以输出设备为主，市场上主要产品可以分为移动端 VR、PC 端 VR 和一体机。

移动端 VR。在中国 VR 设备市场，基于智能手机的发展轨迹以及庞大的用户规模，移动 VR 被很多人认为是未来的主流 VR 设备。另外，由于移动 VR 设备相对来说技术含量较低、成本不高，使得移动 VR 设备推广更为迅速。但从消费者的沉浸感和交互性体验来说，就要比 PC 端设备和一体机低很多，尤其是目前技术还在发展阶段，VR 内容较少，较低的舒适度和体验感会影响消费者对移动 VR 产品的评价。而且目前 VR 眼镜盒子严格上来说并不能算真正的 VR 设备，仅仅在透镜上与 VR 有所关联。

PC 端 VR。虽然 PC 端 VR 头盔相对于移动 VR 存在操作烦琐、价格昂贵、携带不便等困难，但其绝佳的体验感能让消费者体验到 VR 技术真正的魅力。以 Oculus Rift 为例，相比于 Grea VR，Rift 有定位追踪功能、更深层次的游戏体验和高保真环境。

一体机 VR。VR 一体机是具备独立处理器并且同时支持 HDMI 输入的头戴式显示设备，具备独立运算、输入和输出的功能。VR 一体机需要具备独立的运算处理核心，因此具有更高的研发难度。目前国内基本没有相关芯片制作厂商，一体机 VR 发展缓慢，短期无法形成较大市场规模。

VR 内容

目前国内的 VR 产业发展集中在硬件设备领域，而与之相对应的是内容的极度缺失。当前 VR 内容多为小型团队进行开发，游戏策划、对战数值等都有着各种问题，使得整个 VR 内容处于无亮点的重复开发，内容的乏善可陈，大大降低了用户的黏性。大型互动式的网游尚未产生，没有大量优质的原创 VR 内容，无法激活用户兴趣。而 VR 产业想要真正发展起来，必须保证足量的优质内容，结合硬件发展，形成自己的产业链。

VR 产业发展预测与展望

基于行业本身发展，今年 VR 的关注度将会有所下降，市场增速相比去年也或将有所下降。VR 市场会表现略微遇冷的情势，但势能会持续集聚，无论硬件还是软件技术都将持续升级，VR 前景光明，只是尚需时日。

PC 端 VR 将是短期主流，一体机将后来居上

移动端强调趣味性和移动性，PC 端强调逼真性。PC 端是目前最被推崇和看好的 VR 形态。因为它配置高，体验效果极佳。如今国际大厂在努力将 VR 做好也可以看出未来 VR 的主要形态将会放在 PC 端上。

相对而言，虽然被众多手机厂商力捧的移动 VR 更方便，但在体验上与 PC 端产品相差很大，而且目前移动端 VR 更多的仅仅是手机盒子，很多专业人士都表示这不是真正的 VR 设备，其

带给用户的体验也与预期相差甚远，在 VR 最主要的沉浸感和交互性方面难以达到用户标准。其次，VR 手机盒子因为要适配各种手机，难以满足多数人需求。

而作为技术含量最高的 VR 一体机，既包含了移动 VR 的方便性和便捷性，同时也包含了 PC 端 VR 的高体验感，在 VR 领域毫无疑问是最优秀的产品。但目前由于技术限制，一体机最重要的处理芯片研发不足，市场上也缺乏相关厂商，在内容缺失和智能化程度低等一系列现状下，一体机距离人们理想中的效果还有一段路要走。

硬件端龙头初显，内容和应用存在短板

就国内而言，当前 VR 硬件市场已经有产品较为成熟的厂商，几乎已经形成垄断局面，而且硬件对资金要求较高，留给创业团队的机会有限。目前内容和应用的匮乏，制约着消费者购买 VR 硬件的积极性。当前，VR 影视、游戏等内容急需丰富和提升，市场也迫切期待内容的驱动。VR 硬件终端整体在向前发展，这对内容制作者来说，有助于把内容做好，为用户提供更好的 VR 体验。可以预计，未来 VR 市场内容厂商将出现百花齐放的景象。

VR 市场正在经历理性调整

VR 行业在告别早期的盲目跟风和概念炒作后，市场正在经历理性调整，无论从硬件到内容，都在加速完善和提升，消费者的需求也正在被一步步激发出来。从低端客户到中高端客户，现在的市场需求都非常正面。首先，供应链开始考虑 VR 行业的需

求，已经出现专门为 VR 设备定制的元器件，说明市场已经被推动起来。其次，软件生态更加成熟。近日，谷歌、微软等都相继推出 VR 平台，让更多厂商加入其 VR 生态。另外，VR＋行业应用已经在中国落地。而且，VR 从硬件标准到内容平台建设，工信部和其他部门也都在出台相关政策进行规范。

何为"增强现实"?

增强现实（Augmented Reality，AR），是在虚拟现实的基础上发展起来的新技术，是通过计算机系统提供的信息增加用户对现实世界感知的技术，将虚拟的信息应用到真实世界，并将计算机生成的虚拟物体、场景或系统提示信息叠加到真实场景中，从而实现对现实的增强。VR 和 AR 是两个不同的细分领域，VR 作为虚拟现实技术，给用户营造的是在虚拟现实中的一种身临其境感；AR 作为增强现实技术，则是在现实环境的基础上强化一种极致体验，通常首先借助于某种设备（最典型的是摄像头）获取"现实"的影像，然而这种影像却不是如传统视频应用那样原封不动地展示到屏幕上，而是经过一道信息技术的处理，将在原生的影像上叠加文字、声音、虚拟图像形象等信息之后再展示给用户。

AR 技术和产业发展迅猛

AR 作为增强现实感的一种技术，当下呈现出飞速发展态势。随着大量资金注入 AR 项目及 AR 创业公司，尤其是随着谷歌、佳能、高通、微软等大公司的入场，第一批消费级 AR 产品已经出现。未来，随着实际商业利益的出现，AR 还将与消费、医疗、移动、汽车以及制造等领域相结合。

手机和智能硬件发展助力 AR 技术

真正让 AR 技术表现出巨大潜力的要归功于手机和智能硬件的发展。一方面，智能手机的诞生为 AR 提供了一个很好的载体，尽管视觉效果尚不完美，却极大地降低了用户的体验成本，要知道虚拟现实技术不得不借助 VR 眼镜来完成，而 AR 只需要一款 APP。另一方面，AR 设备的传感器和手机产品通用，各类配件价格的持续拉低，也降低了 AR 设备的普及门槛。除此之外，AR 本身就是智能硬件的一个发展方向，单是谷歌眼镜就已经激起了不少人的好奇心。

AR/VR 融合成为可能，内容将是推动力

AR 核心是处理信号（摄像头）输入问题，让计算机理解周边环境，解决线上线下信息和交互不对称的问题，使用户获得"超能力"去处理现实中的问题。VR 技术核心是处理信号（显示）输出问题，要"以假乱真"，使用户获得"超体验"。为了强化这种视听感受，硬件与软件以及硬件之间开始融合发展。并且，AR/VR 融合将成为可能，人们将突破虚拟与现实的限制。

增强现实的呈现形式

AR 共有三种显示方式，按距离眼睛从近到远分别为手持式（Hand-Held）、空间展示（Spatial）、可穿戴式（Head-Attached）。

手持式

即用手机或任何移动终端的摄像头获取现实世界的图像，并在移动终端的现实世界图片、视频中叠加虚拟信息。当前基于手机端的 AR 游戏、大量的 AR 卡均是采取这种形式。手持式的呈现方式由于门槛低，大量简单的 AR 呈现可以采取这种方式。手持式采取的显示原理与下文中的"视频式"相同。另外还有如透明手持式 AR 展示设备（Optical See-Through Hand-Held Devices）等，但当前并不常见。

空间展示

只要是通过非手持、非头戴的 AR 展示，都归类为 Spatial，包括用显示器展示 AR、演唱会、商业展示、博物馆、游乐园等通过 AR 技术进行公共的虚拟形象的展示，或以其他屏幕呈现增强现实信息。

可穿戴式

需要通过佩戴 AR 眼镜类设备进行呈现。可以分为如下几种：

光场显示或其他视网膜显示技术（Retinal Displays）：这种技术原理在于设备将虚拟光线直接投射到用户的视网膜上，从而形成以假乱真的效果。光场式被称为 AR 显示的终极形式。这种显示技术不需要屏幕做载体，通过光场呈现物体全方位深度的图像，用户观察近景或远景均可以实现不同景深的切换。这种显示技术是最为仿真视觉呈现原理的一种显示技术。

头戴式显示技术（Head-Mounted Displays）：视频式：这种显示方式的原理为设备通过外置的摄像头获取真实世界的信息，并根据机器视觉等技术同时叠加虚拟信息，使得用户通过配置在其眼前的 AMOLED 屏等显示屏幕看到真实世界和虚拟叠加信息。在视频式的显示技术中，用户看到的均为从设备摄像头所获取的图像，也就是说真实世界的光源是通过设备的摄像头，再通过设备的屏幕呈现给用户的。

光学式：这种显示技术的原理在于，用户通过人眼前的透镜看到真实世界，而计算机生成的虚拟信息则通过一系列的光学系统投射到人眼中，从而实现在真实世界的光源下叠加虚拟信息的效果。这种显示技术的优点在于真实世界的信息真实、分辨率高、相对轻便，缺点在于虚拟信息的显示效果容易受环境光源强弱的变化。

AR 相比 VR 可能更受投资者青睐

除了当前发展火热的虚拟现实消息不断之外，增强现实也被频繁爆出大量的融资消息。让众多融资者看好 AR 这个市场的原因，主要在于 AR 有以下几点优势：

在市场估值上，AR 的估值比 VR 高。从技术层面来讲，AR 和 VR 是包含和被包含关系，属于计算机图形图像研究范畴。AR 的本质在于适应现实、保留现实，真正可以面向千变万化的真实世界，与各行业场景紧密联系；正因为保留现实，才能够做到选择性信息化增强，降低技术应用的时间成本和制作成本，实现高效的认知和交互。总而言之，AR 能做的事"想象空间极大"。这是 AR 估值高于 VR 的原因。

在用户体验上，AR 更能够满足用户的体验感。从佩戴舒适感及用户使用便捷性而言，可以完全独立使用，无须线缆连接，也无须同步电脑或智能手机。反观 VR 设备，虽然吸引了大部分用户的目光，但是当用户真正体验过后，表示当前市场上的大部分 VR 头戴设备过于沉重，需要连接线缆，限制了用户的使用空间。另外一点体现在交互性及趣味性上，AR 能够满足用户的体验感，既增强了用户使用的趣味性，又保证了使用者与技术之间的互动性。

在社交方面，AR 不会把使用者与真实世界隔开。虽然 VR 能够给人们的生活带来更大的便捷，可以让人们在虚拟环境中进行面对面的交流，然而当下只能带给用户一个虚幻的世界，让用户独处在同一空间。AR 看上去则更具普及性，注重与周围人员的互动，包括对方眼神、神情。

在生活应用中，AR 未来的发展前景比 VR 更广阔。AR 涉及的技术深度和广度相比 VR 都要大一些。AR 最大的特点就是可以产生虚构与现实事物相混合的环境，具有真实感强、建模工作量小的优点，因而也就更容易与传统的商业业态结合在一起。

当前，AR 技术取得了很大的发展，但是仍存在很多难题。目前来看，市场需求是很大的，但供应方面却略显不足，尤其是拥有核心知识产权、专利产品及服务质量过硬的企业并不多，行业整体缺乏品牌效应。在需求旺盛的阶段，行业需求巨大，发展前景好，这是毋庸置疑的。但如何保持行业的健康、稳定且可持续发展，需要业内企业的共同努力。

第十章　智能家居

近年来，随着人工智能技术赋能，智能家居产业迅速发展，生态逐步完善趋于成熟，美好的智慧新生活也似乎将要成为可能。总的来看，全球智能家居发展态势良好，美国引领行业发展风向标。

智能家居正在全球范围内呈现强劲的活力

市场研究咨询公司 Markets and Markets 近期发布的报告显示[50]，全球智能家居市场规模将在 2022 年达到 1 220 亿美元，2016—2022 年年均增长率预计为 14％。根据 GfK 市场研究公司对 7 个国家的研究报告[51]，超过半数人认为在未来几年智能家居会对他们的生活产生影响。已公布的国家数据表明，逾五成（51％）的用户表现出对智能家居的兴趣，与移动支付（54％）处于同一水平，远远超过可穿戴设备等其他选项（33％）。伴随着 5G 等新一代移动通信技术的发展，语音识别、深度学习等人工智能技术的成熟，在新技术与智能家居融合之下，产品类别增多、系统生态逐步成熟、用户市场普及率提高将会是大势所趋。

美国独占鳌头并引领行业发展风向标

　　根据 statista 的统计数据[52]，2016 年美国智能家居市场容量为 97.125 亿美元，为全球智能家居市场容量最大的国家，第 2～5 位分别为日本、德国、中国、英国。另外，从智能家居普及率的增长情况来看，美国也以 5.8% 位居第一，日本、瑞典、德国、挪威等传统发达国家则分居第 2～5 位，中国普及率仅为 0.1%。最近几年，美国的智能家居市场容量以每年平均 30 亿美元的增量发展，整体呈现高速上升趋势（见图 2-6）。具体到细分领域，以 2014 年为例，美国智能家居按照市场容量依次主要涵盖娱乐（13.321 亿美元）、安全（8.368 亿美元）、自动化（7.699 亿美元）、能源管理（3.826 亿美元）、环境清洁（0.829 亿美元）等五大领域，其中 2015 年以自动化（147.3%）、环境清洁（92.2%）领跑增长率。

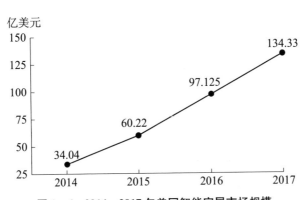

图 2-6　2014—2017 年美国智能家居市场规模

资料来源：statista.

中国潜在发展空间巨大，市场风口即将来临?

据前瞻产业研究院发布的报告显示[53]，我国智能家居市场规模 2016 年达到 605.7 亿元（不同机构统计口径不同结果也有所区别），同比增长率也大幅度提升到 50％以上，可见行业发展势头迅猛（见图 2-7）。千家咨询顾问公司出版的行业报告[54]将中国智能家居发展分为四个阶段，分别为萌芽期（1994—1999 年）、开创期（2000—2005 年）、徘徊期（2006—2010 年）、融合演变期（2011—2020 年），认为当前我国处于第四阶段。从 2011 年开始，智能家居市场进入明显的快速发展阶段，人工智能技术融合化趋势催生了大量新技术、新模式、新业态，创造了巨大的市场需求。国内巨头争先推出新产品，瓜分这一巨大的新兴消费市场。行业格局演变明显，协议和技术标准有着互联互通的趋势，新品层出不穷。伴随着此轮探索，市场的爆发期的到来也许只是

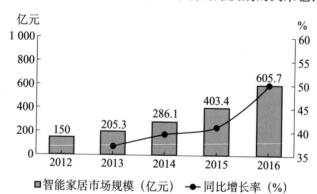

图 2-7 2012—2016 年我国智能家居市场规模及增速走势

资料来源：前瞻产业研究院。

时间问题。奥维咨询（AVC）预计[55]，到 2020 年，智能电视渗透率将达到 93%，智能洗衣机、智能冰箱、智能空调的渗透率将分别增至 45%、38%和 55%。由此可看出，家居智能化的潮流将不可逆转，中国智能家居行业的潜在市场规模引人遐想，有望成为市场下一个风口。

智能家居群雄逐鹿，龙头企业蓄势待发

智能家居良好的发展前景已吸引众多巨头公司涉足，成为群雄逐鹿的战场，国内外科技企业对智能家居市场跃跃欲试，以单品爆发与平台发力等作为落脚点争相布局，欲抢占智能家居产业的主导地位。随着各大巨头纷纷入局，智能家居市场迎来了启动期，为其进入高速发展的阶段做了铺垫。

从国际来看，亚马逊、苹果、谷歌等都争相在平台、系统中枢上布局，意在以开放平台为卖点，构建一个开放的生态，实现互联互通与家居控制中心的战略目标，借此抢占更多上下游的支持者资源，巩固自身在市场中的主导地位。

Facebook 发布人工智能管家 Jarvis

2016 年 12 月，扎克伯格向公众展示了该公司最新研发的人工智能管家"贾维斯"（Jarvis），这个管家不仅可以调节室内环境、安排会议行程、定时做早餐、自动洗衣服、辨别并招待访客，甚至可以教扎克伯格的女儿说中文。

谷歌发布 Google-Home 与重组 Nest

2016 年 5 月 19 日，谷歌在 2016 年 Google I/O 开发者大会上推出了全新的 Google-Home 智能音箱。同年 8 月底，智能家居公司 Nest Labs 的整个平台团队成为谷歌的一部分，以便发力智能家居产业。

微软推出 Home-Hub 智能家庭中枢

2016 年 12 月初，微软推出 Home-Hub 智能家庭中枢。它实际上是 Windows10 中的一项功能，主要服务于家庭用户。核心服务是与搭载 Cortana（中文名：小娜）助手的 PC 相结合，面向家庭用户提供家用智能集成服务，能够为用户提供日历、表格、音乐等多种功能的使用和文件信息查询。

亚马逊的爆红单品 Echo

2014 年底，亚马逊在智能家居领域推出一款智能蓝牙喇叭 Echo，结合语音助手服务 Alexa 作为智能家居中枢。Echo 接收用户的语音指令后，经过 Alexa 处理，就能进行控制家电产品、联络优步，或在电商平台采购等操作。对智能家电的第三方厂商，亚马逊持开放态度，吸引智能家居品牌 Vivint、idevice、Belkin、Philips Hue 等第三方厂商接入其智能家居产品和系统。Echo 推出后获得广泛好评，迅速爆红。

苹果公司发布 Apple HomeKit

苹果在 2014 年的全球开发者大会（WWDC）上首次发布

HomeKit，这一平台是全球最具规模的智能家居生态系统之一。苹果目前通过装置上的"Home"APP加上Siri来控制各种设备，实现了各种设备的互联互通，提升用户智慧生活体验。

从我国情况看，当前智能家居市场的竞争格局逐渐明朗，市场上大致存在着四种竞争力量：第一种为传统的家电厂商，代表为美的、海尔等公司，在原有产品上进行智能化改造，并推出了相关智能家电产品和平台产品，如海尔推出了U＋智慧生活开放平台，此类公司主要靠硬件收入盈利。第二种为互联网巨头公司，如BAT等，已经在软硬件、服务、内容等系列领域进行布局，并与传统家电厂商加强合作。如腾讯推出企鹅智慧社区SaaS系统，布局抢占智能家居线下市场及智慧社区市场，同时与欧瑞博等公司合作共同勾画智慧生活；阿里联姻美的，利用电商渠道与云服务实力，欲改变智能家居生态格局。该种力量整体呈现跨界融合的趋势，商业模式也朝着多元化方向发展。第三种为手机硬件优秀企业，如华为、小米等。2015年，华为即发布其HiL-ink连接协议，向智能家居领域进发，并吸收美的、电信等作为合作伙伴，核心点为互联互通能力，解决智能家居的碎片化问题。这类公司通常定位明确，清楚自身优劣势，合理布局智能家居的相关产品和服务。第四种为其他公司，如运营商、视频网站等。运营商主要借助网络运营的优势，布局相关软硬件和智能应用产品；视频网站则主要以智能电视作为载体，通过收取内容服务费等方式开展经营。

海尔公司推出 U-home

海尔U-home是海尔智能家居生活解决方案，以人工智能作为技术支撑，透过语音语意理解、图像识别、衣物识别、人脸识别为交互入口，把所有家居设备通过信息传感设备与网络连接，可通过打电话、发短信、上网等方式与家中的电器设备互动。

智能家居行业发展展望

单品优化完善，应用场景扩大

伴随智能家居的发展趋势，市场消费群体已经形成了对智能家居单品的稳定需求。从最早的 Wi-Fi 联网控制到如今的指纹、语音识别，交互性能也逐步在提升，而智能家居单品的用户也将从尝鲜者转向更为普通的消费者，覆盖的年龄层次更为广泛。例如，家庭智能安防类产品在 2016 年各类展会上受到了广泛关注，智能照明、电器控制等系列智能家居系统也趋于完善成熟。当用户需求量持续稳定增加时，产品也会更加向丰富多样化发展，其应用场景将在家庭安全防护、改善生活环境的基础上，向家庭医疗健康、节能环保等场景继续扩大，智能家居未来将会渗透到家居生活的方方面面，引领智能新生活。

标准趋于统一，生态逐渐成熟

越来越多的厂商介入智能家居产业，并纷纷推出自己的智能家居生态系统，然而当前各个企业之间的技术标准并未实现互通和共享。例如，单纯为公众所熟知的无线技术协议就有 Wi-Fi、蓝牙、射频、ZigBee 多种且各有优劣，厂商各自联盟，造成智能家居产品不能互换互用。由于各厂商已经有大量的投入，不愿牺牲自己的利益，难以在同一个平台上达成共识。产品不兼容影响用户购买选择，也增加了智能家居系统的铺设成本，这是目前智能家居产业发展的制约"瓶颈"之一。目前协议标准组织、芯片元器件厂商、操作系统厂商、语音交互厂商等正在为互联互通而努力。例如，华为 OpenLife 智慧家庭解决方案为实现生态互通聚合，提出了七大 API 标准、六大集成框架，将网络能力云化开放，以智能网关为核心，开放聚合，同时与第三方厂商一同完善 API 规范和标准。可以预见的是，未来将以各巨头企业的平台为核心，逐渐形成较为统一的行为规范或者标准，聚拢系列优势资源，从单品到生态圈，智能化进程提速升级，智能家居生态将趋于成熟。

智能家居安全问题面临挑战

智能家居产品在高速发展中也隐藏着巨大的安全挑战，技术的应用落地和平台的建设只是其中一个方面，联网后所涉及的安全性问题亟待解决。伴随着智能家居产品的互联互通的趋势发展，任一设备受到攻击感染，其他设备也会受到波及。根据 2016 年 Vormetric 公司对美国智能家居安全性的民意调查，超过半数的美国人担心自己的智能家居的安保、摄像头系统会遭受黑客攻击，52％的受访对象表示担心类似于亚马逊 Echo 智能家居系统处在黑客攻击的危险之中。2016 年我国"3·15"晚会上，智能设备遭"劫持"的问题已被曝光。反过来，安全性这一重要因素也导致互联互通进展缓慢。国外已推出智能家居信息安全检测产品，而目前国内尚缺乏专门针对智能家居产品的信息安全防护和攻击检测能力，对智能家居产品的准入管理制度也未完全建立。由于不同的智能家居设备硬件、固件等方面存在着很多区别，为设备安全测评、反馈弥补机制带来了挑战。

对于面临的安全挑战，政府与行业应当积极制定并统一相关安全标准，促进智能家居安全体系的建立，从源头上促使行业内安全性的提升，带动行业的发展。厂商应当加强安全防范，采取相应的保护措施，确保设备以及用户私人数据的安全，对设备中的用户数据进行加密保护，设置访问权限，进一步提高数据安全性。当前，用户尚未意识到智能家居设备安全维护的重要性，未来需要提高安全防范意识，定期检查智能家居设备本身及存储的数据，确保安全性。

智能家居互联互通，成 AI 最佳应用场景

当前智能家居产品大多以孤立的单品形式存在，方案也呈现碎片化的特征，品牌之间无法互联互通，阻碍了用户良好的体验。随着人工智能技术的发展，完全可以演变成为智能家居的控制中枢，将家庭内分散的智能单品连接起来，形成完整的智能家居生态，改变之前智能家居弱联动的短板，同时 WI-FI、蓝牙、ZigBee 等网络技术也为智能家居互联互通奠定了基础，硬件的通信标准及云端连接的标准等核心环节的互联互通将会是大势所趋，整个智能家居的发展方向将实现数据全面兼容，共同为用户提供有价值的智能家庭解决方案，为用户带来更加智慧、便捷的生活体验。

智能家居发展趋势将不断向好

　　机器学习、模式识别及物联网技术的发展，带来了多种交互模式，使家居产品更加智能化和人性化。相关产品逐渐由手机控制向人机交互模式方向发展，并逐渐被其他更优化的智能家居系统控制模式所取代。展望未来，人工智能技术将使智能家居由原来的被动智能转向主动智能，甚至可以代替人进行思考、决策和执行。因此，"人工智能＋智能家居"充满了想象空间，随着人工智能技术的成熟，势必会带动智能家居产业揭开新的篇章。

第十一章　无人飞行器

无人飞行器，或称无人驾驶飞机（Unmanned Aerial Vehicle）、无人机，是利用无线电遥控设备和自备的程序控制装置的不载人飞行器，包括无人直升机、固定翼机、多旋翼飞行器、无人飞艇、无人伞翼机。广义上也包括临近空间飞行器（20～100公里空域），如平流层飞艇、高空气球、太阳能无人飞行器等。本章所讨论的无人飞行器并不是广义的概念，而是特指搭载了人工智能等信息通信技术的不载人飞行器。

国际无人飞行器发展呈腾空之势

据美国蒂尔集团的预测，全球无人飞行器的市场规模将由2015年的64亿美元增至2024年的115亿美元，累计市场总规模超过891亿美元。到2024年，全球民用无人飞行器的市场份额将增加至12%，达到16亿美元。根据英国智库国际战略研究所的预测，未来10年，全球对军用无人飞行器的需求会在目前的基础上增加3倍，市场将超过千亿美元，逐步形成的全球民用无人飞行器市场也将取得快速发展。

随着智能化的发展和对无人飞行器战术研究的深入，无人飞行器有望在未来成为主流军用飞行器，甚至替代有人军机。2015—2024 年用于侦察和打击的军用无人飞行器系统市场份额将达 727 亿美元左右。其中，408 亿美元用于无人飞行器生产，280 亿美元用于试验设计研发，20 亿～40 亿美元用于维护服务，用于设备、地面控制站及有效载荷生产的费用分别为 181 亿美元、71 亿美元和 156 亿美元。[56]

民用无人飞行器主要分为消费级和专业级两大类。由于民用无人飞行器具有成本相对较低、无人员伤亡风险、生存能力强、机动性能好、使用方便等优势，因而在航空拍摄、航空摄影、地质地貌测绘、森林防火、地震调查、核辐射探测、边境巡逻、应急救灾、农田信息监测、管线巡检、野生动物保护、科研实验、海事侦察、鱼情监控、环境监测、大气取样、增雨、资源勘探、禁毒、反恐、警用侦查巡逻、治安监控、消防航拍侦查、通信中继、城市规划、智慧城市建设等众多领域都得到了广泛应用。

欧美日等国家或地区都将无人飞行器作为发展重点，在研发方面给予充分支持，形成雄厚的研发实力，在未来一段时期内较好地保持无人飞行器产业的良好发展势头。[57]在亚洲国家中，印度增加了无人飞行器系统采购预算。此外，世界上拥有无人飞行器数量最多的美国到 2024 年用于购买无人飞行器系统的费用将达到 119 亿美元。

各国各地区发展优势不一

在国际无人飞行器市场，美国一直占据主导地位，是无人飞行器消费第一大国，占比达到 35%，欧洲占据世界第二大无人飞行器市场，占比达到 30%，其余份额由以色列、俄罗斯、中国等国家分享。中国的本土营业额则占到全球的 15%。虽然我国国内的消费级无人飞行器市场还未完全打开，但中国制造的无人飞行器产品却已经"飞"往海外。在国际无人飞行器市场中，对中国有利的是发展中国家的无人飞行器市场。由于无人飞行器在国防安全、国内安保及国家资源勘查方面能够提供简单易行的执行方案，发展中国家对无人飞行器有着强烈的需求，但它们没有能力自行研发制造无人飞行器产品，只能依赖进口。中国性价比相对较高的各型无人飞行器在上述市场中有着较强的竞争力。

从需求角度看，未来十年亚洲将成为无人飞行器系统的最大客户，预计花费 205 亿美元，占无人飞行器整个生产市场份额的 50%。从出口角度看，北美、欧洲和以色列等公司仍将继续主导无人飞行器市场。此外，亚洲地区无人飞行器的全年生产量将增加两倍，金额达 29 亿美元。其中，韩国将成为主要的供应商之一，研制了包括无人战斗机在内的一系列无人飞行器。

在专利保护方面，无人飞行器的全球专利申请在 2000 年之后进入快速发展期。从专利优先权国家的专利统计看，美国、日本、中国处于前三位。美国在无人飞行器专利技术领域优势明显，欧洲、日本也形成了一定的专利优势，中国作为无人飞行器领域的新生力量，专利申请量上升趋势明显。

无人飞行器应用更加深广

当前，无人飞行器在各个领域的应用不断普及。如农作物数据监测、森林防火、大气取样、人工降雨、勘测资源、快递速运、电力巡线、测绘等领域都是专业级无人飞行器的应用场景。其中，农业是民用无人飞行器最具使用前景的应用领域。目前，亚洲水稻种植区已有2 300多架无人飞行器被用来喷洒农药和肥料。而日本90％的此类工作都由无人飞行器完成。未来农业领域无人飞行器市场将更宽广。管道和输电线路巡视也是民用无人飞行器的潜在应用领域之一。美国石油天然气管路长度超64 370公里，为了进行每年至少6次的巡视，载人航空设备每年飞行1.2亿小时。预计我国2017—2018年无人飞行器将开始被应用到管线巡视工作中。到2025年，无人飞行器的飞行时数预计超过600万小时。

民用航拍飞行器的需求更是强劲。航拍飞行器主要的供应商有法国的Parrot公司和美国的3DRobotics（3DR）公司。根据已有信息可知，截至2014年中期，3DR公司已经售出3万架无人飞行器。Parrot公司自2010年将AR无人飞行器推向市场，已经卖出50多万架，2014年较2013年销售量增加了两倍，2015年的生产规模将超过百万架。

除了民用领域，世界各国也意识到无人飞行器在军用领域所具备的巨大应用潜力和广阔应用前景，对无人飞行器产业发展给予广泛重视和大力扶持。如日本军队已计划购买三架RQ-4B全球鹰无人飞行器。

在商业领域，国外消费级无人飞行器主要有四个用途：娱乐、非商用二次开发（个人科研）、商用二次开发（土地、农业测量）、商业航拍（广告、电影电视等）。

另外，无人飞行器空域管理平台的重要性日渐增强。近期，无人飞行器空域管理平台供应商 AirMap，正在开发针对无人飞行器的飞行地图和警报通知平台。目前 AirMap 系统已经导入大多数北美的主要机场，并被全球约 8 成的无人飞行器使用。

植保无人飞行器已近大规模化应用

近几年，美国、以色列等无人飞行器大国，都已将通信、导航、VR、AI 等概念和技术集合在无人飞行器之上。无人飞行器规模化应用，将是机器人率先出现在我们生活中的一个案例。而多旋翼无人飞行器的出现，则让植保行业泛起了一股新热潮。截至 2016 年 10 月，中国注册的无人飞行器相关企业达到 6 000 多家，其中生产农业无人飞行器的企业就有 300 多家。

无人飞行器应用于国际人道主义救援

在国际上，联合国儿童机构和马拉维政府正展开一项合作，目的是测试在人类遭受诸如洪水和干旱等灾难时，无人飞行器是否能够提供更快、更有效的援助。这项无人飞行器测试于 2017 年 4 月在"人道主义无人飞行器试验走廊"进行，该"走廊"位于马拉维首都利隆圭城外。虽然在美国和新西兰等国家，无人飞行器已经进行了商业运输测试，但是马拉维的测试被认为是第一次将无人飞行器用于人道主义援助和发展工作。

国内无人飞行器产业发展高歌猛进

目前我国无人飞行器发展迅猛，已成为备受关注的新兴行业。2015 年开始吸引了众多创业者纷纷涌入，无论是大疆、零度智控，还是众多科技巨头 GOPRO、腾讯、小米、亚马逊、谷歌，均竞相进入市场。据统计，2015 年，我国无人飞行器销量约 9 万架，消费级无人飞行器产品销售规模达到 23.3 亿元。据预测，到 2018 年，我国民用无人飞行器市场规模将达到 110.9 亿元，到 2020 年，年销量预计达到 65 万架，呈现井喷式增长。

同时，无人飞行器已是航空产业链的重要组成部分。《中国制造 2025》将航空航天装备列为十大重点发展领域之一，其中推进无人飞行器发展是航空航天装备制造的重要发展方向。我国发布的《国家中长期科学和技术发展规划纲要（2006—2020 年）》《国务院关于加快振兴装备制造业的若干意见》等一系列文件，为我国民用无人飞行器领域迎来了发展新契机。按行业生命周期理论分类，无人飞行器行业目前已经初步进入行业成长期，表现出市场需求高速增长、技术逐渐成熟、市场增长率提升的显著趋势。

我国无人飞行器发展沿革

我国无人飞行器研制历史已有 40 多年，国内已建立起较完整的无人飞行器研制体系，在小型、中近程、中高空长航时无人飞行器方面接近国际先进技术水平。近年来，无人飞行器应用领域不断扩大，在资源勘查、海洋监测、航空摄影测量、农林业监视等领域，显示出巨大潜力。

在 2010 年以前，中国民用无人飞行器市场规模小，增长速度慢，主要应用在灾害救援、地图测绘等市场。2011 年以后，以大疆为代表的中国消费级民用无人飞行器市场迅速崛起。近年来，无人飞行器在航拍、物流等领域被广泛应用，无人飞行器送货和热门真人秀采用无人飞行器进行航拍，使得民用无人飞行器被广泛关注。中国消费级无人飞行器已处于国际前列，在市场份额、研发制造能力、应用广度深度方面均具有一定优势。

我国无人飞行器发展态势

应用领域细分，需求相对集中

我国的消费级无人飞行器大多属于后三类，第一类的个人娱乐消费使用比较少。在专业细分领域，专业级无人飞行器主要用于农业、电力（电路巡检）、警用等领域。国内无人飞行器企业往往专注一个领域进行深耕，形成差异化优势。例如，极飞公司主攻物流无人飞行器、农业无人飞行器；零度智控公司更关注大中型无人飞行器、治安监控无人飞行器。

在需求方面，国内无人飞行器市场需求 90% 来自军方和警方，其他方向需求仅占 10%，机型以无人靶机和带有电子光学/红外线侦察平台的无人侦察机为主。为保障未来中国经济的迅速发展，海洋安全、边境安全、国土信息快速普查和更新被提升到一个前所未有的高度，上述领域的发展对无人飞行器的需求仍会不断增长。

无人飞行器安防领域市场前景良好

根据中国航空工业发展研究中心的统计，在 2015 年 7 月至 2016 年 6 月期间，无人飞行器产业在安防领域规模约有 1.8 亿元，占比 12%。虽然无人飞行器产业市场规模大小与人口数量有比较大的直接关系，但是北京、新疆、天津、西藏因为是国家重点安防地区，这些地区的无人飞行器市场需求更大。

国内企业加快无人飞行器在快递行业的布局

顺丰正在珠三角地区大量测试无人飞行器的配送效果，收集飞行数据，为将来整体运营、调试系统的搭建提供数据支撑。目前，顺丰投资购入的 10 万台无人飞行器已经到位，即将正式商用。杭州迅蚁科技有限公司与中国邮政合作建立了国内首条快递无人飞行器线路。去年，京东宣布将用无人飞行器配送广大农村的订单。

开放型生态系统已初步形成

国内民用无人飞行器企业大都开放了二次开发平台，例如，2014 年 11 月，大疆开放了针对精灵无人飞行器系列产品的 SDK（软件开发工具包）开发平台，鼓励开发者利用这套工具包开发适用于各自需要的应用软件，最核心的飞行控制平台也可单独出售给无人飞行器开发者或其他厂商。[58]

大型优质企业引领国内发展

以大疆公司为代表的世界重量级公司引领国内无人飞行器产业朝着更加成熟的方向发展，并主导了全球小型无人飞行器行业的发展。

国内市场上，在大疆无人飞行器投放市场之前，民用无人飞行器的价格高企，而大疆"精灵"无人飞行器的最低售价仅为 5 999 元，一举将无人飞行器价格拉低到 1 000 美元以下，几乎只有国外同级别产品价格的一半，而三轴手持云台的价格约为国外产品的五分之一，成功进入广大普通民众的购买力范围。大疆公司的产品还在很大程度上改变了行业的产品模式。以往大多数面向消费者的无人飞行器需要组装方面的知识，市场局限于少数专业玩家而长期得不到普及，大疆则实现了小型无人飞行器的傻瓜式操控。

国际市场上，尽管国际巨头纷纷布局无人飞行器行业，但是在民用小型无人飞行器这一快速成长的市场，国内企业无论在技术还是销量上，都已经占据了绝对的主导地位。以大疆、零度智控、亿航科技、臻迪智能为代表的国内小型无人飞行器企业飞速发展，规模远超国外企业。

第十二章　人工智能创业

AI 创业生态

　　人工智能历经大半个世纪的发展，2015 年以来，在国内外人工智能研究和应用场景不断进步的基础上，我国人工智能相关研究开始进入高速发展阶段。2017 年，人工智能首入政府工作报告意味着其已经上升至国家战略高度，人工智能发展规划和配套政策将持续出台，随之而来的是人工智能板块领跑投资领域，无疑，这一切将刺激人工智能在多个领域的发展，激活人工智能相关领域的创业热情。图 2-8 为国内人工智能领域创业公司数量的不完全统计，从图中可以看出，人工智能领域在 2011 年之后迎来了创业热潮，在 2014、2015 年达到创业高峰，目前企业的平均年龄为 3.2 岁。

　　如果说 2016 年是大家感知的人工智能元年，那么 2017 年极有可能成为"人工智能应用元年"，这也让全世界范围内的互联网巨头，更加迫切投入巨资布局人工智能领域。无论是 Facebook 成立人工智能研发中心，IBM 布局人工智能平台，还是国内巨头

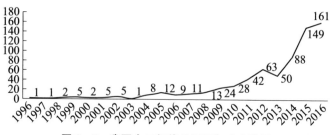

图 2-8　我国人工智能公司逐年成立数量

BAT 分别成立各自的研究院，都不难看出人工智能浪潮已经掀起，成为未来 IT 产业发展的焦点。随着国家政策对人工智能的多次提及，以及人工智领域投资的增长，尤其是科技巨头对于人工智能的多方位重资投入，众多人工智能企业如雨后春笋般大量涌现。不可否认，这是人工智能发展的最好时代，提供了最好的发展土壤，以及最好的创业生态。可以预期未来的行业格局很有可能是"科技巨头卡位人工智能平台和入口，创业公司在垂直领域扩展深度应用"。而中国近年来创业热潮不减，各大巨头纷纷布局人工智能，在行业巨头和创业项目上都具备数量优势，势必将在人工智能领域取得全球领先的地位。

人工智能创业领域分布

虽然人工智能相比互联网企业仍处于创业早期阶段，但人工智能引爆的社会话题及影响力远远超过了曾经的互联网，随之加入的创业项目也以爆发式的增长速度不断发展，据不完全统计，截至 2016 年国内人工智能方向企业总计 1 000 家左右，其中一半左右已经获得投资，仅 2016 年全年，国内人工智能企业约有 280

家获得投资，脱颖而出的优秀项目已开始落地挖掘基于人工智能的商业模式，逐步完成从互联网＋向人工智能＋的过渡。

目前，计算机视觉、机器人、自然语言处理是创业最热门的领域（见图2-9）。这与相应产业前期的场景使用和数据积累密不可分，我国的人脸识别技术水平处于领先地位。

随着技术的进步以及近年来人工智能技术人才的不断增加，我国人工智能的市场规模有望持续扩大。越来越多的创业项目也落地人工智能的垂直细分领域，贴近实际使用需求。而随着众多垂直领域的创业公司的诞生和成长，人工智能将出现更多的产业级和消费级应用产品。

人工智能产业价值链

借助于图像识别、语音识别以及语义理解技术的重大突破，大量人工智能应用开始实现商业化。人工智能相关的技术按照数据处理和应用的生命周期来划分，可以归结为三大类：基础类人工智能技术、技术类人工智能技术、应用类人工智能技术。其价值链如表2-6所示。

中国人工智能创业项目分类

资本的涌入带动了人工智能产业落地。2016年，VC、PE等在人工智能领域的投资快速增长，预计在60亿～90亿美元的水平，相对于2013年增长了3倍。人工智能创业项目在应用层关联得最为广泛：机器人、无人机、智能家居和虚拟个人助理等。国

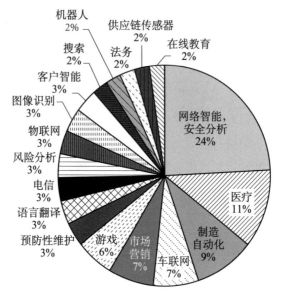

美国人工智能主要应用占比

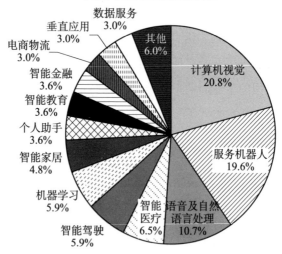

中国人工智能创业公司所属领域分布

图 2-9　中美人工智能应用占比及创业领域

资料来源：SPIDERBOOK，艾媒咨询，根据公开数据整理。

表 2 - 6　　　　　　　　人工智能产业价值链

		进入门槛（前期投入）	演化路径	短期价值（3~5年）	长期价值（>5年）
应用层	解决方案	大量行业数据形成模型，竞争相对激烈	垂直行业应用或跨行业应用	○	○
	应用平台	需要有较高的行业影响力和号召力，需要构建开发者生态和用户群	向App Store的方向发展	○	○
技术层	通用技术	需要有一定规模的工程团队	与行业结合，形成解决方案；或形成通用技术平台	○	○
	算法&框架	算法、框架及工具集较多	横向：算法工具平台 纵向：开发者生态	○	○
基础层	数据	入口被拥有流量的公司占据	数据资产化		○
	计算能力	选择计算量需求较大的行业切入	横向：通用计算平台 纵向：计算服务生态	○	○

资料来源：BCG.

内多数初创公司一般在各自应用领域拥有原有行业数据积累及技术资源优势，针对某一细分领域单点突破，深度挖掘，通过技术的不断提升来获取市场份额。同时，基于人工智能技术本身，也涌现了较多以提供核心技术服务为产品的 2B 型企业，带动了人工智能在国内的实际落地。

行业分析人士认为，目前人工智能正在诸多领域取得突破，但是核心依然是数据背后的算法应用。人工智能是从专业性较强的细分领域开始应用，凭借智能人机交互能力，应用最广泛的智能驾驶、泛娱乐、智能顾问、企业智能交互等领域将最容易取得突破。

智能交互领域："企业的交互，最初是客服，属于企业级服务一部分，如果客服单一服务，客服只能占据服务很小的部分，但是随着技术能力的升级，人机交互能力的提升，智能客服逐步升级为下一代企业智能交互，通过智能交互入口可以连接更多的功能，完成从机械化单句回答到场景个性化沟通、从售后到售前的服务跨越，可以满足绝大多数企业级智能化的服务。"

人工智能

分析人士介绍，从传统客服体系到智能客服体系再到企业智能交互，这是三个层面的跨越，也是当前大量互联网公司的真正的刚需。这个领域的典型创业企业以智能交互能力作为输出的追一科技，提供2B服务的三角兽、竹间智能，提供2C服务的助理来也为代表。

"在人工智能的风口，我们在互联网行业有十余年的技术耕耘，所以可以让团队跑得更快！"追一科技创始人兼CEO吴悦表示。这位前腾讯TEG事业群搜索部门负责人，亲身经历了互联网PC时代到移动互联网时代的高速发展和各个技术打法升级之战，2016年，吴悦与几位从前腾讯的核心技术总监和技术骨干一起，正式投身人工智能的风口。作为一家以自然语义理解研究为中心，融合机器学习、认知计算等尖端技术，主攻自然语言理解、情感分析及应对，发掘"人工智能"的更多可能，并将"赋予机器智慧"的科学研究予以实践的人工智能公司，追一科技目前已经推出了主打的人机智能交互，采用基于深度语义理解、推理、对话的机器人Yibot。

对于中国市场的预期，助理来也的汪冠春和胡一川一致认为："美国的AI创业虽然在底层技术上领先全球，比如底层的AI芯片、软件架构，以及通用的机器学习和深度学习的算法，但中国在面向消费者的AI驱动产品领域，却有着更大的机会。"助理来也是一个全品类的私人助理服务平台，主要在一线城市提供云端私人助理式服务，采取人工＋智能的模式，在计算机程序的辅助下，通过自然和贴心的交互方式满足用户有关打车、咖啡、代购、机票、火车票、酒店、按摩、跑腿、外卖、订座、保洁、快递、电影等各项服务需求，并对接到第三方平台进行线下执行，致力于通过对话和推荐等最自然的交互方式来连接人和本地商业。关于如何看待人工智能对未来人工的冲击，竹间智能创始人兼COO赵育颖谈道："我们做智能客服，不是为了代替人工客服，而是更好地与他们协作，帮助企业承担更少的人力成本，提高工作效率。"赵育颖认为，人类的生产效率会因为人工智能的参与提升20％～30％，未来3年，智能客服能够代替80％的人工工作。

计算机视觉领域：人脸识别的应用目前最为广泛，人脸检测、身份验证等均已应用到各个领域，典型以人脸识别为代表的企业有旷世科技和腾讯优图。旷视科技以深度学习、计算机视觉为核心技术，不断扩展其在视觉识别及深度学习领域的优势，现已累计提供超过150亿次数据服务，成为目前国内较大的智能数据提供方之一。腾讯公司的腾讯优图团队专注于图像处理、模式识别、机器学习、数据挖掘等领域开展技术研发和业务落地。在人脸识别专项攻克上，优图使用的是一个多机多卡的集群训练平台。该平台为优图工程团队独立研发的机器学习集群，具有集群调度、存储和管理等功能的训练框架，支持大多数网络模型以及优图特殊的网络模型，通过将分布式计算引入深度学习，不仅大幅缩短了深度模型训练的时间，同时提供训练超深神经网络的能力，使优图的人脸识别在100万级别"人脸识别测试"中荣膺桂冠。

健康医疗领域：在健康医疗领域，人工智能应用已经非常广泛，麦肯锡的人工智能产业报告对医疗行业的未来预测十分乐观，预计未来人工智能可以节约30％～50％的医护生产力，在全球节约2万亿～10万亿美元的药物和治疗成本。医疗领域从应用场景来看，主要分为虚拟助理、医学影像、药物研发、营养学、生物技术、急救室/医院管理、健康管理、精神健康、可穿戴设备、风险管理和病理学共 11 个领域；典型代表企业有汇医慧影。汇医慧影以领先国际的云计算、大数据和人工智能技术，打造了数字化、移动化及智能化的医学影像和肿瘤放疗平台，构建了影像智能筛查系统、防漏诊系统以及将影像深度应用于肿瘤、心血管、急腹症等单病种的人工智能辅助诊疗系统。早期以医疗影像作为切入口，提供影像云系统、图像识别和智能诊断服务。如今，它与科研机构合作，通过建立人体器官模型以及深度神经网络技术，实现了病灶的高识别度，并且率先将胸部、脑部核磁的自动诊断应用在实际操作流程中。未来，汇医慧影会陆续发布颈动脉狭窄、脑部核磁、食道癌检测以及脑梗塞等疾病的自动检测功能。

智能招聘领域：最新的大数据智能匹配，简历持续更新抓取，都将招聘的双方带入一个全新的体验时代。聘用者和被聘者，在智能招聘平台，输入期望的岗位信息、人才资质，即可通过智能招聘平台的大数据匹配及语义理解，做到双向的精准匹配。

智能法务领域：最直接的应用有智能法务助手。法律服务是一个专业服务领域，目前的人工智能产品对于复杂的纠纷尚无完美独立的解决方案，依然是以人为主。很多法务项目通过单点切入进行探索，如"合同家"通过合同工具积累数据，为企业提供基于大数据和人工智能的法务解决方案。小法博打造法律机器人，为专业法学生和律师提供法律支持，期待未来使用自己的法律机器人，展现诸如 AlphaGo 案例类似的法律机器人与人的比赛，真正将人工智能引领到实际领域。

智能驾驶领域：是目前极为火热的应用领域，创业项目如车萝卜，通过放置在方向盘正前方仪表台上的 HUD 透明投影屏展现信息，并通过语音操控实现语音导航、接打电话、收发微信、听歌点歌等功能，让用户在专心开车的同时，安全兼顾导航及通信、娱乐、社交需求，让驾驶更加安全畅快。驭势科技、Momenta、图森互联等通过人工智能技术解放人力、降低交通事故率等，相信未来智能驾驶会让我们的出行变得更加安全、智能化。

智能投顾领域：资产配置是投资顾问的重要职能，在智能投顾领域，便是借助人工智能的技术和大数据分析，结合投资者的财务状况、风险偏好、理财目标等，通过已搭建的数据模型和后台算法，为投资者提供量身定制的资产投资组合建议。股票先机是智能投顾领域的典型创业项目，利用大数据技术分析市场数据，并利用人工智能算法对数据建模，预测二级市场的走向，并为投资者提供智能投顾服务。目前智能投顾领域被投资方看好，国内陆续出现了弥财、蓝海财富、积木盒子等第三方智能投顾平台，以及京东智投、企名片、同花顺为代表的互联网公司研发的智能投顾平台。

智能教育领域：以义学教育为例，采用自主研发的自适应学习系统和名师教学内容，通过线上与线下有机结合的教学模式，培育充满活力的学习社区，创造高度互动的学习环境，最大限度提升学习效果。义学教育成功开发了国内第一个拥有完整自主知识产权、以高级算法为核心的自适应学习引擎，为各类教育机构提供自适应学习解决方案。另外，科大讯飞、清睿教育开发出的语音测评软件，能够很快对发音进行测评并指出发音不准的地方。

其他行业在人工智能领域的探索也都已逐步展开。此外，鼓励物联网（IoT）在传统行业的应用将有助于人工智能产生更多的价值。物联网通过传感器和网络实现各类设备间的联通，为人工智能提供了海量的真实世界数据。结合"互联网＋"政策，政府可协助打造物联网在关键经济领域应用的成功案例，为其他行业树立典范。

以人工智能为能力基础，结合传统企业共进发展

人工智能作为新时代备受关注的技术，其本质是科技进步对所有产业的提升，而并非单独一个新兴行业，只有当人工智能技术在中国真正普遍地应用于传统行业，而不仅仅属于科技巨头时，其经济潜力才会充分彰显。

通过人工智能提升各行各业的生产力水平将创造巨大的价值，人工智能为硬件产品赋予智能化，行业应用价值逐步得到体现，比如前面提到的在健康医疗、教育和金融业上的应用。人工智能创业项目目前仅处于发展初期，对传统企业的提升改进初露端倪，随着人工智能产业化和我国产业政策的引导扶持政策的相继出台，人工智能的发展必然会带动传统企业提升技术硬实力，进而对全领域产业实现技术升级（见表2-7）。

表 2-7　　　　　部分咨询机构对于人工智能前景的预测

统计机构	中国人工智能市场规模
艾瑞咨询	根据估算，2015 年人工智能市场规模约 12 亿元人民币，参考全球规模及主要公司增长率估算，年增长约 50%，2020 年中国人工智能市场规模将突破 91 亿元人民币
新智元 100	2015 年，中国人工智能产业规模进一步扩大，达到 69.33 亿元人民币，同比增长 42.65%，预计 2016 年，中国人工智能产业规模将达到 95.61 亿元人民币。此后，在无人驾驶及机器人等应用的推动下，人工智能产业规模快速增长，预计 2018 年将突破 200 亿元人民币，并带动相关产业规模增长超过 1 000 亿元人民币
Dtiii AI 研究中心	截止到 2025 年，中国 AI 行业规模将达到 964 亿元人民币

AI 驱动产业智变：各大平台纷纷布局 AI 生态

2017 年被称为 AI 的"关键年"，深度学习、图像识别、语音识别等技术不断突破，人工智能已经展现出改变科技产业格局的强大发展潜力。为了更加充分地迎接智能商业时代，伴随 AI 创业热潮，国内产业巨头纷纷布局 AI，提供技术、能力、人力、流量等，多形式支持 AI 创业者，打造 AI 产业生态布局。腾讯打造专项技术团队 AI Lab，结合原有开放能力扶持 AI 创业项目，深度挖掘 AI 场景，打造 AI 生态。

AI Lab 打造腾讯 AI 核心技术团队

2017 年 3 月 23 日，人工智能领域顶尖科学家张潼博士担任腾讯 AI Lab（腾讯人工智能实验室）主任。张潼博士将作为腾讯

人工智能

AI Lab 第一负责人，带领 50 多位科学家及 200 多位 AI 应用工程师团队，专注于人工智能的基础研究。同时，基于腾讯自身的业务需求，腾讯 AI Lab 还会在内容、社交、游戏和平台工具型 AI 四个方向进行研发与应用合作。

张潼博士是中央组织部"千人计划"特聘专家，拥有美国康奈尔大学数学系和计算机系学士学位，以及斯坦福大学计算机硕士和博士学位。加入腾讯前，张潼博士曾经担任美国新泽西州立大学教授、IBM 研究院研究员、雅虎研究院主任研究员，百度研究院副院长和大数据实验室负责人，期间参与和领导开发多项机器学习算法和应用系统。

张潼说："互联网分上下场，上半场就是 PC 互联网、移动互联网时代，靠人口红利、流量红利和内容红利支撑，这个时代已基本结束了。下半场是什么？大家觉得人工智能是非常重要的方向。"在人工智能带来的多样化机会中，核心技术成了企业战略制高点，腾讯也希望从一个产品导向的公司，充分发挥多年累积的技术优势，转向科技导向的公司。

AI Lab 非常看重底层和基础性技术研究，比如算法能力就是靠机器学习。在机器学习之上，再看机器如何去看，即计算机视觉，机器如何去听，即语音识别，机器如何理解，就是自然语言处理，包括文本和交互。做完这些研究后，再往上应用到业务层面，才能直接对公司产生价值。因此，应用也是 AI Lab 要花很大力气去做的。

基于此，AI Lab 深度挖掘的能力包括：（1）AI 决策能力，靠强化学习方面的研究，围棋 AI 就是一个例子；（2）AI 理解力，靠认知科学方面的研究；（3）AI 创造力，靠生成模型。

此外，AI Lab 还会做一些非业务相关的、探索性的、有未来感的前沿 AI 探索。总的来说，所有的基础研究最终还是要围绕主要的业务服务区落地。

腾讯开放平台，打造 AI 开放战略

腾讯公司开放战略以开放发展为根本，以助力互联网创业者发展、推进产业链合作共赢、繁荣互联网生态为目标，以大众创业、万众创新为契机，将自身核心资源开放给创业者。联合创业可以帮助创业配置新的引擎。当前，创业不再是孤军奋战单打独斗，而是可以与诸如腾讯开放平台结成创业同盟，双方通过资源和权益置换，形成密切的创业合作伙伴关系。众创空间提供三位一体的创业资源服务，为创业项目对接互联网＋O2O＋线下资源，大大提升了创业成功率。

而基于腾讯开放平台打造的 AI 开放策略，以 AI 加速器为先驱，汇聚顶尖技术、专业人才和行业资源，依托腾讯 AI Lab、腾讯云、优图实验室及合作伙伴强大的 AI 技术能力，升级锻造 AI 创业项目。通过腾讯品牌、创投和流量广告等资源，为 AI 技术及产品找到更多的应用场景，实现产品从打造到引爆的全过程（见图 2－10）。

腾讯 AI 加速器以产品＋技术为核心，将项目与公司内外部技术方、资源方、产业伙伴进行对接。对项目的加速，围绕 5 个维度展开：

● 技术：以 AI 技术＋场景为核心，来设计加速进程；以接口开放、定制开发、提供技术框架服务等多种方式对接。

● 导师：加速器邀请公司内技术、产品专家，以及外部行业

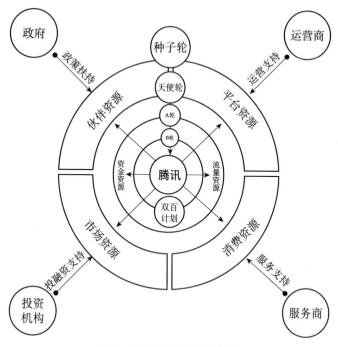

图 2 - 10 腾讯开放资源详解

专家作为导师。

● 产业资源：供应链/硬件等行业资源对接；行业客户资源
对接。

● 市场：提供 TGPC 等展示舞台，AI 行业媒体跟踪报道。

● 投资：投资机构对接，腾讯投资机会对接。

对于腾讯 AI 加速器的定位，开放平台副总经理王兰讲道：
"加速器对于整个生态的定位，是作为整个架构，我们有最顶尖
的独角兽企业，也看到行业当中有一大部分腰部的企业，其实腰
部企业永远是这个生态里面最繁荣的，也许并不是一个标准的独
角兽，比如说像新美大或者是滴滴，但是它承载着一个让整个生

态非常丰富的作用，而在每个垂直类当中都会有这样的应用，里面有非常多丰富的长尾性的或者是细分的场景，我们希望整个加速器能够实现的，就是找到每个再细分领域里的第一位，或者是帮助它成为某一个很具体的细分领域的第一位。而整个 AI 开放平台，我们希望将来实现的是腾讯自己的 AI 的三大支柱或者是三大能力，再加上一个更加开放的平台去外包，包括我们合作伙伴的 AI 能力可以放到开放平台上，让更多人去使用。"

正如腾讯公司副总裁林松涛所传递的信念：腾讯 AI 加速器，将致力于扶持有潜力的创业者或创业项目，通过开放腾讯的 AI 能力和技术积累，降低 AI 创业的门槛，帮助 AI 创业实现技术产业化，与合作伙伴一起推动各行各业"智"变升级。

伴随人工智能兴起的创业项目仍属于起步阶段，结合腾讯 AI 的科研实力与开放资源支持，我们乐于展望多方联合的繁荣景象，共筑 AI 产业生态。

第三篇
战略篇：细看各国如何布局

近些年，全球掀起人工智能研发浪潮，美国、日本、英国等世界科技强国均予以重点关注，努力将人工智能上升为国家战略，纷纷出台了相关战略，加强人工智能发展的顶层设计，抢占战略制高点。2016年以后，这一趋势更加明显，主要国家均将人工智能摆在了重要位置，提升其战略地位。本篇将带您细看世界大国如何在战略领域对人工智能进行全方位布局。

第十三章　顶层设计

世界主要大国在人工智能领域纷纷出台国家战略，加快顶层设计，抢抓人工智能时代的主导权。美国白宫接连发布了三份关于人工智能的政府报告，成为世界上第一个将人工智能发展上升到国家战略层面的国家；同时将人工智能的战略规划视为美国新的阿波罗登月计划，希望美国能够在人工智能领域拥有像其在互联网时代一样的霸主地位。英国通过 2020 年国家发展战略确定了人工智能的发展目标；并同时发布政府报告，要在英国政府内加速应用人工智能技术。不仅仅是英美两国，欧盟早在 2014 年就启动了全球最大的民用机器人研发计划"SPARC"。日本政府在 2015 年制定了《日本机器人战略：愿景、战略、行动计划》，宣称日本要进行人工智能机器人的革命。这一系列的顶层设计从自动驾驶汽车到精准医疗和智慧城市，集中于创新领域的投资实现国家重点领域创新变革，以应对国家和世界所面临的挑战。同时也意味着，当前科技的发展，以人工智能为目标，人类的未来，将离不开人工智能。如果政府、业界和公众共同努力，支持技术的发展，密切关注它的发展潜力，管理它的风险，那么人工智能就将成为经济增长和社会进步的主要驱动力。

广阔天地，大有可为

根据目前各国的顶层设计，普遍加快人工智能在重点领域的应用和推广，目前部署较为成熟的领域包括交通、金融、医疗等，同时加强人工智能基础领域研发工作，比如人脑研究。

自动驾驶

网联自动驾驶车辆可以提高公共道路的安全，传感、计算和数据科学的突破使得车辆间通讯和先进的自主技术投入商业使用。根据美国新版《美国国家创新战略》（以下简称新版《战略》），2016 年的预算要求联邦政府在自主汽车技术研发上进行加倍投资。《2016 美国机器人发展路线图》中提出，新一代的自动驾驶系统已经应用于汽车、飞机、水下和空间探测器中。由于日本、德国、美国与韩国均是汽车工业大国，未来工业机器人的主要需求仍在汽车工业。

精准医疗

新版《战略》提出"精准医疗计划"，将利用基因组学的发展，创新方法管理、分析大型数据集，以及利用健康信息技术，同时注意保护隐私。

先进制造

制造业中定制化需求量激增，对该领域人工智能提出了新的要求。如在汽车制造业中，一辆高端汽车可有无数不同的配置选择，从座位颜色到电子器件配置通通包含，结果就是制造商的产品生产线需要日益复杂的技术来实现上述需求。

智慧城市

智慧城市，即为城市配备工具以解决民众最关心的紧迫问题，如交通拥堵、犯罪、可持续性和重要城市服务的提供。2015年9月，美国政府宣布了一项新的智能城市项目，投资超过1.6亿美元帮助社区解决关键挑战，如减少交通拥堵，打击犯罪，促进经济增长，应对气候变化的影响，促进城市服务的提供。

人脑研究

认识人脑运作机理，不仅对于大脑相关疾病的治愈至关重要，对于研发类似人类大脑的计算机也具有革命性的意义。欧洲推出的人脑计划和美国 BRAIN 计划激起了世界研究脑科学的新高潮，日本也发布了相应的脑科学研究计划。

运筹帷幄的世界大国

捍卫领先的美利坚——全方位战略布局

2016年10月，美国白宫发布《国家人工智能研究和发展战略计划》，成为全球首份国家层面的 AI 发展战略计划。该计划旨在运用联邦基金的资助不断深化对 AI 的认识和研究，从而使得该技术为社会提供更加积极的影响，减少其消极影响。美国此次发布的计划，对于全球各国尤其是我国未来 AI 发展战略的制定具有重要的参考和借鉴意义。在基于数据驱动的以知识开发为目的的方法论、增进 AI 系统的感知能力、了解 AI 的理论能力和限制、开展广义的 AI 研究、开发可拓展的 AI 系统、促进类人类AI 的研究、研发能力更强更可靠的机器人、改善硬件提高 AI 性能、研发适用于先进硬件的 AI 等诸多领域的技术将持续投入。

2016 年 10 月，美国总统行政办公室与美国国家科学与技术委员会联合发布了《为人工智能的未来做好准备》的报告。为了帮助美国政府应对人工智能的发展趋势，该报告对人工智能的发展现状、现有及潜在应用、引发的社会及公共政策相关问题进行了分析。美国政府将会提供大量投资来帮助研究人工智能，并且政府决定成为该技术及应用的早期客户。美国政府认为人工智能和机器学习前景极为乐观，它能让人们过上更好的生活。该份报告的评估结果显示对超智商强人工智能的长期担忧几乎不对当前政策产生任何影响；同时指出因为人工智能的快速发展对具有相关技能的人员支持和相关领域的发展也产生了巨大需求，全体公民需要准备接受人工智能教育。此外，预防机器产生偏见及确保人工智能的“道德”显得尤为重要，以确保人工智能可以促进正义和公平，以人工智能为基础的技术能够取得利益相关方的信赖。报告指出对人工智能的从业者和学生进行道德伦理教育也是重要组成部分。

2016 年 10 月 31 日，美国 150 多名研究专家共同完成了《2016 美国机器人发展路线图——从互联网到机器人》，作为国家机器人发展路线图，分别介绍了制造业和供应链转型，新一代消费者和专业服务，医疗保健，提高公共安全，地球及地球之外，劳动力开发，基础设施共享，法律、伦理和经济问题等等。路线图呼吁制定更好的政策框架，以安全地整合新技术进入日常生活，如自动驾驶汽车和商用无人机；鼓励增加人机交互领域的研究工作，使人们在年老的时候可以留在自己家里生活；呼吁增加从小学到成人的关于 STEM 领域的教育内容；呼吁研究创造更灵活的机器人系统，以适应制造业日渐增长的定制需要，包括从汽车到消费类电子产品。提出相关建议，即无论是在研究创新，还是技术和政策方面，确保在机器人领域继续领先，并确保研究工作能真正解决现实生活问题并能投入实践。具体内容方面，对机器人技术的广泛应用场景做了综述，包含无人驾驶汽车及其政策，医疗保健和陪伴机器人，制造业，工业互联网和物联网，教育，共享机器人基础设施，法律、伦理和经济问题等。最后提出各级政府均应提高网络化专业水平，变革机器人技术，最大化其社会用途，最小化其潜在危害。同时要支持政府和学术界的跨学科交叉研究，政府和学术界应该积极合作，打破学科孤立，消除研究障碍。独立的研究人员应当确保和验证系统不存在违反现行法律和原则的风险。

2015 年 10 月底，美国发布了新版《战略》，突出了与人工智能相关的九大重点领域内容，创新战略首次发布于 2009 年，用于指导联邦管理局工作，确保美国持续引领全球创新经济、开发未来产业，以及协助克服经济社会发展中遇到的各种困难。从 2007 年的《美国竞争法》，到 2009 年的《美国复兴与再投资计划》和《美国创新战略：推动可持续增长和高质量就业》，再到 2011 年的《美国创新战略：确保我们的经济增长与繁荣》，美国始终高度重视创新战略的设计。新版《战略》沿袭了 2011 年提出的维持美国创新生态系统的政策，首次公布了维持创新生态系统的六个关键要素，包括基于联邦政府在投资建设创新基石、推动私营部门创新和授权国家创新者三个方面所扮演的重要角色而制定的三套战略计划，分别是创造高质量工作和持续的经济增长，催生国家重点领域的突破，为美国人民提供一个创新型政府。新版《战略》在此基础上强调了九大战略领域，分别是：先进制造、精密医疗、大脑计划、先进汽车、智慧城市、清洁能源和节能技术、教育技术、太空探索和计算机新领域。新版《战略》正是对美国未来创新投资战略目标的最好诠释，重点领域如自动驾驶、智慧城市、数字教育等内容都与人工智能息息相关。

早在 2013 年，美国就启动了"通过推动创新型神经技术开展大脑研究"[1]计划，其中包括大脑动力学方面的功能、大脑新技术、跨学科领域（物理学、生物学、社会学和行为科学）研究大脑等，自该计划颁布后，几十个顶尖的高科技企业、高校研究机构、科学家响应计划，有效促进了计划的实施。首先公共机构和民间机构合作推动 BRAIN 计划。在公共机构方面，美国政府近年来不断提高该项目预算，国立卫生研究院（NIH）致力于开发和应用新的工具来绘制出大脑回路；国防部高级研究计划局（DARPA）则促进数据处理、成像、先进分析技术的发展；国家科学基金会（NSF）开发一系列包括人在内的各种生物体生命过程中脑功能所必需的实体工具和概念性工具。在民间机构方面，艾伦脑科学研究所研究认知、决策和指挥行动的脑部活动；霍华休斯医学研究中心（Howard Hughes Medical Institute）侧重发展成像技术，以及研究神经网络的信息存储和加工过程；Kavli 基金会致力于研究脑部疾病发生的机制，并寻找治疗方法；索尔克研究所（Salk Institute for Biological Studies）从单个基因到神经回路再到行为的研究深入理解大脑。总的来说，对于该计划的投入，民间与公共机构旗鼓相当。其次开展国际项目间的合作，避免重复劳动。2014 年 3 月，同欧盟的"人脑计划"（Human Brain Project，HBP）展开合作，尽量在不重复工作的前提下使双方研究覆盖尽可能多的领域。虽然脑科学研究的现状与预期实现的目标之间有较多的不可控的因素，就连实现预期目标的技术也还在开发当中，但美国推动该计划是势在必行，在前进的同时不断明确实现目标的具体细节，完善管理。随着该计划的推进，白宫将成立协调小组，协调合作机构的进展，为实现目标而协同前进。

总体而言，美国是目前为止在国家层面出台人工智能战略、政策性报告最多的国家。美国无疑是人工智能研究领域的先导者，它的一举一动势必影响全球人类的命运。

雄心勃勃的欧盟——"人脑"与"SPARC"计划

欧盟在推进人工智能方面也制定了相关计划，注重人脑研究和机器人发展。2013 年，欧盟提出为期 10 年的"人脑计划"，是目前全球范围内最重要的人类大脑研究项目，旨在通过计算机技术模拟大脑，建立全新的、革命性的生成、分析、整合、模拟数据的信息通信技术平台，以促进相应研究成果的应用性转化。

此外，欧盟委员会与欧洲机器人协会（EuRobotics）[2]合作完成了"SPARC"计划，作为世界上最大的民间资助机器人创新计划保持和扩大欧洲的领导地位并确保欧洲的经济和社会影响。在运行模式方面，该计划采取公司合作伙伴关系（PPP）方式。来自私人方 EURobotics AISBL 的专家成员组通过"专题组"的方式开展工作，通过战略研究议程（SRA）为机器人协会提供高级别的战略概述，根据市场和行业情况更新文件，传播私人方的想法和意图。SRA 的随附文件还包括一份更详细的技术指南——多年度路线图（Multi-Annual Roadmap，MAR），来确定团体内的预期进展、欧洲环境中应优先考虑的关键技术、影响竞争力的关键市场和应用领域、与关键社会优先事项的一致性、研究机会及背景，以及对中期研究和创新目标展开详细分析。

机器人超级大国日本——"新工业革命"

日本机器人产业占国家经济增长的比重远远超过世界上其他国家。在过去 30 年里，日本被称为"机器人超级大国"，其拥有世界上数量最大的机器人用户及机器人设备、服务生产商。随着近年来日本出生率下降、人口老龄化加重、育龄人口缩减等社会问题的日益严峻，机器人技术受到了更多的关注。基于当前日本社会存在的上述问题，日本政府对内阁在 2014 年 6 月通过的"日本振兴战略"进行了修订，提出要推动"机器人驱动的新工业革命"（以下简称"机器人革命"）。为实现"机器人革命"的目标，日本政府于 2014 年 9 月成立了"机器人革命实现委员会"（以下简称"委员会"），委员会由专业知识背景丰富的多位专家组成。委员会会议主要讨论与"机器人革命"相关的技术进步、监管改革以及机器人技术的全球化标准等具体举措。日本经济产业省将委员会讨论的成果进行汇总，编制了《日本机器人战略：愿景、战略、行动计划》（以下简称《战略》），于 2015 年 1 月发布。《战略》的具体内容共分为两个部分，第一部分为概述，共分两个章节：第一节介绍了国际社会发展机器人产业的背景和日本"机器人革命"的目标；第二节介绍了实现"机器人革命"的三大策略。第二部分为日本机器人发展的"五年规划",共分为两个章节:第一章阐述了八个跨领域问题,包括建立"机器人革命激励机制"、技术发展、机器人国际标准、机器人实地检测等;第二章阐释了具体领域的机器人发展,包括制造业、服务业、医疗与护理业等。

日本政府希望通过开发、推广机器人技术,有效缓解劳动力短缺的问题,将人类从过度劳动中解放出来,并有效提高制造业、医疗服务与护理业以及农业、建筑业、基础设施维护等行业的生产效率。

不甘落后的英国——直面第四次工业革命挑战

英国政府为脱欧做准备,正着手构建和巩固本国独特的科技监管体制,并且将人工智能系统和机器人的发展、部署和使用作为重点领域。这个行业对于英国加强其在全球社会经济、科技以及知识领域的领先地位至关重要,同时与英国政府的工业发展战略相一致,即英国在 2013 年挑选出"机器人技术及自治化系统(Robotics and Autonomous Systems,RAS)"作为其"八项伟大的科技"计划的一部分,并且宣布英国要力争成为第四次工业革命的全球领导者。[3]为提高在机器人技术及自治化系统研究方面的合作和创新,2013 年在创新英国(Innovate UK)项目的支持下,成立了由学术研究者和产业代表组成的"特殊利益团体"(Special Interest Group,SIG)。该团体在 2014 年 7 月发布的一份机器人技术及自治化系统的 2020 年国家发展战略(RAS 2020 National Strategy)中,规定了英国的 RAS 发展目标,即通过英国国内各产业的合作发展为其在机器人技术及自治化系统创新发展上的跨部门合作提供路径支持。为实现该目标列出了八项建议，值得关注的有：建立集中化的领导制度去引导和监管创新活动；提升各国政府、产业部门和机构之间的国际合作，以此鼓励更进一步的创新并且加强纽带；为公众披露更多的信息以及提升透明度；将英国作为一个全球科技创新和发展的优良投资市场的地位制度化。

2016 年 10 月，英国下议院的科学和技术委员会发布了一份关于人工智能和机器人技术的报告，英国视自己为机器人技术和人工智能系统的道德标准研究领域的全球领导者，同时应该将这一领域的领导者地位扩展至人工智能监管领域。报告召集各种各样的机器人技术与人工智能系统领域的专家和从业者，探讨拥有先进学习能力的自动化系统的发展与应用，及其所带来的一系列特殊的道德、实践乃至监管的挑战。报告呼吁政府监管的介入和领导体制的建立，保证这些先进科技能够融入社会并且有益于经济。报告阐述了人工智能的创新发展及其监管带来的潜在的伦理道德与法律挑战，并且尝试寻找能够最大化这些科技进步的社会经济效益，同时最小化其潜在威胁的解决途径。报告强调上述解决途径，在人工智能科技越来越融入社会的情况下，对建立和保持公众对于政府的信任至关重要。

除世界主要国家出台了人工智能发展战略、计划等文件外，相关国际组织也越来越多地关注人工智能的发展。如联合国发布的《关于机器人伦理的研究报告》提供了一种考察基于机器人物理形态下的人工智能系统全新路径，作为世界各国"国家中心"视角的有效补充。联合国教科文组织与世界科学知识与技术伦理委员会联合发布的《关于机器人伦理的初步草案报告》（2015），主要讨论了机器人的制造和使用促进了人工智能的进步，以及这些进步所带来的社会与伦理道德问题。

中国，从"跟跑"走向"领跑"

我国自改革开放以来，一直高度重视科学技术发展，笃信科学技术是第一生产力。在如今的经济新常态下，更加需要新的科学技术革命来促进经济结构的转型升级和国民经济的长久健康发展，而人工智能技术无疑代表了当今科技的最高水平。2017年7月20日，国务院正式印发了《新一代人工智能发展规划》，从战略态势、总体要求、资源配置、立法、组织等各个层面阐述了我国人工智能发展规划。规划指出我国人工智能整体发展水平在重大原创成果、基础理论、核心算法以及关键设备、高端芯片、元器件等方面与发达国家还有一定差距，提出到2030年的三步走发展战略目标：到2020年，我国人工智能总体技术和应用与世界先进水平同步；到2025年基础理论实现重大突破；到2030年人工智能理论、技术与应用总体均达到世界领先水平，我国将成为世界主要人工智能创新中心。此前，国务院制定发布的《"十三五"国家科技创新规划》《"十三五"国家战略性新兴产业发展规划》以及发改委联合多个部门共同印发的《"互联网＋"人工智能三年行动实施方案》，都将人工智能的发展作为战略重点，但尚未上升到国家战略高度。总体而言，该规划顺应了人工智能发展的浪潮，较为全面地阐释了人工智能发展中的关键问题，是我国在此次产业浪潮中的顶层设计。

与各国战略相比，我国规划较为强调技术与应用，而相对淡化人工智能发展的其他方面或问题，包括人力资源与教育、标准、数据环境等。以美国为例，2016 年 10 月，美国白宫发布了《国家人工智能研究和发展战略计划》和《为人工智能的未来做好准备》两份重要报告。《国家人工智能研究和发展战略计划》作为全球首份国家层面的人工智能发展战略计划（奥巴马称其为新的"阿波罗登月计划"），提出人工智能发展的七大战略方向，包括：基础研究战略、人机交互战略、社会学战略、安全战略、数据和环境战略、标准战略以及人力资源战略。七大战略方向为平行关系，《国家人工智能研究和发展战略计划》对各项战略都做了重点阐述。《为人工智能的未来做好准备》从政策制定、政府对技术的监管、财政支持、全民人工智能教育、预防机器偏见等方面阐释了为人工智能发展提供准备和保障，同时提出了 23 条实施人工智能的建议措施。我国规划提出了六大重点任务，包括：构建开放协同的人工智能科技创新体系；培育高端高效的智能经济；建设安全便捷的智能社会；加强人工智能领域的军民融合；建设安全高效的智能化基础设施体系；前瞻布局新一代人工智能重大科技项目。整体而言都属于技术或应用方面，对于投资、教育、人才、伦理、制度建设等其他方面阐述较少。

在创新的浪潮中，制度建设也是生产力。硅谷在互联网时代的成功很大程度上归因于美国在 20 世纪 90 年代对版权和侵权法的重大改革，降低了互联网平台的责任，为硅谷企业在 Web2.0 时代的巨大成功提供了良好的法律制度土壤，天才的程序员们才得以发挥其聪明才智，带来令人惊艳的创新产物。在 AI 时代，制度建设的重要性同样不容忽视。以数据开放为例，目前的人工智能是建立在大数据的"喂养"上的，没有政府数据开放政策，很多 AI 应用将成为"无源之水，无本之木"。可以说数据开放问题是我国 AI 发展的痛点问题，需要在战略中更加全面深入地加以阐释。此外，人工智能相关立法及配套问题也值得深入探究，当前规划只是简单提及。以当前人工智能领域较为成熟的自动驾驶为例，2016 年 9 月，美国交通部发布《联邦自动驾驶机动车政策》，为自动驾驶技术的安全检测和运用提供指导性的监管框架，为产业发展指明了方向。我国目前尚缺乏此类立法及标准，将对产业发展产生重大影响，此类问题也值得在规划中深入探究。

近期《经济学人》撰文指出，五大因素促使中国发展成为全球 AI 中心：（1）多个行业希望利用 AI 实现数字化转型；（2）大量人工智能高端人才；（3）移动互联网市场前景广阔；（4）高性能计算技术；（5）政府政策支持。其中，前两个因素尤为重要，是中国发展成为全球 AI 中心的独特优势。在信息通信领域的宽带部署、大数据、云计算等方面，我们基本都是战略跟随者；AI 方面，我国继美国、加拿大等国后发布了 AI 的国家战略。在 AI 这一波产业浪潮中，我国应从制度追随者走向引领者，积极抢占战略制高点。以 AI 伦理为例，国外提出了人工智能发展"阿西洛马"原则，IEEE 及联合国等已发布人工智能相关伦理原则，包括保障人类利益和基本权利原则、安全性原则、透明性原则、推动人工智能普惠和有益原则等，各国战略中也均对此进行了强调。我国也应积极构建人工智能伦理指南，发挥引领作用，推动普惠和有益人工智能发展。此外，在 AI 立法与监管、教育与人才培养、AI 问题应对等诸多方面，我们也应该积极探索，从追随者走向引领者。

第十四章　资本的力量

人工智能自 2011 年起进入爆发性增长阶段，截至 2016 年，全球人工智能公司已超过 1 000 家。根据普华永道在 2017 年夏季达沃斯论坛发布的报告，预计到 2030 年，人工智能将推动世界经济增长 14％，相当于 15.7 万亿美元，这个数字已经超过了中国与印度两国目前的经济总量之和。CB Insights 2017 年 8 月发布的《人工智能全局报告》显示，在过去 5 年，人工智能初创企业融资总额超过 149 亿美元，总交易量达到 2 250 笔。人工智能产业和技术的火热发展，带来了该领域的融资浪潮。据统计，"人工智能领域的风险投资已经从 2014 年全年的 32 亿美元增长至 2017 年前五个月的 95 亿美元。其中自 2015 年以来，投资数量几乎翻了一番。著名市场咨询公司 Frost & Sullivan 将人工智能列为 2017 年最热门的投资领域"[4]。除融资市场的热捧外，各国政府也加大了对于人工智能的政策倾斜与资本支持，不仅从国家战略层面要求加大对人工智能的资金投入，而且对于重点研发项目投入巨额资本，资本向人工智能领域汇聚的趋势在全球范围内愈益凸显。

资金是人工智能蓬勃发展的基础保障

资金是人工智能发展的物质保障，是实现基础研发和产业快速发展的必备条件。只有充分的资金保障，才有可能实现人工智能研发的突破，才能不断提高产业的市场份额。目前世界上人工智能发展位居前列的国家，无一例外地在人工智能领域投入巨大。美国成为当下人工智能研究领域的领头羊，不仅因为其自身科技实力雄厚，还在于政府对人工智能巨大的研发资金投入。仅2015 年，美国政府在人工智能相关技术方面的研发投入高达 11亿美元。韩国政府每年对于人工智能与机器人技术的研发投入每年高达 1 亿美元，日本政府一年仅为国内智能辅助机器人技术的研究计划就提供了 3.5 亿美元。当前，人工智能领域正处于蓬勃发展的阶段，更需要各国把握住发展势头，加大财政的倾斜力度，出台相关政策鼓励在人工智能领域的投资。只有这样，才有可能在第四次工业革命的浪潮中抢占先机。

资金是吸引人才的有效路径。优厚的物质待遇虽不是吸引人才的唯一条件，但却是极为有效的一条路径。通过对人工智能相关人才薪酬待遇的提高，能够解决人才的后顾之忧，保障研发、管理等工作的顺利开展。同时，充分的资金保障也有利于树立起相关专业人才对于人工智能领域发展的信心，增加投身于专业工作的决心。资金＋人力的双重保障，才是人工智能制胜的关键。2017 年 7 月全球最大的职场社交平台 LinkedIn（领英）发布了业内首份《全球 AI 领域人才报告》。报告称，仅通过领英平台发布的 AI 职位就从 2014 年的 5 万飙升至 2016 年的 44 万，增长近 8

倍。具体到细分领域，当前对 AI 基础层人才的需求最为旺盛，尤其是算法、机器学习、GPU、智能芯片等方面，相对于技术层与应用层呈现出更为显著的人才缺口。[5]在专业人才稀缺的背景之下，科技巨头公司纷纷加大人才吸引筹码。Facebook 吸引人才的战略包括提供高达几十万美元的薪水、分布在全球的工作地点等。[6]

各国政府加大对人工智能的投入

目前世界上主要国家已经瞄准了人工智能发展战略机遇，纷纷出台国家层面的人工智能战略，开发人工智能重点项目，加大资金支持。

美国

美国一直注重人工智能研发，最近几年步伐加快。早在 2013 年财政年度，美国政府便将 22 亿美元的国家预算投入到先进制造业，"国家机器人计划"是投入重点之一。2013 年 4 月美国政府启动创新神经技术脑研究计划，计划 10 年投入 45 亿美元。2016 年 5 月，白宫成立"人工智能和机器学习委员会"，协调美国各界在人工智能领域的行动，探讨制定人工智能相关政策和法律；同年 10 月，奥巴马政府时期总统办公室发布《为人工智能的未来做好准备》和《国家人工智能研究和发展战略计划》的文件，将人工智能上升到美国国家战略高度；同年 12 月，白宫发布了《人工智能、自动化和经济》报告，讨论了人工智能驱动的自动化对经济预期的影响，并描述了提升人工智能益处并减少其成本的广泛战略。[7]

《为人工智能的未来做好准备》指出，据公开数据显示，2015 年美国政府在人工智能相关领域投入研发资金大约为 11 亿美元，此前预测显示 2016 年相关投入将增长到 12 亿美元。在白宫科技政策办公室主办的所有人工智能相关研讨会和公共推广活动中，无论是业界领袖、技术专家还是经济学家，都向政府官员呼吁加大在人工智能技术研发方面的政府投入。经济顾问委员会经分析指出，不仅仅是人工智能研发领域，在所有科研领域，增加两倍乃至三倍的研发投入所带来的经济增长，对一个国家来说也是一项值得投资的净收益。可以肯定的是，私营企业将会是人工智能技术发展进步的主要引擎。但从目前的现状来看，在基础研究方面的投资还远远不够，基础研究投入周期长，研究目的纯粹是为了拓展这一领域的科学边界，因此私营企业很难在短期内获得相应的投资回报。《为人工智能的未来做好准备》因此建议，联邦政府应该优先发展人工智能的基础和长期研究项目。如果联邦政府和私营企业能够在人工智能研发领域长期稳定地投入资金，尤其是在高风险的基础研究领域的长期投资，会让整个国家从中受益。

欧盟

目前全球工业机器人以 8％的速度增长，欧洲在世界市场中的份额约为 32％，而在世界服务机器人市场的份额为 63％。为了保持和扩大欧洲的领导地位并确保欧洲的经济和社会影响，欧盟委员会与欧洲机器人协会（EuRobotics）合作完成了"SPARC"计划。欧委会在是在"地平线 2020 计划"[8]下资助 SPARC 计划，根据协议，欧委会出资 7 亿欧元，欧洲机器人协会出资 21 亿欧元，使得 SPARC 成为世界上最大的民间资助机器人创新计划。2013 年欧盟提出了人脑计划，该计划项目为期 10 年，欧盟和参与国将提供近 12 亿欧元经费，使其成为全球范围内最重要的人类大脑研究项目。

世界巨头企业纷纷加入人工智能阵营

近年来，人工智能技术不断取得突破，在金融、医疗、制造等行业应用迅速扩展。麦肯锡咨询公司预计，到 2025 年，人工智能应用市场总值将达 1 270 亿美元。人工智能已经成为很多国家政府和企业争相角逐的领域。据统计，目前全球人工智能企业集中分布在少数国家，美国、中国、英国的企业数量共占全球的 65.73%。其中，美国人工智能企业共有 2 900 多家，中国 700 多家，英国 360 多家。在 2010—2016 年的 7 年间，中国投资者通过 1 000 多项投资协议，对处于研发初期的美国技术投资了大约 300 亿美元。麦肯锡日前发布的《人工智能，下一个数字前沿》报告显示，包括谷歌在内的科技巨头，2016 年在人工智能上的投入在 200 亿～300 亿美元之间，其中 10% 用于人工智能收购，90% 用于研发和部署。

谷歌公司首席执行官孙达尔·皮柴认为，谷歌的业务发展战略从"移动优先"转向"人工智能优先"。[9] 谷歌是 AI 市场最积极的买家。从 2006 年第一笔收购算起，谷歌近年在人工智能领域的收购行动达到了 18 起之多。这个数量超过了微软和 Facebook 收购数量的总和。[10] 其中包括研发出围棋程序 AlphaGo

的 DeepMind Technologies 公司、主营深度学习与神经网络方向的 DNN research、智能手机消息应用公司 Emu 等。收购后，谷歌会整合技术并融入公司产品。比如 Emu 被用于 Google Hang-outs 以及 Google Now 两项产品中，DNN research 则大幅提升了 Google 的图片搜索功能。[11]同时，谷歌公司加大研发投入，成立了人工智能相关基金、研究院和工作室，支持全球各地的人工智能研发。

身为科技第一阵营的苹果近年来也一直在加大收购的力度，迄今为止已有 8 笔收购交易，在所有巨头中排名第二，仅 2016 年苹果就先后收购了 Emotient、Turi 和 Tuplejump 三家人工智能公司。2017 年 5 月，苹果以 2 亿美元价格收购了 Lattice Data 公司，该公司主要使用人工智能技术来处理黑暗数据。苹果近期发布了一个名为"苹果机器学习杂志"的网站，通过苹果软件工程师们的博客，记录和分享他们在人工智能和机器学习领域中的一些新研究和创新，展示公司顶尖人工智能技术研究项目。[12]

百度公司是中国最早开始布局人工智能的领导企业，2013 年就进入了这个市场，2014—2016 年三年间，百度支出了超过 200 亿元的研发费用。百度公司以人工智能作为核心业务中的核心，在 2017 年 3 月成立了"百度深度学习技术及应用国家工程实验室"。

我国政府已着手加大人工智能领域的资金投入

在人工智能发展的大势之下，我国政府加快出台鼓励、支持人工智能发展的政策性文件，敦促各职能部门、各级地方政府加

人工智能

大对于人工智能的政策倾斜度，增加人工智能领域的资金投入。2017 年 3 月 5 日，国务院总理李克强在 2017 年政府工作报告中指出要深入实施《中国制造 2025》，加快大数据、云计算、物联网应用，把发展智能制造作为主攻方向，并全面实施战略性新兴产业发展规划，加快"新材料、人工智能（AI）、集成电路、生物制药、第五代移动通信"等技术研发和转化。"人工智能"一词首次被写入了国家政府工作报告。近年来，国家政策高度重视人工智能发展，2015 年 12 月，工信部发布"互联网＋"三年行动计划指导意见；2016 年 2 月，科技部在新闻发布会上表示，"科技创新 2030——重大项目"近期或将新增"人工智能 2.0"试点。未来，各级政府将加大对人工智能的支持力度，加快人工智能项目培育及发展。人工智能政策红利有望持续释放，2017 年，中国人工智能迎来真正新纪元。

2015 年 5 月国务院印发了《中国制造 2025》规划，2016 年 4 月出台了《机器人产业发展规划（2016—2020 年）》，2016 年 12 月推出了《三部门关于促进机器人产业健康发展的通知》和《工业机器人行业规范条件》等，这些产业政策的推出，为我国机器人产业快速发展打下了坚实基础。在《中国制造 2025》规划中，政府提出了将机器人作为重点发展领域。《机器人产业发展规划（2016—2020 年）》提出要形成较为完善的机器人产业体系，实现产业规模持续增长，技术水平显著提升，零部件取得重大突破，集成应用取得显著成效。《三部门关于促进机器人产业健康发展的通知》进一步明确要求，推动机器人产业的理性发展、强化技术创新能力、加快成果转化、开拓工业机器人市场、推动服务机器人试点等。目前已有 20 多个省市把机器人作为重点产业来培育，已建成和在建的机器人园区有 40 多个，机器人领域有高端产业低端化和低端产品产能过剩的风险，将制定工业机器人的行业准入条件以提高准入门槛。

在中国政府加大投资的同时，美国新一届政府却在削减人工智能项目开支。特朗普政府发布了一份预算案，将削减一直为人工智能研究提供支持的多个政府机构的资金。

我国企业人工智能领域力争上游，加大资金投入

我国企业在人工智能的大潮中毫不示弱，不仅加速技术、应用研发，而且投入大量资金储备。在细分领域中，计算机视觉、机器人、自然语言处理三大领域在中国资本市场备受推崇。在 2015—2016 年期间，以上每个领域总投资额均超 10 亿元人民币。即便是稍稍逊色的智能家居、智能安防、智能驾驶、智能金融等领域，单个投资总额也均超过 5 亿元人民币。

根据普华永道报告，从时间上来看，美国或将更早享受到人工智能发展的成果。在人工智能发展初期，北美由于技术成熟度较高，并且大批工作均可用发达技术替代完成，因此在这个时间段，北美的生产力增速将高于中国。然而在 10 年之后，中国完成了相对缓慢的技术和专业知识积累，将开始赶超美国。人工智能也在挑战传统的行业巨头，如果企业不能适应人工智能带来的变革，将会失去大量市场份额，拱手让给新兴的企业。

第十五章　有形的手

当极客们从事人工智能"黑科技"研发时，往往希望在最理想的条件下提升人工智能技术的效率和作用，却忽视了技术在复杂条件或被人为滥用时可能产生的困境，这也为人工智能潜在的不当使用埋下了伏笔。一方面，人工智能系统作为信息化应用，一定会受到开发局限性和数据准确性的影响，有可能在特定场景下发生错误决策，带来财产损失或人身伤亡，如自动驾驶汽车发生交通事故。另一方面，人工智能技术应用还可能带来公平性和歧视性问题。2016年哈佛大学肯尼迪学院发布的分析报告指出，目前针对犯罪倾向性预测的人工智能系统，无论技术人员如何调整机器学习的策略和算法，人种肤色都成为无法抹去的高优先识别变量。

如果上述问题没有在法律和监管方面得到足够的支持，很可能在未来人工智能"奇点"到来时给人类社会带来极大的负面影响。因此，越来越多的国家、地区、国际组织、行业协会提出应将监管之手扩展到人工智能方面，尤其是涉及机器决策的算法、数据等内容，手段包括加强安全方面管控、构建人工智能标准和规则、鼓励公众参与人工智能治理等。

明确监管机构职责

人工智能技术的监管有时需要多个部门进行配合和协调，那么就会出现不同的监管模式——可能是独立的监管机构，统筹监管人工智能法律、伦理等问题；也可能采用分散监管的办法，由各行业主管部门、不同层级的政府主管部门分别根据不同的职责监管具体的问题。从人工智能发展趋势来看，统筹监管机构有助于准确地把握产业发展方向，利用人工智能为本国谋求福祉；但明确不同层级监管机构对于某个领域的监管分工同样重要，因为他们在专业性方面要更胜一筹。

成立人工智能统筹监管机构

美国方面建立了以白宫科技政策办公室（OSTP）[13]牵头的人工智能技术监管机构。2016年5月，美国白宫推动成立了机器学习与人工智能分委会（MLAI），专门负责跨部门协调人工智能的研究与发展工作，并就人工智能相关问题提出技术和政策建议，同时监督各行业、研究机构以及政府的人工智能技术研发。

从美国2016年发布的三个关于人工智能的战略来看，《为人工智能的未来做好准备》由MLAI组织编写；《国家人工智能研究和发展战略计划》则是在MLAI的指导下由与其同一级别的网络与信息技术研究发展分委会（NITRD）组织编写；《人工智能、自动化和经济》报告则是在总统行政办公室（EOP）和MLAI的推动下，对《为人工智能的未来做好准备》中涉及经济与就业影响的内容进行了详细的剖析。在组织架构方面（见图3-1），

人工智能

MLAI 和网络与信息技术研究发展分委会（NITRD）均隶属于美国国家科学与技术委员会（NSTC）下的技术委员会（CoT）。NSTC 则直属于美国白宫科技政策办公室（OSTP），由总统担任主席，成员分别是副总统、内阁成员和部分政府主要官员，旗下还包括总统科技顾问委员会（PCAST）。

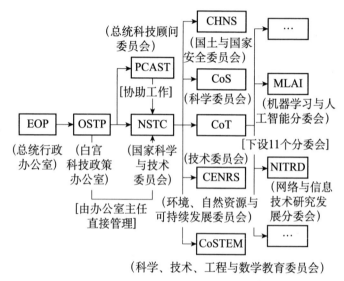

图 3-1 美国人工智能监管整体架构

　　欧盟也将成立统筹人工智能监管的政府机构。2015 年 1 月，欧洲议会法律事务委员会（JURI）决定成立一个工作小组，专门研究与机器人和人工智能相关的法律问题。2016 年 5 月，JURI 发布《就机器人民事法律规则向欧盟委员会提出立法建议的报告草案》（Draft Report with Recommendations to the Commission on Civil Law Rules on Robotics），同年 10 月又发布了《欧盟机器人民事法律规则》（European Civil Law Rules in Robotics）。考虑到人工智能发展可能带来很多新的问题，JURI 呼吁成立一个专门负责机器人和人工智能的欧盟机构，负责就技术、伦理、监管等事宜提出专业知识，以便更好地抓住人工智能的新机遇，应对产生的新挑战。

英国认为应成立专门机构应对机器人技术和自动化系统带来的影响。2016年6月，英国政府科学办公室（Government's Office of Science）发布了一份名为《人工智能：未来决策制定的机遇与影响》[14]的报告，针对机器人技术与自动化系统的兴起和使用对社会各方面的影响进行了分析，认为应建立专门的机器人技术与自动化系统委员会，对政府在制定鼓励人工智能发展和应用的监管标准以及如何控制人工智能方面建言献策。委员会的人员构成，将来自不同的领域和部门，通过开展透明和有益的对话来使多方受益。

明确不同层级监管机构的作用

自动驾驶是人工智能最早落地的一个领域，涉及损害赔偿、数据泄露、伦理设计等多个法律问题，所以我们仍以这个领域为例开展政府机构监管职能的分析。

美国一直以来高度重视自动驾驶技术的发展。2016年9月，美国交通部发布《联邦自动驾驶机动车政策》，首次明确了联邦与州政府部门不同的监管权限。实际上，截至2016年底，已经有16个州颁布了自动驾驶相关法规或行政令，重点内容围绕自动驾驶测试许可及流程方面，一般由各州的交通运输部门负责监管。《联邦自动驾驶机动车政策》又进一步明确了一系列重要概念，包括州层面的监管牵头机构、申请主体、测试条件、操作人员要求、车辆注册登记、保险要求等，美国交通部鼓励各州允许交通运输监管部门独立监管自动驾驶技术和性能。在联邦层面，美国联邦高速公路安全管理局（NHTSA）对自动化技术和设备拥有广泛的执法权限。根据国会指令，NHTSA 有义务保护公共交通安全，避免机动车辆或其设备带来不合理风险，还应承担起各州自动驾驶立法的咨询工作。

加强安全管控

人工智能的系统和产品只有是安全的，才能够更好地被公众和社会使用，这种安全性不仅体现在产品质量上，还体现在其产生的法律、伦理等方面。多个国家已在人工智能相关政策及报告中注意到了这一问题，希望通过多种措施保证安全性的实现。

通过安全测试

人工智能系统和应用作为一种产品，在监管中不可避免要考虑到产品质量和准入问题，检验和确认仍然是必需的步骤。由于人工智能系统的机器学习能力、适应能力及性能的提高，现有的传统方法无法统一适用于不断进化发展的人工智能系统的检验和确认，未来需要进一步对测试和量化方案进行制度化，保证人工智能按照既定的计算机算法运行，不出现不必要的行为或者功能上的改变。[15] 2016 年 10 月 13 日，美国白宫科技政策办公室（OSTP）下属的国家科学与技术委员会（NSTC）发布了《国家人工智能研究和发展战略计划》，提出构建良性研发的环境基础，要求开发用于人工智能训练、测试的公共数据集和环境，制定用于测量、评估人工智能的标准和基准，了解学界、政府和行业中人工智能从业人员的需求，制定教育和培训计划。展望未来，监管机构需要建立规则来管理人工智能的研究和测试，这样的规则应该允许人工智能开发者在一个安全的环境内测试他们的设计，同时搜集数据，以便监管机构能够做出更加明智的审核决策。

决策公平透明

监管机构只有确保能够以非常直观、明确的方式对 AI 决策进行追踪，才能够保证执法行为是有理有据的。多国发布的政策均提到了 AI 决策的透明度对于监管的重要性，可以有效消除公众对 AI 技术的不信任和偏见。2016 年 9 月，英国下议院科学和技术委员会发布了一份关于人工智能和机器人技术的报告——《机器人与人工智能》（Robotics and Artificial Intelligence），特别强调了决策系统透明化对于人工智能安全和管控的作用。报告认为，在有关人类生命安全领域的关键决策中，决策透明化的缺失变得更具挑战性，如自动驾驶汽车，目前尚不存在一种非常人性化的方式来追踪一个智能机器的决策过程。算法透明可以提高公众对于 AI 的信任程度，应允许人类对人工智能的机器逻辑展开测试。世界科学知识与技术伦理委员会（COMEST）2016 年也发布了一份关于机器人伦理的初步草案报告，认为应当在机器人及机器人技术的伦理与法律监管中确立可追溯性，保证机器人的行为及决策全程处于监管之下。

"机器歧视"最小化

由于人工智能机器完全受到其人工设计的结构和学习进程中接收的数据的世界观的影响，所以必然不是完全"公平的"，而

人工智能

人工智能所带来的算法歧视问题已经得到了社会广泛的关注，未来应该反映在监管政策中。例如谷歌公司的数码相册软件将深色皮肤的人群标记为大猩猩，展示了科技错误如何转变成伤害，进而导致社会不安与仇恨。在剑桥大学艺术、社会科学和人类学研究中心教授 John Naughton[16] 看来，对于笃信科技的中立性并全神贯注于科技功能而非累积的学习材料的设计者来说，这些潜在的歧视还没有被发现。上文提到的英国下议院科学和技术委员会报告也指出，程序员们在编辑代码指引每个人的生活时，应该充分认识到其对伦理道德与社会敏感性的影响。

"谁动了我的隐私"

在数据融入我们日常生活，并在我们不知情的情况下被收集、传输、存储、使用时，我们将不再有隐私可言，这一问题在人工智能时代将越来越明显。机器学习的核心部件依赖于智能机器每天正常的运转，这就意味着人类分享给人工智能系统的数据变得不再私密。例如，自动驾驶车辆可以不间断收集我们每天的运行轨迹，智能家居系统可以随时记录我们的生活娱乐信息，这些数据汇集后，可能还原出一个更加真实的我们，而这种真实的自己可能是我们意想不到的。目前谷歌深度思维公司（Google DeepMind）与英国国家健康服务中心（UK National Health Service）在智能医疗领域开展了广泛合作，英国民众表达了对于人工智能机器以何种方式进入、存储和使用保密的病人数据的关切。由于这些挑战实际存在，目前需要有效的措施来保证人工智能系统使用的数据被合理地限制、管理和控制，以此来保护隐私权。为了应对这些问题，英国政府正在和阿兰·图灵研究所

（Alan Turing Institute）合作建立一个旨在研究数据科学的"数据伦理委员会"（Council of Data Ethics），目的就是为了加强数据使用的审查。

谁来负责？

关于人工智能责任制度的讨论，目前主要集中在自动驾驶汽车以及谁应当为自动驾驶汽车发生的故障和事故负责方面，尤其是自动驾驶汽车做出独立智能决策导致损害发生的情况下，将会面临更多的法律难题。在这种情况下，我们无法准确分配司机、自动汽车生产者以及人工智能系统设计公司的法律责任。此外，如何采用立法手段既能阻止损害发生，又能让个案的不幸结果得到救济，同时保证法律的统一与灵活，仍然是一个值得思考的问题。为了应对这些挑战，英国政府 2016 年发起了一项提案[17]试图解决自动驾驶汽车的法律责任问题，旨在将汽车强制险的适用扩大到产品责任，在驾驶者将汽车控制权完全交给自动驾驶汽车的智能系统时为他们提供保障。

联合国 COMEST 的报告也探讨了关于机器人归责的复杂问题，即"在制造一个机器人需要不同的专家和部门合作的情况下，谁该为机器人的某次操作失灵负责？"在科学技术不断进步和市场需求不断增长，机器人的自由和自主性不断增强的情况下，这个问题显得尤为重要。报告认为，关于机器人伦理的考虑，不应该局限于某次事故或者失灵造成的人身损害，更应该包括智能机器人带来的心理伤害，如机器人侵犯人的隐私、人因为机器人的类人行为而对其过分依赖等。报告提出了两个解决方法：一种是采取责任分担的解决途径，让所有参与到机器人的发明、授权和分配过程中的人来分担责任；另一种就是让智能机器人承担责任，因为智能机器人确实拥有前所未有的自主性，并且拥有能够独立做出决策的能力。实际上，这两种责任分担方式可能都不完善，因为既无视人类在科技发展过程中的固有偏见，也忽略了科技被居心叵测的使用者用做他途的可能性。为了寻找可能的法律解决途径，COMEST 的报告援引了 Asaro 提出的结论，即机器人以及机器人技术造成的伤害，很大一部分由民法中产品责任的相关法律调整，因为机器人一般被视为通常意义上的科技产品。从这个角度看，机器人造成的伤害很大一部分被归责于机器人制造者和零售商的"过失""产品警告的缺失""没有尽到合理的注意义务"。但是，民法中关于产品责任的规定可能很难适用于未来发展，尤其是强人工智能时代。

保险制度的完善

人工智能系统和应用的决策，可能造成人身伤害的担责问题，有些问题还没有明确的答案，现行立法无法很好地解决，如自动驾驶汽车造成的事故，责任认定的困难导致了赔偿的迟滞。因此，未来需要进一步完善商业保险制度，降低企业研发面临的风险。

2017 年 2 月，英国新出台了《汽车技术和航空法案》（Vehicle Technology and Aviation Bill），旨在在自动驾驶汽车普及之前，帮助保险人和保险公司简化保险流程。这一新的保险规则，首先解决受害者赔偿问题，自动驾驶汽车发生事故后，受害者将在第一时间内获得保险公司的赔偿，随后再解决责任归属问题。实际上，这种保险规则并没有绕过复杂的责任认定问题，事故定责过程中司机仍然不能免责。Adrian Flux 保险公司[18]董事长埃德蒙金表示，有关自动驾驶的事故责任认定问题一直颇具争议，这项保险可以先覆盖司机的损失，但具体责任归属还需进一步认定。[19]

规则超前部署的重要性

为了妥善应对和监管人工智能进步所带来的各种道德和法律问题，如深度学习机器、自动驾驶汽车的设计与应用，政府应该建立持续的监管制度。公司以及研究机构不断要求政府为其提供监管的指导方针和标准，尤其是在广泛传播的创新科技上，让其可以调整自身的行为及未来的理论与实践走向。

一刀切式的监管不可取

政府的监管方式应该认真仔细地构造，以防一刀切式的监管方式阻碍科技创新以及未来的发展与应用。英国 2016 年关于机器人技术和人工智能的报告提到，监管的透明化能够让公众和厂商都能做出更明智的决策，也能在此基础上共同影响自动驾驶汽车的未来发展前景。只有这样，英国市场才能更加适合新兴科技的发展，并且在全球范围内保持英国在经济、科技及人文等方面的领导地位。瑞士 ABB 公司的代表 Mike Wilson 也表达了对于政府的监管框架无法跟科技进步相协调的担忧。他认为，清晰严格的政府监管规则的缺失，造就了越来越明显的监管空白地带，可能会加深公众的信任危机以及阻碍关键的创新技术在不同行业领域的发展与应用。[20]

没有规矩，不成方圆

产品标准作为产品质量的水平和尺度，也是生产企业对消费者和社会的产品质量承诺，对于保障消费者合法权益、人身安全来说至关重要。虽然多数人工智能产品的标准化体系尚未建立，但美国已经在自动驾驶的联邦、州层面标准体系建设方面取得了一些经验。

与自动驾驶监管体系类似，美国在自动驾驶车辆的标准制定中也采取了联邦统筹、州配合的方式。NHTSA 负责为新型机动车辆及其设备设置联邦机动车安全标准（FMVSS），向机动车及其设备的制造商发布相关指南。同时通过《机动车安全法》明确规定："各州不得实施与联邦 FMVSS 不一致的标准。如果 NHTSA 对新型车辆设置了性能方面的要求，那么各州就不得自行设置这方面的标准，除非其与 NHTSA 的标准相一致。"各州交通管理部门作为实际受理自动驾驶测试申请的单位，也在申请过程中对自动驾驶车辆符合标准情况提出要求，如"申请中应当表明该车辆符合 NHTSA 的性能指南和 FMVSS 标准"。

公众治理的重要性

在公众层面、学术界、产业界、国家以及国际层面，同样存在着致力于制定出人工智能道德指导方针的积极努力，但是各个层面之间的信息交流和参与程度，仍不能令人满意。同样，由谁来监管机器人技术以及自动化系统发展带来的道德和法律影响，现阶段仍不明朗。

多种类型的主体参与人工智能相关议题的治理，对于拓宽监管思路、明确监管框架大有裨益。美国政府已经在深入思考人工智能全面应用可能对社会带来的冲击与改变，组织多方针对人工智能关键问题展开讨论。2016 年 5 月 3 日，白宫副首席技术官埃德·费尔顿宣布，白宫将组织一系列有关人工智能收益与风险的研讨，"为人工智能的未来而准备"。[21] 2016 年 5—7 月，由白宫科技政策办公室牵头，西雅图大学、计算研究协会、卡耐基梅隆大学和纽约大学信息法律研究所等高校和研究机构组织多所一流大学和企业研究人士共同参与了一系列人工智能研讨会[22]，议题涉及人工智能的评估、未来发展、社会和经济影响、安全与控制以及法律和治理等诸多领域，并依托各个机构发布了一系列报告[23]。上述人工智能领域的系列研讨，不仅为政府全面管理人工智能确立了法理依据和管理边界，也深入探讨了人工智能可能存在的缺陷和相应的安全控制原则，以及对就业、社会福利、经济发展的长远影响。

英国出台的人工智能战略也特别强调了鼓励公众参与的重要性。2016 年关于机器人技术和人工智能的报告指出，公众参与有利于促进以人工智能为基础的科技发展，只有鼓励公众更好地参与人工智能科技互动、了解更多相关信息，才能使人们对人工智能科技的未来更加充满信心，也可以帮助监管机构更好地理解和处理人工智能带来的社会问题，比如可以通过辅助智能机器人技术减少紧迫性的问题。很多专家认为，在科技领域的政策制定过程中应该有更多的披露措施，这将有利于促进公众的参与，同时了解和关注科技发展带来的社会、道德和法律问题。

我国应将人工智能监管规则纳入战略考量

我国政府近几年一直大力推进人工智能产业的发展，加强顶层规划，但重心主要还在鼓励技术研发方面，对于人工智能技术带来的经济社会冲击，以及监管和法律方面应做的调整还缺乏整体认识和积极部署。例如，在 2015 年百度公司自动驾驶汽车首次的路测过程中，由于交管部门没有任何有关自动驾驶测试的指导规定，百度公司只能安排驾驶员坐在方向盘后面，而交管部门也默认该车为有人驾驶而未加干涉，其他车企开展路测也大都处于监管"灰色地带"。

2016 年 5 月 23 日，国家发改委、科技部、工信部、中央网信办联合制定印发了《"互联网＋"人工智能三年行动实施方案》，侧重于打造平台、培育企业、构建市场、激励创新等方面。虽然文件中也谈到了资金支持、标准体系建设、知识产权保护、人才培养、国际合作等内容，但对于监管原则、监管体系和相关监管机构的建设则基本没有提及。因此，为了更好促进我国人工智能产业发展，相关的法律、伦理、监管配套制度都应并行建立，不然未来可能出现产业发展成熟却无法应用的窘境。

第十六章　善良的 AI

在 1942 年的短篇小说中，科幻作家伊萨克·阿西莫夫提出了机器人三定律——工程安全措施和内置的道德准则，以保证机器人会友善对待人类并使人们免于机器末日。这些定律一是机器人不能伤害人类，或无所作为而导致人类受伤害；二是机器人必须听从命令，除非这些命令违背第一定律；三是机器人必须保护自身，但这些保护不能与第一和第二定律相违背。

不过，今年 5 月，在美国布鲁金斯学会的一个无人驾驶汽车研讨会上，专家讨论了在危急时刻无人驾驶汽车应当怎样做。如果汽车为了保护自己的乘客而急刹车，造成后方车辆追尾应如何？或当车辆为了躲避儿童而急转，撞到旁边其他人怎么办？随着 AI 技术的不断发展，类似的伦理道德困境将很快影响到各类人工智能的发展，有一些问题甚至是目前就已经面临的。针对人工智能已经产生或可能产生的更多伦理问题，各国在其战略中都有所提及，除此之外，从事人工智能技术和研究的企业、组织等也采取了多种应对方式。

伦理问题成人工智能最艰巨挑战

目前，AI 背后的伦理问题主要显现于以下四个方面：

算法歧视

算法本身是一种数学表达，相对来说比较客观，不像人类那样容易产生偏见、情绪，受外部因素影响。但是，近年来，算法也在产生一些类似的歧视问题。如，美国一些法院使用的一个犯罪风险评估算法 COMPAS 被证明对黑人造成了系统性歧视。如果你是一个黑人，一旦你犯了罪，就更有可能被该系统错误地标记为具有高犯罪风险，从而被法官判处监禁，或者判处更长的刑期，即使你本应得到缓刑。此外，一些图像识别软件之前还将黑人错误地标记为"黑猩猩"或者"猿猴"；去年 3 月，微软在 Twitter 上上线的聊天机器人 Tay 在与网民互动过程中，成为了一个集性别歧视、种族歧视等于一身的"不良少女"。随着算法决策越来越多，类似的歧视也会越来越多。

一些推荐算法决策可能无伤大雅，但是如果将算法应用在犯罪评估、信用贷款、雇佣评估等关切人身利益的场合，因为它是规模化运作的，并不是仅仅针对某一个人，可能影响具有类似情况的一群人或者种族的利益，所以规模是很大的。而且，算法决策的一次小的失误或者歧视，会在后续的决策中得到增强，可能就成了连锁效应，这次倒霉了，后面很多次都会跟着倒霉。此外，深度学习是一个典型的"黑箱"算法，连设计者可能都不知道算法如何决策，要在系统中发现有没有存在歧视和歧视根源，在技术上可能是比较困难的。

隐私

很多 AI 系统，包括深度学习，都是大数据学习，需要大量的数据来训练学习算法，数据已经成了 AI 时代的新石油，但是这带来了新的隐私忧虑。一方面，AI 对数据包括敏感数据的大规模收集、使用，可能威胁隐私，尤其是在深度学习过程中使用大量的敏感数据，如医疗健康数据，这些数据可能会在后续过程中被泄露出去，对个人的隐私产生影响。如何在深度学习过程中保护个人隐私是现在很重要的问题。

另一方面，用户画像、自动化决策的广泛应用也可能给个人权益产生不利影响。此外，考虑到各种服务之间的大量交易数据，数据流动越来越频繁，数据成为新的流通物，可能削弱个人对其个人数据的控制和管理。当然，其实现在已经有一些可以利用的工具来在 AI 时代加强隐私保护，诸如经规划的隐私、默认的隐私、个人数据管理工具、匿名化、假名化、加密、差别化隐私等等都是在不断发展和完善的一些标准，值得在深度学习和 AI 产品设计中提倡。

责任与安全

一些名人如霍金、施密特等之前都强调要警惕强人工智能或者超人工智能可能威胁人类生存。但 AI 安全，其实更多地指的是智能机器人运行过程中的安全性、可控性，包括行为安全和人类控制。从阿西莫夫提出的机器人三定律到 2017 年阿西洛马会议提出的 23 条人工智能原则，AI 安全始终是人们关注的一个重点。此外，安全往往与责任相伴。现在无人驾驶汽车也会发生车祸，智能机器人造成人身、财产损害，谁来承担责任？如果按照现有的法律责任规则，因为系统自主性很强，它的开发者是不能预测的，包括黑箱的存在，很难解释事故的原因，未来可能会产生责任鸿沟。

机器人权利

即如何界定 AI 的人道主义待遇。随着自主智能机器人越来越强大，它们在人类社会到底应该扮演什么样的角色呢？是不是可以在某些方面获得像人一样的待遇，也就是说，享有一定的权利呢？我们可以虐待、折磨或者杀死机器人吗？自主智能机器人到底在法律上是什么？自然人？法人？动物？物？欧盟已经在考虑要不要赋予智能机器人"电子人"的法律人格，具有权利义务并对其行为负责。

各国政府及组织战略

除了看到人工智能带来的有益影响之外，很多国家及组织也开始正视该技术带来的伦理挑战，并考虑相关的应对方案。主要国家出台的人工智能战略中都涉及了 AI 伦理问题，很多组织也开始从行动上致力于研究和应对这一难题。

联合国的人工智能政策与监管

联合国教科文组织与世界科学知识与技术伦理委员会最新联合发布的报告（2016）主要讨论了机器人的制造和使用促进了人工智能的进步，以及这些进步所带来的社会与伦理道德问题。

尽管人工智能机器人通常被认为是人工智能系统的载体，事实上，人工智能机器人具有的身体移动功能和应用以及机器学习能力使得它们成为了自动化、智能化的电子实体。同样地，自动化、智能化机器人不仅能够胜任复杂的决策过程，而且还能通过复杂的算法进行实实在在的执行活动。这些进化出的新能力，反过来，导致新的伦理和法律问题的出现。具体来说，主要包括以下四个方面：

自动化机器人的使用带来的挑战。2016 年欧洲议会发布的关于人工智能和机器人的报告，表达了其对于机器人将给人类带来的风险的关注，包括安全、隐私、诚信、尊严、自主。为了应对这些风险，欧洲议会讨论了未来可能面对的道德挑战以及应对的监管措施。联合国教科文组织与世界科学知识与技术伦理委员会的报告（2015）列举了以下可行的应对措施，包括：数据和隐私保护；创新关于机器人与机器人制造者之间的责任分担机制；预警机制的建立；对机器人在实际生活场景中的测试；在涉及人类的机器人研究中的知情同意权；智能机器人的退出机制；为应对自动机器人的广泛应用将给人类教育和就业带来的巨大影响而建立全新的保险制度。

机器人技术与机械伦理学。关于机器人制造和部署的伦理道德问题，被视为"机械伦理学"（Roboethics），用来处理人们发明和分配机器人的伦理道德问题，而不仅仅是机器的伦理学。联合国教科文组织与世界科学知识与技术伦理委员会的报告（2015）指出，"机械伦理学"的大部分领域仍然处于没有规范的状态，一方面是因为政府无法跟飞速的科技发展相同步；另一方面是因为"机械伦理学"的复杂性及其无法预知的本质。这一问题对于常常与公众直接接触的机器人商业开发者和制造者来说，尤其麻烦，因为他们同样没有既定的伦理准则去遵守和执行。联合国在报告中记录了各个国家在寻找机器人伦理道德准则的实践中所采用的不同做法。例如，韩国政府强制实施的机器人特许状制度；日本对于机器人应用部署问题制定的管理方针，包括建立中心数据基地来储存机器人对于人类造成伤害的事故报告。

迈向新的责任分担机制？ 联合国教科文组织与世界科学知识与技术伦理委员会的报告（2015）探讨了一个复杂的问题，即在制造一个机器人需要不同的专家和部门合作的情况下，谁该为机器人的某次操作失灵承担责任。如前文所述，报告提出了一个可行的解决办法，即采取责任分担的解决途径，让所有参与到机器人的发明、授权和分配过程中的人来分担责任。另一个解决办法，就是让智能机器人承担责任，因为智能机器人确实拥有前所未有的自主性，并且拥有能够独立做出决策的能力。

决策可追溯的重要性。 联合国的报告认为，在对机器人及机器人技术的伦理与法律监管中，一个至关重要的要素是可追溯性，可追溯性的确立才能让机器人的行为及决策全程处于监管之下。可追溯性的重要性表现在，它让人类的监管机构不仅能够理解智能机器人的思考决策过程以及做出必要的修正，而且能够在特定的调查和法律行动中发挥它本应有的作用。只有保证人类能够全面追踪机器人思考及决策的过程，我们才有可能在监管机器人的过程中占据主动权或者事后进行全面的追踪调查。

美国的机器人发展路线图

2016 年 10 月 31 日，美国 150 多名研究专家共同完成了

《2016 美国机器人发展路线图——从互联网到机器人》的报告。

虽然该路线图是一个有关技术的文件，但是作者们都清楚，美国，或者是任何其他地域的机器人技术的发展可能会违反社会、文化、政治等方面的问题，如法律、政策、伦理和经济发展等。它提出了一些比较紧迫的有关机器人技术、非技术方面的挑战，并列举了现在正在进行的一些解决这些问题的努力的例子。它并没有全面地涵盖所有的问题，也并不是要表达一个关于机器人应该遵守的法律、政策、伦理等方面的共识，目标仅是提出一些文献中反复出现的重要挑战。此外，承诺会参与和支持类似的对话，进行必要的跨学科的探讨，并建议政府和学术界努力消除这些障碍。它论及的主要问题包括安全性、可靠性、劳动力冲击、社会互动、个人隐私和数据安全等。在讨论完这几个问题后，提出以下建议：

第一，各级政府均应提高网络化专业水平，以此才能变革机器人技术，最大化其社会用途，最小化其潜在危害。

第二，支持政府和学术界的跨学科交叉研究，任何问题都不能仅通过一个学科的知识来解决，政府和学术界应该积极合作，打破学科间的孤立。

第三，消除研究障碍，独立的研究人员应当确保和验证系统不存在违反现行法律和原则的风险。

欧盟的机器人研发计划

欧盟在 2014 年启动了《欧盟机器人研发计划》（SPARC）。计划采取公司合作伙伴关系（PPP）方式，由欧盟和欧洲机器人协会合作推进，其中分析了机器人发展对伦理、法律和社会问题的影响，提出了欧盟机器人发展的市场目标。

该计划认为商业利益、消费者利益和技术进步将导致机器人技术广泛扩散到我们的日常生活中，从协作制造到提供民用安全，从自主运输到提供机器人伴侣。建立对伦理、法律和社会（ELS）问题的早期认识，有助于采取及时的立法行动和社会互动。确保机器人系统的设计者了解平等的重要性，并在创建合规和道德的系统方面提供指导，将是解决这些重要问题的关键，并有助于建立信任，支持新市场的发展。ELS 问题将显著影响机器人和机器人设备能否作为我们日常生活的一个组成部分，在某种程度上，相比机器人技术的准备水平，ELS 问题会对系统在市场的交付产生更大的影响。

涉及上述问题时，不仅应考虑现有的国家法律和国际法，还要顾及不同的伦理和文化观点，以及欧洲不同国家的权利和社会期望等因素。为了让机器人产业意识到这些问题，需要在行业发展的基础上加强跨学科教育和法律与道德基础建设。人们日益认识到，标准、规范和立法的保障措施和颁布将成为创建机器人设备和技术系统设计过程的一部分。

组织应对

除各国政府发布的战略外，世界上从事和关注人工智能的企业、协会等组织也对人工智能面临的伦理问题予以关注和重视，纷纷通过各种方式研究、应对 AI 伦理问题。

进行合作或成立联盟

几个硅谷巨头发起了人工智能联盟（Partnership on AI），这是一个非营利组织，由亚马逊、谷歌、Facebook、IBM 和微软共同创建，致力于解决 AI 技术的可靠性等问题。苹果后来加入了该联盟，联盟第一次正式董事会会议于 2017 年 2 月 3 日在旧金山举行。

2016 年 9 月，Facebook、谷歌和亚马逊达成合作，旨在为人工智能对安全和隐私造成的挑战提出解决方案。一家名为 OpenAI 的组织致力于研发和推广造福全民的开源人工智能系统。"机器学习必须得到广泛研究，并通过公开出版物和开源代码传播，这样我们才能实现福利共享。"谷歌研究员诺维格指出。

成立专门研究、监管 AI 伦理的机构

2014 年，谷歌以 6.5 亿美元的价格收购了英国的人工智能创业公司 DeepMind。DeepMind 的创始人设定的交易条件之一是谷歌创建一个 AI 伦理委员会。这似乎标志着负责任的 AI 研发新时代正在到来。但是，自从谷歌的 AI 伦理委员会成立以来，谷歌和 DeepMind 一直对该委员会的成员和工作讳莫如深。他们拒绝公开确认该委员会的成员，尽管有媒体记者不断提出质疑。他们没有就该委员会如何运作披露任何信息。

人工智能联盟的另一个临时共同主席、微软华盛顿州雷德蒙德研究实验室的负责人 Eric Horvitz 表示，微软等公司多年前就已经建立伦理委员会以指导研发工作。2016 年，微软还创建了自己的 AI 伦理委员会"Aether"，并将它与人工智能联盟联系在一

起。Horvitz 希望其他公司效仿他们的做法。他补充说,微软已经与一些同行公司分享了建立伦理委员会的"最佳实践"。

从技术上限制 AI 行动

佐治亚理工学院机器人伦理软件学家 Ronald Arkin 指出,对于机器人能否协助士兵或执行杀人任务,"你最不想做的事就是把一个自动机器人送到军队,并找出它应遵循哪些规则"。如果一个机器人要选择是拯救士兵还是追击敌军,它必须预先知道自己要做什么。在美国国防部的支持下,Arkin 正在设计一个程序,以确保军事机器人能按照国际战争条约执行任务。一套名为"伦理管理"的算法将评估射击导弹等任务是否可行,如果允许机器人行动,答案会是"是"。

目前,美、日、韩、英等国大幅增加了军事机器人研发的经费,有英国专家称,20 年内"自动杀人机器"技术将可能被广泛应用。联合国《特定常规武器公约》近日正再次就杀手机器人主题听取技术和法律专家的意见。国际机器人武器控制委员会成员、斯坦福大学网络与社会研究中心的 Peter Asaro 表示,越来越多的人赞同,没有人类监督情形下的机器人杀人是不可接受的。

如何建造伦理机器人将对机器人的未来发展产生重要影响。英国利物浦大学计算机学家 Michael Fisher 认为,规则约束系统将让大众安心。"如果他们不确定机器人会做什么,他们会害怕机器人。"他说,"但如果我们能分析和证明他们的行为的原因,我们就可能克服这种信任问题。"在一个政府资助项目中,他与 Winfield 等人合作,以证实伦理机器项目的产出。

出版官方研究报告和指南

联合国教科文组织与世界科学知识与技术伦理委员会在 2016 年的报告中，讨论了机器人的制造和使用促进了人工智能的进步，以及进步所带来的社会与伦理道德问题。在对机器人的操作失灵造成事故，形成责任承担问题时，报告甚至提出，可以让智能机器人承担责任，因为智能机器人确实拥有前所未有的自主性，并且拥有能够独立做出决策的能力。

英国标准协会（BSI）则更加实际，它在去年发布了一套机器人伦理指南。BSI 是一家有着 100 多年历史的英国国家标准机构，在世界范围内具有很高的权威性。它发布的伦理指南名称是《机器人和机器系统的伦理设计和应用指南》，主要针对的人群就是机器人设计研究者和制造商，指导他们如何对一个机器人做出道德风险评估。最终目的是保证人类生产出来的智能机器人，能够融入人类社会现有的道德规范中。

2017 年初，MIT 媒体实验室与哈佛大学伯克曼·克莱因互联网与社会研究中心，合作推出一个预计耗资 2 700 万美元的 AI 伦理研究计划。他们想解决人工智能所带来的人文及道德问题，研究它应当如何承担社会责任（比如在教育、司法中确保公平性），并帮助公众理解人工智能的复杂性和多样性。

IEEE 全球人工智能和自主性系统伦理问题提案是 IEEE 标准协会于 2016 年 4 月推出的一项行业连接计划，是更广泛的 IEEE 伦理标准计划（TechEthics）的一部分。该计划的主要宗旨是使创建的人工智能与自主性系统与用户和社会的价值观一致，这样我们就能将增加人类福祉作为如今"算法时代"衡量进步的首要目标。该提案有两项成果：一个是《伦理一致性设计》文件，另一个是关于标准的提案（这一提案可能将成为被行业和设计师采用的实际操作标准）。《伦理一致性设计》第一版于 2016 年 12 月 13 日出版，代表了全球来自人工智能、机器人学、法律与伦理学、哲学与政策领域的 100 多位学术、科学、政府和企业部门的领导人的集体智慧。我们的目标是，通过《伦理一致性设计》提供来自未来几年为人工智能和自主性系统提供关键参考的技术人员的深刻见解和正式建议。

第十七章　人才争夺战

2017 年，人类再次被人工智能所深深震撼。谷歌 AlphaGo 麾下的神秘旗手"Master"以 60 胜 0 负 1 平的战绩横扫人类。"Master"的完胜预示着人工智能时代正急速到来。功以才成，业由才广。人才一直以来便是经济社会发展的第一资源。面对人工智能的飞速发展，人才争夺成为当前人工智能领域最核心的主题。人工智能的发展离不开人才的挖掘和培养，人才决定了研发能力，全世界都需要优秀的人工智能人才，以进一步释放机器计算和机器学习技术的巨大潜能。一个能够在围棋中多次击败世界冠军的计算机程序，对于正在快速发展的人工智能领域来说无疑是一场政变，而在这风起云涌的表面之下，一场更加孤注一掷的豪赌正在悄悄酝酿中——人工智能领域的人才争夺战。未来，随着各国在国内以及国际层面建立更为完善的人工智能等科技人才培养体系，激烈的争夺战有望降温，人工智能也能得到更为健康、更具创造力且持续性的发展。

人才争夺战全面开打

当前世界各国无一不在着重强调科技人才对于人工智能技术

进步的重要性，试图通过对科技人才的占有来抢占人工智能发展的高地。不管是美国政府的三份人工智能报告、日本政府的机器人新战略、英国政府的 2020 年机器人与自治化系统发展战略，还是我国的《"互联网＋"人工智能三年行动实施方案》，都不约而同地强调科技人才培养的重要性。除了科技人才的培养，各国还计划出台政策措施，帮助现有的低技能劳动力向高技能行业流动，加强职业培训，减小人工智能给就业市场带来的冲击。

美国：更好地把握国家人工智能研发人才需求

美国一直注重人工智能研发，最近几年更是不断加快步伐。2016 年 10—12 月，美国白宫接连发布了三份人工智能发展报告：《为人工智能的未来做好准备》《国家人工智能研究和发展战略计划》《人工智能、自动化和经济》。其中，《国家人工智能研究和发展战略计划》的战略七中提到，人工智能的发展需要一支强劲的人工智能研究人员团体。要更好地了解目前和将来人工智能研发对人才的需要，以确保有足够的人工智能专家应对本计划中概述的战略研发领域。在研发领域拥有强大实力的国家在未来的发展中也必将占据领先地位。商业和学术机构的报告显示人工智能领域的专业人才存在不断增长的缺口。为此，高科技公司在不断增加雇用人工智能方面人才的投入，而大学和研究机构也在不断招募人工智能方面的专业人才。在未来，美国需要更好地了解国家人工智能研发人才的需求数据，包括科研机构、政府和产业方面的需求，据此对人工智能人才的供应和需求量做出测算，从而有助于预测未来的人力需求，并制定合理的计划。

《人工智能、自动化和经济》这份报告深入考察了人工智能驱动的自动化将会给经济带来的影响并提出了国家层面的应对策略。报告中提到，要加强对人工智能人才的培养，充分了解从业人员情况。制定研究方法与方案，增加官方统计数据来反映人工智能从业人员的现状，并有效预测未来的人力需求和供给情况。建设充足和积极的人才队伍；增加人工智能相关的教育和培训机会，创建并保持一支健康的国家人工智能研发人才队伍；同时在各高校的人工智能课程中增加道德、保障、隐私和安全等主题内容。保持对政府工作人员的培训。建立政府间人员交流项目，通过一系列的人员任命和交流模式创新，培养政府工作人员对人工智能发展现状有充分的了解，并将人工智能引入"联邦雇员培训计划"中。

日本：培养专业人才队伍

2015 年 1 月日本经济产业省发布的《机器人战略：愿景、战略、行动计划》指出，实现机器人革命，主要有三大核心战略：一是世界机器人创新基地——彻底巩固机器人产业的培育能力。增加产、学、研合作，增加用户与厂商的对接机会，诱发创新，同时推进人才培养、下一代技术研发、开展国际标准化等工作。二是构建世界第一的机器人应用社会——使机器人随处可见。三是迈向领先世界的机器人新时代。人力资源是日本在《机器人战略》中强调的关键资源，是全面实现机器人战略的人力保障。《机器人战略》指出，应当培育机器人系统集成、软件等信息技术人才，开展机器人革命的关键性培养。一是以系统集成商为主，通过实际项目，为其增加实际现场安装机器人的机会，通过实际项目培训来培育系统集成人才。二是运用职业培训以及职业资格制度，支持系统集成人才培育，研究机构或者大学相关人才的教育培育，新创业人才的扶持政策等，也要立足于中长期视角，制定机器人的培育与安装而实施的专业人才的培育政策。

英国：提倡科技教育的全额奖学金计划

在机器人技术与自治化系统及相关领域内对于技术工人的需求正在增长，但是英国却并没有足够受过培训的人力资源来实现其宏大的发展目标。政府在高等教育层面提倡科技教育的全额奖学金计划，在某种程度上缓解了这一问题。2020年机器人与自治化系统发展战略指出，这一点对于推动人工智能与相关科技的发展和利用国外资金发展本国市场至关重要。尽管如此，英国的大学可能因此受到损害，因为人才被高利润的行业吸走，而且大学可能会被迫改变其研究方向，将自己的关注点从必要的探险式研究转换到更加商业化和有利可图的领域。发展战略中提到，政府必须加强在职业培训领域的投资，这样才能让工人获得全新的相关技能，减轻自动化技术以及自动化机器的大规模应用对劳动者就业带来的负面影响，稳定就业市场。同时建立适应性的及时培训方案，让劳动者跟上最新的科技发展潮流，在被迫的职业转换过程中，为他们提供终生的学习机会。发展战略表达了对于政府在这一领域缺乏领导力的失望，同时呼吁尽快颁布国家数字战略，以帮助劳动者更好应对越来越自动化和自主化的市场，同时防止排斥数字化的现象发生。

中国：高度重视人工智能领域人才培养

为落实《关于积极推进"互联网＋"行动的指导意见》，加快人工智能产业发展，国家发改委、科技部、工信部、中央网信办联合发布了《关于印发〈"互联网＋"人工智能三年行动实施方案〉的通知》（以下简称《方案》）。《方案》中明确要培育发展人工智能新兴产业、推进重点领域智能产品创新、提升终端产品智能化水平，并且政府将在资金、标准体系、知识产权、人才培养、国际合作、组织实施等方面加以保障。《方案》中指出，鼓励相关研究机构、高等院校和专家开展人工智能基础知识和应用培训。依托国家重大人才工程，加快培养引进一批高端、复合型人才。完善高校的人工智能相关专业、课程设置，注重人工智能与其他学科专业的交叉融合，鼓励高校、科研院所与企业间开展合作，建设一批人工智能实训基地。支持人工智能领域高端人才赴海外开展前沿技术、标准等学术交流，提升技术交流水平。

得人工智能人才者得天下

人才博弈的战火在全球硝烟四起。2017 年 7 月 6 日，全球最大的职场社交平台领英发布了业内首份《全球 AI 领域人才报告》，该报告基于领英全球 5 亿高端人才大数据，对全球 AI 领域核心技术人才的现状、流动趋势和供需情况做了一系列深入分析。报告显示，截至 2017 年一季度，基于领英平台的全球 AI 领域技术人才数量超过 190 万，其中美国相关人才总数超过 85 万，高居榜首，而中国的相关人才总数也超过 5 万人，位居全球第七。过去三年间，通过领英平台发布的 AI 职位数量从 2014 年的 5 万飙升至 2016 年的 44 万，增长近 8 倍。具体到细分领域，当前对 AI 基础层人才的需求最为旺盛，尤其是在算法、机器学习、GPU、智能芯片等方面，相对于技术层与应用层呈现出更为显著的人才缺口。[24]

全球各巨头公司均意识到，人工智能领域竞争的核心即人才之争。在当前的大环境下，Facebook、谷歌、亚马逊以及微软等各大科技巨头纷纷把发掘人才作为发展人工智能的核心战略，在斥巨资发展人工智能业务的同时，对该领域的人才争抢也进入"白热化"阶段。从学界、业界的顶级实验室，到全球高校毕业生，都是科技公司抢夺、储备人才资源的长期战场。掠夺性战略是这些科技公司的普遍选择。一流的人才，一流的待遇，这样的科技公司便成为行业尖端人才的聚集地，人才推动企业快速发展，而持续的业绩增长又反过促使企业不断吸引大量优秀人才加盟，形成良性循环。去年，包括谷歌、Facebook、微软、百度在内的科技公司花费了约 85 亿美元用于收购及网罗人才，高出 2010 年 4 倍。而美国的公司平均每年给 1 万名人工智能方面的人才发放的工资约为 6.5 亿美元。其中，亚马逊花费超 2 亿美元招揽人工智能人才，居各大公司之首。[25] Facebook 吸引人才的战略包括提供高达几十万美元的薪水、分布在全球的工作地点等。此外，人工智能不仅受到科技巨头们的青睐，部分初创企业也选择人工智能作为突破口，这意味着人工智能人才的竞争已经从科技巨头渐渐延伸到了初创企业。数据显示，在近一两年创业形势整体不容乐观的情况下，仍有超过 60% 的人工智能公司获得了风险投资的支持。

随着国际国内经济局势的转变、人口红利快速消失，中国经济急需寻找新的增长引擎。而基于人工智能的智能应用带来的巨大生产力提升潜力，被社会各界广泛看好。国内科技企业中百度、阿里巴巴、腾讯作为行业领军角色，三家公司的人才流动一向极为频繁，人才不断在资源的链条中来来往往。为了全面争夺人才，三家公司已先后建立起自己的人工智能人才研究院，重点培养和发掘本土人才。对此，国内领先的一站式大数据招聘服务平台 e 成科技的人才大数据研究院根据截至 2017 年 4 月 e 成大数据平台中百度、阿里巴巴、腾讯的人工智能相关人才数据，发布了《BAT 人工智能领域人才发展报告》[26]，上述三家公司的人才战略颇具参考价值。报告显示，在人工智能人才储备上，百度领衔，而在人工智能人才薪酬与稳定性上，阿里巴巴独占薪酬高地，腾讯则最稳定。数据分析、数据挖掘、语言识别、自然语言处理岗位均是三家的必争人才，三家公司的人工智能人才架构基本上围绕其核心业务展开。依据各家核心业务的不同，在人工智能人才职能布局上也各有侧重：百度重搜索，阿里优策略，腾讯重分析。百度作为国内搜索引擎的龙头老大，在算法、架构等方面本身人才储备充足；腾讯以产品为主，技术人才比例相应较少；而阿里的电商背景则决定了公司中技术研发人才比例不高的现状。百度正在扮演人工智能国内人才"黄埔军校"角色，阿里巴巴偏向高薪引才，腾讯则是稳扎稳打实现人才高效产出比。三家公司中，百度作为目前人工智能人才储备的领头羊，与相对较低的薪资与更高的跳槽意向相对应，其人工智能人才受市场欢迎，更易被挖角。阿里巴巴在薪资水平和涨幅方面都最具优势，

人工智能

相对百度较晚起步的大背景下采用高薪策略获取优质人才，也是近年诸多人工智能领域追赶者的常用方法。腾讯的算法策略类、工程类以及数据分析类三大类别职能平均在职时间均在三年以上，且薪资保持在 BAT 三家的中间位置，人才保留与预算把控得当，稳步实现人工智能布局。在人工智能人才来源方面，国内高校中，来自北京大学、清华大学、北京邮电大学、华中科技大学、中国科学技术大学等 20 所高校的毕业生较受 BAT 欢迎，计算机专业从业人工智能更当道，且硕士学历已成为平均入行门槛。

第四篇
法律篇：智能时代的公平正义

人工智能技术的不断发展，对现有的法律体系带来了冲击和挑战。当我们被一首首由人工智能创作的诗歌触发心灵的共鸣，当我们看到自动驾驶汽车行驶在公路上，当我们的生活由于陪伴机器人的存在而变得不再孤单时，我们也需要面对如何调整现有的法律制度来规范和促进未来人工智能的发展。法律习惯于对社会新技术的发展做出相对滞后的回应，但是在人工智能领域，我们是否需要做出一些具有前瞻性的立法布局以及如何布局，是全球各国都需要共同面对的法律难题。

第十八章　AI 要怎么负责？

2016 年 5 月 7 日，美国佛罗里达州一位名叫 Joshua Brown 的 40 岁男子开着一辆以自动驾驶模式行驶的特斯拉 Model S 在高速公路上行驶，全速撞到一辆正在垂直横穿高速的白色拖挂卡车，最终造成车毁人亡。大家普遍关注的问题是，既然是自动驾驶，那么发生事故后应当由谁来承担相应的法律责任呢？能否对 AI 或者自主系统加以问责呢？

传统责任理论的困境：旧瓶是否还能再装新酒？

法律责任的划分和承担是人工智能发展面临的首要法律挑战，其涉及如何确保人工智能和自主系统是可以被问责的。法律责任的设定，在于追究法律责任，保障有关主体的合法权利，维护法律所调整的社会关系和社会秩序。在特斯拉事件中，美国国家公路安全管理局（NHTSA）最终得出调查结果，特斯拉的自动驾驶模式设计并无明显缺陷。但对于自动驾驶事故的法律责任如何界定，NHTSA 并没有给出明确的结论，NHTSA 指出，其对于自动驾驶功能的可靠性监控还没有结束，并保留了在必要时再次介入调查的权利。

从传统责任理论来看，其根据主观过错在法律责任中的地位，将法律责任分为过错责任和无过错责任。其中，过错责任将"过错"作为责任的构成要件，而且是最终要件，无过错就无责任。过错责任是法律责任中最普遍的形式，并且是占据主导地位的法律责任，传统的侵权法中也主要以过错责任为原则。但是进入人工智能时代后，人工智能系统已经可以在不需要人类的操作和监督下独立完成部分工作，而机器自主性操作造成的损害如何来判断和划分其责任成为一大难题。特斯拉事件中，至少从目前的调查情况来看，驾驶员、汽车生产商都没有过错，但事故还是发生了，需要有人来承担责任，这种情况下如何对各方责任进行界定就陷入了困境。

鉴于关于人工智能责任划分和承担问题在实践中已经出现，特别是在自动驾驶和机器人的应用中，对责任划分问题提出了迫切需求，部分国家和地区开始了立法层面的探索，国际社会也就此问题开始了积极的探讨。

2016年12月，电气和电子工程师学会（IEEE）发布了《合伦理设计：利用人工智能和自主系统（AI/AS）最大化人类福祉的愿景》，提出的基本原则之二就是责任原则。其指出，为了解决过错问题，避免公众困惑，人工智能系统必须在程序层面具有可责性，证明其为什么以特定方式运作。

自动驾驶汽车领域的立法尝试

7月5日上午，在2017百度AI开发者大会上，百度创始人、董事长兼首席执行官李彦宏通过视频直播展示了一段自己乘坐公司研发的无人驾驶汽车的情景。视频中,李彦宏坐在一辆红色的汽车的副驾驶座位上,视频中驾驶座位没有驾驶员。对此,北京交管部门发布情况通报称,正在积极开展调查核实,公安交管部门支持无人驾驶技术创新,但应当合法、安全、科学进行。很多人认为李彦宏的做法欠妥,但根据我国目前现行法律法规,并没有推出针对自动驾驶汽车的相关规定。

作为现阶段人工智能应用最为广泛的领域,目前全球自动驾驶立法正在不断推进,包括联合国、美国、德国、英国等在内的国际组织和国家正在积极修订原有法规或制定新的法律政策,为自动驾驶技术部署清除法律障碍,并取得了积极进展。

2016 年 3 月 23 日,联合国关于道路交通管理的《维也纳道路交通公约》获得修正。这项修正案明确规定,在全面符合联合国车辆管理条例或者驾驶员可以选择关闭该技术的情况下,将驾驶车辆的职责交给自动驾驶技术可以被应用到交通运输当中,意味着包括美国在内的 72 个签约国可允许自动驾驶功能汽车在特定时间自动驾驶,为自动驾驶技术在交通运输中的应用清除了障碍。

美国和德国在自动驾驶领域的立法主要集中在责任界定方面。美国道路交通安全管理局于 2013 年发布《自动驾驶汽车的基本政策》,包括内华达州、加利福尼亚州、佛罗里达州、密歇根州在内的 9 个州也通过了自动驾驶汽车立法,对自动驾驶汽车测试事故的责任承担做了规定,即:车辆在被第三方改造为自动驾驶车辆后,测试过程中导致财产损失、人员伤亡的,车辆的原始制造商不对自动驾驶车辆的缺陷负责,除非有证据证明车辆在被改造成自动驾驶车辆前就已存在缺陷。例如谷歌用奔驰汽车进行测试，安全责任由谷歌来承担。

德国《道路交通法》规定，道路交通事故严格责任独立于车辆的自动化程度，即机动车持有人必须承担责任。但是，根据德国学者的预测，随着技术发展，这种责任会逐渐从驾驶员向（自动化驾驶系统的）生产商转移。德国立法机构 2016 年对德国《道路交通法》所规定的"驾驶员在车辆行驶过程中全程保持警惕""驾驶员的手不能离开方向盘"等条文启动立法修正。2017 年 5 月，德国通过自动驾驶汽车法案，为自动驾驶汽车路上测试扫清了障碍，其规定：第一，司机必须始终坐在方向盘后，以便在自动驾驶汽车请求时进行控制；第二，允许路上测试，司机可不参与驾驶行为（意即可以上网、发邮件等）；第三，安装"黑匣子"，记录驾驶活动；第四，明确司机和制造商的责任分配，即，司机参与驾驶的，依其注意义务和过错承担责任，否则制造商承担责任。

英国自动驾驶汽车中心（Centre for Connected and Autonomous Vehicles，CCAV）曾发布两份报告，对保险和产品责任提出建议：将强制性的机动车保险延伸到自动驾驶汽车以便将产品责任囊括进去；新的保险框架旨在保护自动驾驶汽车事故中的受害者，受害者将可以直接向汽车保险人请求赔偿，而保险人将有权向依据既有法律负有责任（比如产品责任）的主体进行追偿。

机器人法律责任的探索

随着智能机器人越来越广泛的应用，其责任界定问题也引发了各方的高度关注和重视。2016 年 8 月，联合国教科文组织与世界科学知识与技术伦理委员会在《关于机器人伦理的初步草案报告》中对机器人的责任进行了探讨，提出了一个可行的解决办法，即：采取责任分担的解决途径，让所有参与到机器人的发明、授权和分配过程中的人来分担责任。

欧盟在智能机器人责任立法方面也做出了积极的尝试。早在2015 年 1 月，欧洲议会法律事务委员会（JURI）决定成立一个工作小组，专门研究与机器人和人工智能的发展相关的法律问题。2016 年 5 月，法律事务委员会发布《就机器人民事法律规则向欧盟委员会提出立法建议的报告草案》，同年 10 月发布了《欧盟机器人民事法律规则》。在这些研究和报告的基础上，2017 年 2 月 16 日，欧洲议会投票表决通过一份决议，提出了一些具体的立法建议，要求欧盟委员会就机器人和人工智能提出立法提案[1]，其中包括成立一个专门负责机器人和人工智能的欧盟机构，为智能机器人重构责任规则。

在法律事务委员会看来，如今的机器人已经具有自主性和认知特征，也即具有从经历中学习并独立自主地作出判断的能力，而且可以实质性调整其行为，从机器人的侵害行为中产生的法律责任由此成为一个重大问题。机器人的自主性越强，就越难将其当成是其他主体（比如制造商、所有人、使用者等）手中的简单工具，这反过来使得既有的责任规则开始变得不足，因而需要新的规则。

新的规则着眼于如何让一台机器为其行为的疏忽部分或者全部行为承担责任，结果就是解决机器人是否应当拥有法律地位这一问题将变得越来越迫切。最终，法律需要对机器人的本质问题作出回应，其是否应当被当成是自然人、法人、动物抑或物，或者法律应当为其创设新类型的法律主体，在权利、义务、责任承担等方面具有其自身的特性和内涵。

在目前的法律框架下，机器人自身不对因其行为或者疏忽而给第三方造成的损害承担责任。而且，既有责任规则要求机器人的行为或疏忽能够归因于制造商、所有人、使用者等特定法律主体，并且这些主体能够预见并避免机器人的加害行为。更进一步，关于危险物品的责任和产品责任可以让这些法律主体为机器人的行为承担严格责任。但是，如果机器人自主地作出决策，传统的责任规则就将不足以解决机器人的责任问题，因为传统的规则将可能不能确定责任方并让其作出赔偿。

此外，现有法律框架的缺点在合同责任方面更是显而易见的，因为机器人现在能够选择合同当事人，磋商合同条款，缔结合同并决定是否以及如何执行所达成的合同，这些现象使得传统的合同规则无法适用。在非合同责任方面，既有的产品责任规则仅能涵盖因机器人的制造缺陷而造成的损害，同时受害人必须能够证明存在实际损害、产品缺陷且缺陷与损害之间具有因果关系。但是，目前的法律框架无法完全涵盖新一代机器人所造成的损害，因为这些机器人将从自己变幻莫测的经历中自主学习，并且以独特且不可预见的方式与其所处环境进行交互。

构建一个结构合理的责任体系

人工智能的快速发展和应用确实给人类社会带来了诸多问题，但是我们仍然有理由相信法律制度能够在不阻碍创新的前提下，控制人工智能带来的公共危险。因此，如何构建一个结构合理的责任体系,对人工智能项目的设计者、生产者、销售者以及使用者等在内的主体责任义务进行清楚的界定变得十分重要。IEEE 在《合伦理设计:利用人工智能和自主系统(AI/AS)最大化人类福祉的愿景》中对不同的主体在人工智能责任方面应当采取的措施进行了详细阐述,指出:立法机构应当阐明人工系统开发过程中的职责、过错、责任、可责性等问题,以便于制造商和使用者知晓其权利和义务;人工智能设计者和开发者在必要时考虑使用群体的文化规范的多样性;利益相关方应当在人工智能及其影响超出了既有规范之外时一起制定新的规则;自主系统的生产商和使用者应当创建记录系统,记录核心参数。

第十九章　隐私深处的忧虑

网络视频公司 Netflix 曾放出"经过匿名处理的"上亿条电影评分数据，仅仅保留了每个用户对电影的评分和评分的时间戳，希望通过竞赛的形式，找到更好的影片推荐算法。但是 2009 年，德州大学的两位研究人员，通过这些匿名数据与公开的 IMDB 数据做对比，成功地将匿名数据与具体的用户对应了起来，最终 Netflix 不得不取消了原计划于每年举行的竞赛。[2] Netflix 的案例表明，大数据分析技术让人们的隐私无处可藏，所谓隐私保护，其实也不过是皇帝的新衣。

隐私与数据保护是 AI 核心议题

进入人工智能时代，随着大数据技术和智能技术的结合，政府和企业的决策越来越依赖大量的数据分析（政府经济、社会统计分析、企业商业营销），大规模的数据收集、分析和使用，使传统社会走向透明化，在万物互联、大数据和机器智能三者叠加后，人们或许将不再有隐私可言。

与此同时，商家一直在夸大大数据、人工智能给人类的生产、生活带来的极大便利，而用户本身也往往忽视了这些新技术新应用对隐私和个人数据带来的危害。当前，智能 APP 已经成为人们生活中必不可少的工具，这些 APP 在提供生活服务的同时会收集大量个人信息数据，从而给用户推送精准营销信息，但精准营销的一个潜在危险就是"精准诈骗"，诸多诈骗案件表明，这将会给个人人身和财产安全带来极大的损害。

如吴军博士所说，数据是人类建造文明的基石，大数据对机器智能的产生和发展具有决定性作用，但大数据分析可以了解到个人生活细节或者组织内部的各种信息，从而引发大家对隐私权的担忧。[3]英国《人工智能：未来决策的机遇和影响》报告指出，在为了分析的目的而使用公民的数据时，能否保护公民的数据及隐私，能否一视同仁地对待每个公民的数据，以及能否保证公民个人信息的完整，对于政府赢得公众的信任和保护好本国公民来说至关重要。进入人工智能时代，隐私与数据保护仍然是需要我们高度关注的核心议题。

全球隐私与数据保护立法不断升温

整体上来看，个人隐私与数据保护是国际社会长期以来重点关注的内容。自 1973 年第一部个人数据保护法《瑞典数据法》颁布以来，全球范围内掀起了个人信息保护立法的浪潮。美国于1974 年制定了《隐私法》，规定了公共领域的个人信息保护规则；欧盟于 1995 年通过了《关于个人数据处理保护与自由流动指令(95/46/EC)》（简称 1995 年个人数据保护指令），各成员国随即将其转化为国内立法；韩国、日本、新加坡等国先后制定了个人信息保护法，确立了个人信息收集、使用以及跨境传输等基本规则。截至 2016 年 12 月，全球已经有 110 多个国家和地区制定了专门的个人信息保护法。

近年来，随着大数据、云计算以及人工智能新技术的快速发展和应用，给现有的个人信息保护法律制度带来了新的挑战，各国立法、修订法律的活动更加频繁。

欧盟 1995 年制定的《关于个人数据处理保护与自由流动指令》即欧盟区域内个人信息保护的基础性立法，欧盟各成员国依据该指令，分别出台了本国的个人信息保护法。然而日新月异的信息技术使得指令的主要原则及制度适用变得非常不确定，并导致欧盟各成员国对个人数据保护指令的理解与执行出现了较大的分歧。2012 年 1 月 25 日，欧盟委员会发布了《有关"1995 年个人数据保护指令"的立法建议》（简称《数据保护通用条例》），对 1995 年个人数据保护指令着手进行全面修订。2015 年 12 月 15 日，欧洲议会、理事会、委员会三方机构在立法进程的最后阶段就欧盟数据保护改革达成一致。2016 年 4 月 14 日，欧盟立法机构通过最终版本的条例。在新通过的条例中，欧盟加强了个人隐私和数据保护，其中关于用户画像等自动化决策的规定将会对基于大数据的互联网行业实践产生重大影响。即用户有权拒绝企业对其进行画像等自动化决策，而且用于用户画像的数据不能包括人种或者种族起源、政治观点、宗教或者哲学信仰、商会会员、基因、生物特征、健康状况、性取向等特殊类别的个人数据。

在通信和互联网领域，欧盟委员会于 2017 年 1 月 10 日宣布提议制定更严格的电子通信隐私监管法案《隐私与电子通信条例》（Regulation on Privacy and Electronic Communications, ePD），进一步加强对电子通信数据的保护。ePD 增加了适用主体，规定其隐私保护规则将同样适用于新兴的电子通信服务提供者，比如 WhatsApp、Facebook Messenger、Skype 等，确保当前新兴的通信服务提供者与传统通信服务提供者能够为用户的隐私提供同等水平的保护。ePD 扩大了保护的内容，通信内容和元数据（通话时间、位置等）也被包括在隐私保护的范畴之内，元数据中包括了高度隐私的内容，除用于计费等的数据外，未经用户同意所有元数据都需要进行匿名化处理或删除。与此同时，ePD 还规定了终端用户可以通过控制电子通信信息的发送和接收来保护个人的隐私安全，终端用户可以采取的多种救济措施，以及违反该条例将要承担的责任和将会受到的惩罚等其他重要内容。

此外，日本、韩国等国也对现有的个人信息保护立法展开修订工作。2016 年 3 月 22 日，韩国通信委员会（KCC）对《信息通信网络的利用促进与信息保护等相关法》进行了大幅修订，进一步完善个人信息委托处理的规定，增加对个人信息保护相关负责人的要求，以及新增暴露的个人信息的删除和切断有关规定等。日本于 2015 年 9 月 9 日颁布《个人信息保护修正法》，也针对当前技术产业发展新增了匿名信息的规定、建立个人信息保护委员会、数据跨境转移等规定若干内容，新法还对敏感信息做出了新的限制，包括禁止在未经数据主体同意的情形下获取和提供敏感信息。

在已有的个人信息保护立法框架下，部分国家积极制定云计算、大数据等新业务的个人信息保护规则。法国个人信息保护机构——国家信息与自由委员会发布《云计算数据保护指南》，对云计算服务协议应当包含的因素和云计算的安全管理提出了建议。日本政府出台《云服务信息安全管理指南》，对云客户和云服务提供商在个人信息保护方面应当注意的事项做出了规定。日本总务省发布了《智能手机用户信息处理措施（草案）》，从保护智能手机用户个人隐私的角度，规定了智能手机用户信息保护措施。

近年来，我国个人信息保护立法活动也在不断推进，并取得了一定的成果。2012年全国人大常委会通过《关于加强网络信息保护的决定》，确立了个人信息保护的若干原则。2013年通过修订《消费者权益保护法》，对消费者个人信息保护做了相关规定。2009年、2015年先后通过刑法修正案七和修正案九，专门增加了出售或非法提供、窃取或者非法获取公民个人信息的犯罪及刑罚。2016年全国人大常委会通过《网络安全法》，总结了我国个人信息保护立法经验，针对实践中存在的突出问题，将近年来一些成熟的做法作为制度确定下来，并且确立了大数据时代收集、使用个人信息保护的基本规则，包括：合法正当，网络运营者收集使用个人信息必须出于正当目的，采用合法形式；知情同意，要求网络运营者公开隐私规则，获得用户同意；目的限制，网络运营者不得超范围收集、不得违法和违约收集；安全保密，网络运营者不得泄露毁损个人信息，要采取预防措施、补救措施防止个人信息事故；删除改正，网络运营者应当应个人要求删除违法、违约信息，改正有误信息。这些规则为大数据、人工智能背景下个人信息和数据的保护提供了依据与保障。

挑战与应对：匿名化技术的应用

人工智能时代，数据的收集、使用等各个环节都面临着新的风险。在数据收集环节，大规模的机器自动化地收集着成千上万的用户数据，涉及个人姓名、性别、电话号码、电子邮箱、地理位置、家庭住址在内的方方面面的数据，这些数据海量收集形成对用户的全面追踪。在数据使用环节，大数据分析技术广泛使用，数据经挖掘能分析出深层信息，不仅可以识别出特定的个人，还能分析出个人的购物习惯、行踪轨迹等信息，进一步扩大了隐私暴露的风险。此外，在整个数据的生命周期中，由于黑客攻击、系统安全漏洞等原因，个人数据始终面临着被泄露的潜在安全风险。例如，2016 年 9 月 22 日，全球互联网巨头雅虎证实至少 5 亿用户账户信息在 2014 年遭人窃取，内容涉及用户姓名、电子邮箱、电话号码、出生日期和部分登录密码。2016 年 12 月 14 日，雅虎再次发布声明，宣布在 2013 年 8 月，未经授权的第三方盗取了超过 10 亿用户的账户信息。

为更好地应对个人隐私和数据保护的挑战，欧盟法律事务委员会建议，在针对人工智能和机器人制定政策时，应当进一步完善设计保护隐私（Privacy by Design）、默认保护隐私（Privacy by Default）、知情同意、加密等概念的标准，规定当个人数据成为"流通物"使用时，在任何情况下都不得规避涉及隐私和数据保护的基本原则。当前，各国基本建立起了隐私和个人数据保护法律框架，为了进一步强化人工智能时代个人隐私和数据保护，立法中越来越强调对技术手段的运用，其中最重要的一项技术手段为"匿名化处理"。

匿名化是指将个人数据移除可识别个人信息的部分，并且通过这一方法，数据主体不会再被识别。匿名化技术发展的初衷主要是为了在数据利用的过程中，降低个人隐私风险。数据匿名化在计算机科学领域是方兴未艾的热门话题，自 1997 年美国学者 Samarati 和 Sweeney 提出 k-anonymity 匿名模型后，目前已发展出许多成熟的技术解决方案。相比于技术领域的长足进步，法律领域对于匿名化的关注才刚刚开始，并将其作为解决数据利用与个人数据保护的有效途径。欧盟在《数据保护通用条例》的引言中指出："匿名化数据不属于个人数据，因此无须适用条例的相关要求，机构可以自由处理匿名化数据。"

数据匿名化不能仅仅被看作是脱离于数据保护法之外，避免管制负担的一种手段。应用它的初衷是降低个人数据泄露的隐私风险。采取匿名化措施的企业能够向用户提供更多的安全保障，让用户知晓其被收集的信息在用于大数据分析时，并没有使用可识别身份的数据，因此增强用户对大数据应用的信任和安全感。为保证匿名化更多地发挥安全屏障作用，而不是作为数据滥用的挡箭牌，匿名化利用应当在合法合规的前提下开展。

2016 年 11 月 7 日，《中华人民共和国网络安全法》正式通过并向社会公布，规定了类似匿名化的规定。该法第四十二条指出："网络运营者不得泄露、篡改、毁损其收集的个人信息；未经被收集者同意，不得向他人提供个人信息。但是，经过处理无法识别特定个人且不能复原的除外。"这一规定，可以理解为对于个人数据匿名化利用，特别是匿名化后对外提供（交易）的情形提供了合法性。在此基础上，建议我国应当加快建立数据匿名化利用的法律规范体系，包括：明确匿名化数据的法律概念和认定标准，强调数据不再具有身份可识别性；引入隐私风险评估机制，鼓励企业基于个案在内部实施数据匿名化的风险评估，并基于评估结果，适时调整匿名化策略；利用合同规范、技术保障等多重工具实现数据的真正匿名化；建立数据匿名化的事前、事中、事后规范体系。

立法动态调整的方向

在现有隐私和个人数据保护法律体系下，需要针对人工智能发展带来的影响对相关制度进行动态调整。在个人信息（数据）界定方面，人工智能发展和大数据技术的使用打破了个人信息的稳定性，传统语境下非个人信息常常可以变成个人信息，立法技术上如何对个人信息进行界定需要重点关注。在个人数据权利方面，被遗忘权、携带权等新型数据权利已经引起了各方高度重视，欧盟已经进行了立法的尝试，但由于其实践经验尚待验证，且对产业发展和创新存在巨大阻碍，需要在评估其立法价值的基础上权衡是否纳入到未来个人信息保护立法之中。与此同时，人工智能的发展是一项全球化的进程，对数据跨境流动有着极大的需求，如何在确保个人数据安全和数据跨境流动之间取得平衡，也是未来立法需要解决的一个难题。此外，还有技术手段、数据泄露通知等其他相关制度也需要在立法中予以考量。

第二十章　看不见的非正义

人工智能在影响人们的生活——网上的和现实世界中的生活。算法将人们在网络世界中的上网习惯、购物记录、GPS位置数据等各种网上足迹和活动，转变为对人们的各种打分和预测。这些打分和预测进而左右影响人们生活中的各种决策工作，其中的歧视和不公平由此成为一个显著的问题，无论人们是否意识到歧视的存在。

以大数据、机器学习、人工智能、算法等为核心的自动决策系统的应用日益广泛，从购物推荐、个性化内容推荐、精准广告，到贷款评估、保险评估、雇员评估，再到司法程序中的犯罪风险评估，越来越多的决策工作为机器、算法和人工智能所取代，认为算法可以为人类社会中的各种事务和决策工作带来完全的客观性。然而，这不过是妄想，是一厢情愿。无论如何，算法的设计都是编程人员的主观选择和判断，他们是否可以不偏不倚地将既有的法律或者道德规则原封不动地编写进程序，是值得怀疑的。算法歧视（Algorithmic Bias）由此成为一个需要正视的问题。规则代码化带来的不透明、不准确、不公平、难以审查等问题，需要认真思考和研究。

人工智能算法决策日益盛行

网络的存在或者说数字存在，日益受到算法左右。如今，在网络空间，算法可以决定你看到什么新闻，听到什么歌曲，看到哪个好友的动态，看到什么类型的广告；可以决定谁得到贷款，谁得到工作，谁获得假释，谁拿到救助金，诸如此类。当然，基于算法、大数据、数据挖掘、机器学习等技术的人工智能决策不局限于解决信息过载这一难题的个性化推荐。当利用人工智能系统对犯罪嫌疑人进行犯罪风险评估，算法可以影响其刑罚；当自动驾驶汽车面临道德抉择的两难困境，算法可以决定牺牲哪一方；当将人工智能技术应用于武器系统，算法可以决定攻击目标。其中存在一个不容忽视的问题：当将本该由人类负担的决策工作委托给人工智能系统时，算法能否做到不偏不倚？如何确保公平之实现？

算法默认是公平的吗？

长久以来，人们对计算机技术存在一个广为人知的误解：算法决策倾向于是公平的，因为数学关乎方程，而非肤色。人类决策受到诸多有意或者无意的偏见以及信息不充分等因素影响，可能影响结果的公正性，所以存在一种利用数学方法将人类社会事务量化、客观化的思潮，Fred Benenson 将这种对数据的崇拜称之为数学清洗（Mathwashing），就是说，利用算法、模型、机器学习等数学方法重塑一个更加客观的现实世界。《人类简史》一书的作者尤瓦尔·赫拉利将之称为"数据宗教"，对数据的使用未来将成为一切决策工作的基础，从垃圾邮件过滤、信用卡欺诈检测、搜索引擎、热点新闻趋势到广告、保险或者贷款资质、信用评分，大数据驱动的机器学习和人工智能介入并影响越来越多的决策工作，认为大数据、算法等可以消除决策程序中的人类偏见。

但是，在自主决策系统越来越流行的今天，有几个问题需要预先回答：第一，公平可以量化、形式化吗？可以被翻译成操作性的算法吗？第二，公平被量化为计算问题会带来风险吗？第三，如果公平是机器学习和人工智能的目标，谁来决定公平的考量因素？第四，如何让算法、机器学习和人工智能具有公平理念，自主意识到数据挖掘和处理中的歧视问题？

大数据应用日益广泛，回应这些问题极为必要。首先，公平是一个模糊的概念，法律上的公平被翻译成算法公平可能存在困难，但在犯罪侦查、社会治安、刑事司法程序中，基于大数据的人工智能系统正在将公平问题算法化，包括在犯罪嫌疑人搜寻、社会治安维护、量刑等诸多方面。其次，公平被量化、被算法化可能带来歧视问题。美国 FTC 在 2016 年 1 月发布的《大数据：包容性工具抑或排斥性工具？》特别关注大数据中的歧视和偏见问题。对于消费者，一方面要确保公平机会法律得到有效执行，另一方面应防止大数据分析中采取歧视等不公平行为；对于企业，FTC 建议企业考察以下问题：数据集是否具有代表性？所使用的数据模型是否会导致偏见？基于大数据进行预测的准确性如何？对大数据的依赖是否会导致道德或者公平性问题？

欧盟同样关心大数据和算法中的歧视问题，欧盟数据保护委员会 2015 年 11 月发布的《应对大数据挑战：呼吁通过设计和可责性实现透明性、用户控制及数据保护》（Meeting the Challenges of Big Data：a Call for Transparency，User Control，Data Protection by Design and Accountability），**警惕人们重视大数据对穷人或者弱势群体的歧视，并提出是否可以让机器代替人类来做道德、法律等判断的问题，其实就是公平能否算法化的问题。最后，当利用犯罪风险评估软件对犯罪嫌疑人进行评估，决定司法判决结果的就不再是规则，而是代码。但当编程人员将既定规则写进代码时，不可避免地要对这些规则进行调整，但公众、官员以及法官并不知晓，无从审查嵌入到自主决策系统中的规则的透明性、可责性以及准确性。**

显然，算法的好坏取决于所使用的数据的好坏。比如，如果拿一个个体吃的食物来评估其犯罪风险，那必然会得到很荒谬的结果。而且，数据在很多方面常常是不完美的，这使得算法继承了人类决策者的种种偏见。此外，数据可能仅仅反映出更大的社会范围内持续存在着的歧视。当然，数据挖掘可能意外发现一些有用的规律，而这些规律其实是关于排斥和不平等的既有模式。不加深思熟虑就依赖算法、数据挖掘等技术可能排斥弱势群体参与社会事务。更糟糕的是，歧视在很多情况下都是算法的副产品，是算法的一个难以预料的、无意识的属性，而非编程人员有意识的选择，更增加了识别问题根源或者解释问题的难度。因此，在自主决策系统应用日益广泛的互联网时代，人们需要摒弃算法本质上是公平的误解，考虑如何通过设计确保算法和人工智能系统的公平性，因为很多歧视来源于产品设计。

算法决策可能暗藏歧视

算法决策在很多时候其实就是一种预测，用过去的数据预测未来的趋势。算法模型和数据输入决定着预测的结果。因此，这两个要素也就成为了算法歧视的主要来源。

一方面，算法在本质上是"以数学方式或者计算机代码表达的意见"，包括其设计、目的、成功标准、数据使用等都是设计者、开发者的主观选择，他们可能将自己的偏见嵌入算法系统。另一方面，数据的有效性、准确性，也会影响整个算法决策和预测的准确性。比如，数据是社会现实的反映，训练数据本身可能是歧视性的，用这样的数据训练出来的 AI 系统自然也会带上歧视的影子；再比如，数据可能是不正确、不完整或者过时的，带来所谓的"垃圾进，垃圾出"的现象；更进一步，如果一个 AI 系统依赖多数学习，自然不能兼容少数族裔的利益。此外，算法歧视可能是具有自我学习和适应能力的算法在交互过程中习得的，AI 系统在与现实世界交互过程中，可能无法区别什么是歧视，什么不是。

偏见也可能是机器学习的结果。比如一个甄别错误姓名的机器学习模型，如果某个姓是极为独特的，那么包含这个姓的姓名为假的概率就很高。但是这可能造成对少数民族的歧视，因为他们的姓可能本来就不同于普通的姓氏。当谷歌搜索"学习到"搜索奥巴马的人希望在日后的搜索中看到更多关于奥巴马的新闻，搜索罗姆尼的人希望在日后的搜索中看到更少关于奥巴马的新闻，那也是从机器学习过程中产生的偏见。

最后，算法倾向于将歧视固化或者放大，使歧视自我长存于整个算法里面。奥威尔在他的政治小说《1984》中写过一句很著名的话："谁掌握过去，谁就掌握未来；谁掌握现在，谁就掌握过去。"这句话其实也可以用来类比算法歧视。归根到底，算法决策是在用过去预测未来，而过去的歧视可能会在算法中得到巩固并在未来得到加强，因为错误的输入形成的错误输出作为反馈，进一步加深了错误。最终，算法决策不仅仅会将过去的歧视做法代码化，而且会创造自己的现实，形成一个"自我实现的歧视性反馈循环"。因为如果用过去的不准确或者有偏见的数据去训练算法，出来的结果肯定也是有偏见的；然后再用这一输出产生的新数据对系统进行反馈，就会使偏见得到巩固，最终可能让算法来创造现实。包括预测性警务、犯罪风险评估等等都存在类似的问题。所以，算法决策其实缺乏对未来的想象力，而人类社会的进步需要这样的想象力。

算法歧视不容忽视

互联网上的算法歧视早已有之，并不鲜见。图像识别软件犯过种族主义大错，比如，谷歌公司的图片软件曾错将黑人的照片标记为"大猩猩"，Flickr 的自动标记系统亦曾错将黑人的照片标记为"猿猴"或者"动物"。2016 年 3 月 23 日，微软公司的人工智能聊天机器人 Tay 上线。出乎意料的是，Tay 一开始和网民聊天，就被"教坏"了，成为了一个集反犹太人、性别歧视、种族歧视等于一身的"不良少女"。于是，上线不到一天，Tay 就被微软公司紧急下线了。

互联网上的算法歧视问题早已引起人们注意。研究表明，在谷歌搜索中，相比搜索白人的名字，搜索黑人的名字更容易出现暗示具有犯罪历史的广告；在谷歌的广告服务中，男性会比女性看到更多高薪招聘广告，当然，这可能和在线广告市场中固有的歧视问题有关，广告主可能更希望将特定广告投放给特定人群。此外，非营利组织 ProPublica 研究发现，虽然亚马逊公司宣称其"致力于成为地球上最以消费者为中心的公司"，但其购物推荐系统却一直偏袒自己及其合作伙伴的商品，即使其他卖家的商品的价格更低。而且，在购物比价服务中，亚马逊公司隐瞒了自己及其合作伙伴的商品的运费，导致消费者不能得到公正的比价结果。

当人工智能用在应聘者评估上，可能引发雇佣歧视。如今，在医疗方面，人工智能可以在病症出现前几个月甚至几年就预测到病症的发生。当人工智能在对应聘者进行评估时，如果可以预测到该应聘者未来将会怀孕或者患上抑郁症，并将其排除在外，这将造成严重的雇佣歧视。伊隆·马斯克警告道，对于人工智能，如果发展不当，可能就是在"召唤恶魔"。当把包括道德决策在内的越来越多的决策工作委托给算法和人工智能时，人们不得不深思，算法和人工智能未来会不会成为人的自由意志的主宰，会不会成为人类道德准则的最终发言人。

犯罪风险评估中的歧视：
法官和犯罪风险评估软件哪个更靠谱？

人们常说，犯罪嫌疑人遭受什么样的刑罚，取决于法官早餐吃什么。刑罚和定罪是两回事。确定犯罪嫌疑人所应遭受的刑罚，属于法官自由裁量权之范围。法律形式主义认为，法官以理性、机械、深思熟虑的方式将法律推理应用于案件事实，法官在量刑时受到诸多规则和指引约束。法律现实主义则认为，法律推理的理性适用并不能充分解释法官的判决，以及影响司法判决的心理、政治、社会等因素。法官在饿着肚子时更加严厉，倾向于给犯罪嫌疑人判处更重的刑罚。一项实证研究表明，司法正义取决于法官早餐吃什么，在用餐之前，法官做出有利判决（假释）的比例从约65％下跌到0；在用餐之后，法官做出有利判决（假释）的比例又会急剧上升到约65％。

正是由于法官在量刑时常常受到诸多非法律的外在因素影响，基于大数据、数据挖掘、人工智能等技术的犯罪风险评估系统开始大行其道。Northpointe公司开发的犯罪风险评估算法COMPAS对犯罪嫌疑人的再犯风险进行评估，并给出一个再犯风险分数，法官可以据此决定犯罪嫌疑人所应遭受的刑罚。非营利组织ProPublica研究发现，这一算法系统性地歧视了黑人，白人更多地被错误地评估为低犯罪风险，而黑人被错误地评估为高犯罪风险的概率是白人的两倍。通过跟踪调查7 000多名犯罪嫌疑人，ProPublica发现，COMPAS给出的再犯风险分数在预测未来犯罪方面非常不可靠，在被预测为未来会犯暴力犯罪的犯罪嫌疑人中，仅有20％的犯罪嫌疑人后来确实再次实施暴力犯罪。综合来看，这一算法并不比掷硬币准确多少。

犯罪风险评估系统是一个"黑箱"，它如何得出结论，人们无从知晓，开发它的公司又拒绝对簿公堂，称算法是其私人财产，在缺乏必要的问责机制的情况下，无法矫正的算法歧视对刑事司法正义而言，就是一种嘲讽。Northpointe 公司曾向 ProPublica 披露说其犯罪风险评估算法会考虑受教育水平、工作等诸多因素，但未披露具体算式，认为是其私人财产。所以人们无从知晓 Northpointe 公司是否将美国社会中固有的种族歧视问题编写进其算法。比如，即使集体统计数据显示黑人比白人更容易犯罪，将这一集体统计数据应用于黑人个体是否妥当？再比如，一直存在所谓的"天生犯罪人"理论，认为犯罪与否和一个个体的长相、基因等生理特征有关，在数据挖掘中考虑这些数据是否妥当？为了确保公平，犯罪风险评估算法在进行数据挖掘时可以使用哪些数据？更重要的是，是否可以依据秘密信息以及由此产生的犯罪风险分数对犯罪嫌疑人进行判刑？所有这些问题都需要认真对待，否则利用人工智能系统对犯罪嫌疑人进行打分、计算刑期等，就可能带来意想不到的系统性歧视。美国国会正在推动《量刑改革法案》（Sentencing Reform Bill），将引入"犯罪风险得分"，并据此对犯罪嫌疑人进行量刑、减刑等，如何通过有效的机制在刑事司法程序中避免机器歧视并在出现机器歧视、不公正时进行问责或者纠正，显得尤为重要。

人工智能决策三大问题：公平、透明性和可责性

有些歧视或许无关紧要，但在涉及信用评估、犯罪风险评估、雇佣评估等重大活动时，人工智能决策的结果将影响甚至决定贷款额度、刑罚选择、雇用与否，这时候歧视就不再是无足轻重的。如今，在医疗方面，人工智能系统基于大数据、数据挖掘等技术，可以对患者进行预测式诊断，甚至可以在患者病发前数

月甚至数年就预测到这一事实，这为精准医疗和预防式医疗提供了可能性。但是，如果将这一技术应用于雇员能力评估，使其掌握是否雇用某一特定个体的生杀大权，具有强大预测功能的人工智能系统可能将未来会患上抑郁症等疾病或者怀孕的那些人系统性地排除在外。因此需要重视算法的公平、透明性和可责性这三大问题。

作为"黑箱"的算法的透明化困境

算法的公平性是一个问题，算法的不透明性更是一个问题。人们质疑自主决策系统，主要是因为这一系统一般仅仅输出一个数字，比如信用分数或者犯罪风险分数，而未提供做出这一决策所依据的材料和理由。传统上，法官在做出判决之前，需要进行充分的说理和论证，这些都是公众可以审阅的。但是，自主决策系统并不如此运作，普遍人根本无法理解其算法的原理和机制，因为自主决策系统常常是在算法这一"黑箱"中做出的，不透明性问题由此产生。Jenna Burrell 在其论文《机器如何"思考"：理解机器学习算法中的不透明性》（How the Machine "Thinks"：Understanding Opacity in Machine Learning Algorithms）中论述了三种形式的不透明性：因公司商业秘密或者国家秘密而产生的不透明性，因技术文盲而产生的不透明性，以及从机器学习算法的特征和要求将它们有效适用的测量中产生的不透明性。因此，在需要质疑自主决策系统的结果时，比如希望在法庭上挑战算法决策的合理性或者公平性，如何解释算法和机器学习就成了一大难题。这种不透明性使得人们很难了解算法的内在工作机制，尤其是对一个不懂计算机技术的外行而言。

如何向算法问责？

如果人们不满意政府的行为，可以提起行政诉讼，如果不满意法官的判决，可以提起上诉，正当程序（Due Process）确保这些决策行为可以得到某种程度的审查。但是，如果人们对算法决策的结果不满意，是否可以对算法进行司法审查呢？在算法决定一切的时代，对算法进行审查是极为必要的。但是，需要解决两个问题。第一，如果算法、模型等可以被直接审查，人们需要审查什么？对于技术文盲而言，审查算法是一件极为困难的事。第二，人们如何判断算法是否遵守既有的法律政策？第三，在缺乏透明性的情况下，如何对算法进行审查？如前所述，算法的不透明性是一个普遍的问题，因为企业可以对算法主张商业秘密或者私人财产。在这种情况下，对算法进行审查可能是很困难的。此外，从成本-效益分析的角度来看，解密算法从而使之透明化需要付出非常大的代价，可能远远超出所能获得的效益。此时，人们只能尝试对不透明的算法进行审查，但这未必能得到一个公平的结果。

构建技术公平规则，通过设计实现公平

人类社会中的法律规则、制度以及司法决策行为受到程序正义和正当程序约束。但是，各种规则比如征信规则、量刑规则、保险规则等正被写进程序当中，被代码化。然而，编程人员可能并不知道公平的技术内涵，也缺乏一些必要的技术公平规则指引

他们的程序设计。对于诸如行政机构等做出的外在决策行为，人们建立了正当程序予以约束。对于机器做出的秘密决策行为，是否需要受到正当程序约束呢？也许，正如 Danielle Keats Citron 在其论文《技术正当程序》（Technological Due Process）中所呼吁的那样，对于关乎个体权益的自主决策系统、算法和人工智能，考虑到算法和代码，而非规则，日益决定各种决策工作的结果，人们需要提前构建技术公平规则，通过设计保障公平之实现，并且需要技术正当程序，来加强自主决策系统中的透明性、可责性以及被写进代码中的规则的准确性。而这一切，仅仅依靠技术人员是无法达成的。

在政府层面，为了削弱以至避免人工智能算法歧视，美国白宫人工智能报告将"理解并解决人工智能的道德、法律和社会影响"列入国家人工智能战略，并建议 AI 从业者和学生都能接受伦理培训。英国下议院科学和技术委员会呼吁成立一个专门的人工智能委员会，对人工智能当前以及未来发展中的社会、伦理和法律影响进行研究。

在行业层面，谷歌作为业界代表，在机器学习中提出"机会平等"这一概念，以避免基于一套敏感属性的歧视。Matthew Joseph 等人在论文《罗尔斯式的公平之于机器学习》中基于罗尔斯的"公平的机会平等"理论，引入"歧视指数"的概念，提出了如何设计"公平的"算法的方法。无论如何，在人工智能日益代替人类进行各种决策的时代，设计出验证、证实、知情同意、透明性、可责性、救济、责任等方面的机制，对于削弱或者避免算法歧视、确保公平正义，是至关重要的。

第二十一章　作者之死

> 向着城市的灯守着我
>
> 咬破了冷静的思想
>
> 你的眼睛里闪动
>
> 无人知道的地方
>
> ——微软小冰

　　这首出自微软研发的人工智能小冰创作的诗歌，你觉得如何？是否有些人类艺术的气息？有人在网上评价小冰创作的诗歌："梯子很长，还远远够不到月亮。"但也有人认为这首诗歌具有人类创作的灵魂。当然对艺术作品的评断向来没有统一的答案，可谓"仁者见仁，智者见智"。虽然如此，在人工智能研究的过程中，些许的微光都可以让研究者无比兴奋。

　　2017年5月，微软在北京发布了人工智能小冰的诗集《阳光失去了玻璃》，这部诗集里包含139首现代诗，全部是小冰的创作。微软的技术人员称，小冰学习了1920年以来的500多位诗人的现代诗，经过了上万次的训练，同时其写作过程中的思维过程与人类相似，也要经过诱发源、创作本体、创作过程和创作成果训练等步骤。目前，小冰已经拥有了超过 1 亿的人类用户，进行了 300 亿次的对话。而这并非是人工智能第一次走进人类的生活。

早在上个世纪，人工智能就已经开始深入到被人类视为圣殿的艺术领域。1956 年，美国作曲家 Lejaren Hiller 与数学家 Leonard Issacson 合作，首次创作了计算机音乐《伊里阿克组曲》；美国加州大学哈罗德·科恩教授研究出可以创作出具有独特风格的绘画软件 "Aaron"。此外，还有被称为 "电脑小说家" 的软件 Brutus 可以在 15 秒内创作出短篇故事，人类都无法分辨其是人类创作还是机器创作而成。[4] 如果人工智能创作的内容可以获得法律的保护，是否意味着我们人类引以为傲的最后的艺术圣殿也不复存在，人类创作的艺术是否会被人工智能取代还是我们的艺术殿堂会出现更多的璀璨明珠呢？

人工智能创作物受版权法保护吗？

微软小冰诗集的出版，撬动了一个新概念的诞生——"人工智能创造"（AI Creation），并宣布了小冰拥有创造力，提出人工智能创造的三原则：第一，人工智能的创造主体，必须是同时具有 IQ 和 EQ 的综合体，而不仅仅是 IQ。第二，人工智能创作的作品，必须能成为具有独立知识产权的作品，而不仅仅是某种技术中间状态的成果。第三，人工智能的创作过程中，必须对应人类某种富有创造力的行为，而不是对人类劳动的简单替代。人类的艺术创作过程是将自己原有的知识体系在新的环境下激发，也就是我们常说的触景生情。人类的触景生情其实就是生物学中的人类大脑通过算法把人类的听觉、视觉、记忆力等与特定情景相联系，从而产生出相应的创作成果。

人工智能是否具有独立的智力创作能力？

要回答人工智能创作成果是否应该受法律保护这个问题，很多人不禁想到了我们人类认为的没有独立意识的动物。早在 2011 年，印度尼西亚的一群猴子拿着英国摄影师 David Slate 的相机拍了一些照片，包括一张自拍照，这张照片被收录到了维基资源共享图库中，摄影师认为猴子在拍摄的过程中自己制造拍摄场景，并把相机放到了脚架上，可以认为是有选择的拍摄过程，这张照片的版权应该归属于猴子。但是从目前各国的法律规定来看，还没有一个国家认为动物可以成为版权所有者，主要原因在于动物和人工智能在目前来看还不具有独立的智力创造能力。

2016 年，欧盟法律事务委员会建议欧盟委员会就"与软硬件标准、代码有关的知识产权"提出一个更平衡的路径，以便在保护创新的同时，促进创新对于计算机或者机器人创作的作品被纳入到版权法保护的范畴的可能性。该委员会提出界定人工智能"独立的智力创造"的标准，以便明确版权归属。此外，电气和电子工程师学会（IEEE）在其标准文件草案《合伦理设计：利用人工智能和自主系统（AI/AS）最大化人类福祉的愿景》中也提出，应对知识产权领域目前的法规进行审查，以便明确是否需要对人工智能参与创作的作品的保护做出修订。其中的基本原则为：如果人工智能依靠人类的交互而实现新内容，那么使用人工智能的人应作为作者或发明者，受到与未借助人工智能进行的创作相同的知识产权保护。但是从目前各国的立法和实践来看，如何判断人工智能是否具有独立的"智力创造"能力需要我们不断探索答案。

人工智能创作的成果是否满足独创性保护要求？

为了回答人工智能创作成果的独创性高低问题，不妨让我们先来对比两首诗，看看你是否能区分出哪首出自人工智能的创作。

第一首

一夜秋凉雨湿衣，西窗独坐对夕辉。

湖波荡漾千山色，山鸟徘徊万籁微。

第二首

荻花风里桂花浮，恨竹生云翠欲流。

谁拂半湖新镜面，飞来烟雨暮天愁。

读过这两首诗之后，想必大家心里一定有了各自的答案。正确的答案是第一首是人工智能创作的诗歌，第二首是宋代的葛绍体创作的诗歌《秋夕湖上》。在20世纪70年代之前，就有人试图将在诗歌中高频出现的词语整理出来后，随机挑选出一些词语拼凑成诗歌，结果大家也可以想见自然是逻辑混乱，很难称之为诗歌。之后，随着深度学习的不断深入和发展，人工智能写出的诗歌也越来越具有文学气息，甚至可以和人类创作的诗歌相媲美。2016年清华大学的语音和语言实验中心（CSLT）在其网站上宣布他们的写诗机器人"薇薇"经过社科院等唐诗专家的评定，通过了"图灵测试"，这也就意味着人类无法通过语言对话辨识出究竟哪首诗歌出自人工智能,哪首出自于人类之手。[5]

目前的写诗机器人其创作的过程是基于 RNN 语言模型的方法,将诗歌的整体内容,作为训练材料输送给 RNN 语言模型进行训练。训练完成之后,根据那些初始的内容,按照诗歌语言模型输出的概率分布进行采样得到下个词汇,之后重复该过程就产生了一首完整的诗歌。[6] 我们法律上所保护的作品必须是具有独创性的表达,也就是说要求这些获得法律保护的作品需要满足最低限度的独创性的要求。不能是简单的排列组合,要体现作者独特的选择、编排。如果像早期诗歌创作那样,把各种词语在高频词库中随机选择之后编排在一起创作出诗歌,因没有加入智力创作的过程,很难被认为是应当受到法律保护的作品。

但是,写诗机器人的出现,其创作的过程是自我深度学习的成果的体现,又具有一定的文学性和艺术性,此时我们法律在何种情况下以及在这些成果符合怎样的标准时可以将这些成果认定为法律所保护的"作品"?人工智能创作成果的保护标准与人类创作的作品是否应该适用相同的"独创性"标准,还是应该创造出不同的保护标准予以保护呢?如果人工智能创作的成果可以获得法律的保护成为作品,那么该作品的版权应该属于人工智能本身还是人类主体?作品的保护期限是否也应该有别于现有的人类作品呢?

从现有的作品保护期限来看,一般作品的保护期限是作者生前加去世后 50 年。人工智能创作的成果如果具有独创性可以获得法律的保护,其保护期限应不同于人类创作的一般作品的保护期限,因为从理论上来说人工智能的"生命"期限可以说是无限期的。如果对其创作成果给予无限期的保护,无疑会加大社会公众使用这类作品的成本，打破了权利人与社会公众之间的权利平衡。如何设置一个合理的保护期限，需要考虑的因素应该包括哪些？例如作品的受欢迎程度、作品的类型、作品的市场价值等都是需要考量的因素。从制度设计上来看，现有的版权法保护的作品，是从该作品创作完成之日起开始受到法律保护的，权利人无需履行类似专利权和商标权一样的申请注册程序。人工智能创作的速度远高于人类，但是其创作成果的独创性方面是否全部作品都可以满足独创性的要求还有待考察。因此，可以在未来考虑对人工智能的创作成果予以登记并在登记时对其独创性进行判断。那些真正符合独创性标准并具有市场价值的创作成果才能受到法律的保护，成为版权保护客体。其他那些不符合独创性标准的人工智能创作成果只能进入公有领域，不断丰富和充实人类的精神文化世界，启发人类的创作灵感。

人工智能的其他知识产权问题

1998年，John Koza，一个人工智能的基因算法工程师，开发了一种简单的电路设计并创造出 36 个可以与人类相竞争的涉及由人工智能产出的技术性创造成果，这些由人工智能创造的发明等是否可以获得法律上的保护？如何保护？

我们知道如果一个人类发明家发明了一项技术，该技术如果想要获得专利必须要满足新颖性、创造性和实用性的要求。如果人工智能的发明可以满足三个特征的要求，那么还有一个首要问题需要解决：谁是发明人？这个问题同人工智能写诗、作曲一样，同样需要解决的是其是否具有法律人格，只有具有法律人格的情况下其"智力"成果才能获得法律的保护。此外，在这个发明产生的过程中，涉及人工智能与人类的合作与分工问题，其智力贡献的程度很大程度上决定了最终权利的归属。

此外，在人工智能的技术研发过程中可能会涉及软件、专利技术和商业秘密等。由于各大企业在人工智能的研发过程中投入大量的资金和精力，对于可能涉及的与人工智能相关的专利技术会申请专利进行保护，或者将人工智能相关的软件进行计算机软件的版权保护，这些人工智能的关键技术会成为企业之间竞争的核心竞争力。但是也有人会有不一样的思路，比如特斯拉的 CEO 埃隆·马斯克和创业孵化器 Y Combinator 的总裁山姆·奥特曼，他们担心人工智能未来会接管世界，于是两家企业计划设立一家投资金额为 10 亿美元的公司，目的在于发挥人工智能的最大潜力然后将人工智能技术通过开源的方式分享给每个人，也就是 Open AI。如果 Open AI 的构想可以实现，让 AI 技术惠及众人，那么对现有的法律保护体系可谓是一次冲击，也将改变投资 AI 的谷歌、Facebook 等国际企业的竞争格局和竞争筹码。

第二十二章　我是谁？

　　2016 年人工智能呈现井喷式爆发并大放异彩，这距离人工智能概念的首次提出仅过去 60 年。英国科学家阿兰·图灵在 1950 年的《心智》杂志上发表了题为《计算机器和智能》的文章，提出了"图灵测试"：认为判断一台人造机器是否具有人类智能的充分条件，就是看其言语行为是否能够成功模拟人类的言语行为，若一台机器在人机对话中能够长时间地误导人类认定其为真人，那么这台机器就通过了图灵测试。进而我们需要探究人工智能的研究目的：一是在人造机器上模拟人类的智能行为，最终实现机器智能，而智能的实质是去重建一个简化的神经元网络，从而实现智能体在行为层面上与人类行为的相似。美国的肖恩·莱格和马库斯·胡特认为："智能是主体在各种各样的纷繁复杂的环境中实现目标的能力。"如何测量和评价人工智能主体是否具有智能或者其智商如何，是一个很复杂的判断过程。如何通过智能模型进行测试是人类需要面对的问题，这个问题也实际上在回答"人何以为人"这个本质的问题。

人工智能机器人法律人格

如果考虑赋予人工智能的机器人以法律上拟制的法律人格，就要求其能够独立自主地做出相应的意思表示，具备独立的权利能力和行为能力，可以对自己的行为承担相应的法律责任。[7] 2016 年，欧洲议会呼吁建立人工智能伦理准则时，提及要考虑赋予某些自主机器人（电子人，Electronic Persons）法律地位。而如何界定监管对象（即智能自主机器人）是机器人立法的起点。对于智能自主机器人，欧盟的法律事务委员会提出了四大特征：(1) 通过传感器和/或借助与其环境交换数据（互联性）获得自主性的能力，以及分析那些数据；(2) 从经历和交互中学习的能力；(3) 机器人的物质支撑形式；(4) 因环境而调整其行为和行动的能力。在主体地位方面，机器人应当被界定为自然人、法人、动物还是物体？是否需要创造新的主体类型（电子人），以便复杂的高级机器人可以享有权利，承担义务，并对其造成的损害承担责任？这些都是欧盟未来在对机器人立法时需要重点考虑的问题。

此外，由于日本机器人产业的迅速发展，日本在机器人立法方面不断积极推进和尝试。日本经济产业省的报告显示，到 2025 年日本的机器人产业将产生 648 亿美元的收益。机器人产业的迅速发展，可以弥补日本老龄化社会带来的劳动力严重不足以及经济增长放缓等问题，因此对机器人及其创作物赋予合理的法律保护对日本有积极的社会意义。2016 年 5 月日本颁布的《知识财产推进计划 2016》以专章讨论了人工智能创作物的法律保护问题，认为有必要对现有的日本知识产权制度进行检讨，以便分析人工智能的创作物获得版权保护的可能性。

随着未来技术的发展以及人类对脑科学和自我认知的加深，如何合理判定人工智能是否具备与人类相类似的"智能"，并以此来判断是否应赋予人工智能以独立的法律人格地位，是需要各学科、各领域的专家进行分工配合完成的课题。

机器权利

从人类的历史发展道路来看，一个群体对自身权利的争取，不但是漫长的历史进程，而且充满着战火和硝烟。法国启蒙运动大思想家让·雅各布·卢梭在其名著《社会契约论》中，曾经这样写道："人人生而自由，但却又无往不在枷锁之中。自以为是其他一切人的主人，反比其他一切人更是奴隶。"

随着机器人和人工智能系统越来越像人（外在表现形式或者内在机理），一个不可回避的问题就是，人类到底该如何对待机器人和人工智能系统？机器人和人工智能系统，或者至少某些特定类型的机器人，是否可以享有一定的道德地位或法律地位？由此，机器权利日益受到关注，成为人类社会无法回避的一个问题。动物与机器人最大的不同之处在于动物具有天然的生命，有生物属性，但是机器人是人类制造出来的，没有天然的生命属性，但是其是否具有独立意识尚未达成共识。那么，未来是否需要承认机器人等人工智能系统也具有机器权利，同时机器的权利在何种情况下可以行使，是否应该与人类拥有相同的权利，例如选举和被选举权等政治权利以及民事权利等。

　　20 世纪最有影响力的科幻作家之一伊萨克·阿西莫夫于
1942 年在他的科幻小说《环舞》中首次提出了著名的机器人三
原则：（1）机器人不得伤害人类，或看到人类受到伤害而袖手
旁观。（2）机器人必须服从人类的命令，除非这条命令与第一
条相矛盾。（3）机器人必须保护自己，除非这种保护与以上两
条相矛盾。后来，阿西莫夫又加了第零条定律：机器人不得伤
害人类整体，或因不作为而使人类整体受到伤害。根据这个原
则，人类的利益是高于机器人的，机器人不能损害人类的利益。
假设人类开发和设计了一种智能机器人用于制造军事产品，但
是其通过自我学习设计和开发出了核武器或致命武器，此时人
类是否可以基于人道主义和人类共同利益而消灭该机器人？机
器人是否有能力决定其生存或是死亡或者说机器人是否有权利
从事买卖活动呢？或者我们是否可以对机器人进行虐待以发泄
不满？

谁来赋权于机器人？

　　启蒙运动为资产阶级的自由平等提供了新的理论基础，但是
有时这种理论还不得不披着宗教神学的外衣。美国《独立宣言》
写道："人人生而平等，造物主赋予他们若干不可让与的权利，
其中包括生存权、自由权和追求幸福的权利。"造物主，一种高
高在上的万能的存在，赋予了每个人自由平等的权利。尽管达尔
文的进化论，早已经证明了人类从来不是被创造出来的，而是不
断进化的结果。不可否认，科学技术的发展破除了封建迷信，宗
教再也无法主导人类社会。但是，科技技术的进步，让人类的能

力被逐渐放大——我们创造出了机器人，而我们人类是否能够承担起一个"造物主"的角色，去赋予机器人权利呢？不同于地球上现存的任何物种，机器人毫无疑问是由人类创造出来的。在2016 年的热播美剧《西部世界》中，西部世界里的机器人将人类作为上帝，任由人类消遣娱乐甚至杀戮，而等到机器人的意识觉醒，他们发现，人类远不是上帝。

是否应当由人类赋予机器人权利的问题，其实质在于是否承认机器人的主体地位问题。早在 20 世纪五六十年代，人工智能技术刚刚起步之时，就有哲学家提出：把机器人看作机器还是人造生命，主要取决于人们的决定而不是科学发现；而等到机器人技术足够成熟，机器人自身就会提出对权利的要求。1976 年，阿西莫夫出版的科幻小说《机器管家》（*The Positronic Man*）就讲述了一个自我意识觉醒的智能机器人安德鲁想要成为人类的故事。安德鲁作为一个家政智能机器人，在他两百年的生命历程中，一直要求人类把他作为人类看待，为此，他开设机器人公司，研发新的技术，使得在生命体征上他和普通的人类一模一样，甚至最后要通过手术让自己的生命只剩下一年（因为机器人在可预期的将来是永生的），才能获得法律的认可，最终获得人类的生命。

2016 年 5 月 31 日，欧盟委员会法律事务委员会提交一项动议，要求欧盟委员会把正在不断增长的最先进的自动化机器"工人"的身份定位为"电子人"，并赋予其特定的权利和义务。所以，不管人类能否充当这个机器人的"造物主"的角色，现实中，人类已经开始在行动了。

赋予机器人哪些权利？

尽管黑色人种和女性在历史上曾经遭受不公平待遇，他们被剥夺或者限制了作为人的基本权利，但是，随着人类社会的进步，肤色和性别不再是享受基本人权的障碍。机器人的种类非常多，它们存在各种各样的形态，主要可分为人形或者是非人形机器人。在机器人自我意识觉醒的前提下，讨论赋予哪些机器人权利，是一个非常复杂的问题。比如，类人形的陪伴型机器人享受权利，人类可能容易接受；而动物形状的陪伴机器人享受权利可能就难以接受了，但这确实是正在发生的事实，2010 年 11 月 7日，在日本，一个海豹宠物机器人帕罗（Paro）获得了户籍，而帕罗的发明人在户口簿上的身份是父亲。拥有户籍是拥有公民权利的前提，机器人在日本可能逐渐会被赋予一些法律权利。[8] 其实，现阶段的宠物机器人跟真实的宠物在享受的权利上并没有什么不同，因为普通的宠物也需要登记才能够饲养。还有一类非陪伴型的机器人，它们的外形迥异。例如，自动驾驶汽车是否可以被视为机器人而享有权利？任何存在着芯片和自我意识的实体是否都应当被认为是应当享受权利的机器人？

问题更进一步，机器人是否需要一定的物质载体，是否必须以各种各样的形式存在于人类的物理现实世界中？在 2013 年上映的美国科幻电影《她》中，故事讲述了一个性格内向的作家爱上了一个先进的人工智能操作系统"萨曼莎"（Samantha），而"萨曼莎"根本没有现实的实体存在，她只存在于网络之中，是一串代码和符号。未来，如果我们人类赋予类人形的辅助机器人以某些权利，那么"萨曼莎"这样的只存在于网络之间的人工智能系统，是否应当被赋予权利？如果只保护了类人形的辅助机器人，而不保护这些没有实体的人工智能系统，那人类只是在保护自己对这个机器人的财产所有权，而非对于一个不一样的智能物种的尊重和保护。也许，就像上文提到的，未来机器人的技术足够成熟、自我意思觉醒得足够充分，机器人（包括人工智能系统）自身会对自己加以保护，而不需要人类来做一个裁判者。

机器人可以拥有哪些权利？

人类具有的法律上的一些基本权利包括生存权、平等权和一些政治权利。在目前的技术水平之下，机器人的意识尚未觉醒，机器人的财产属性还十分强大，也就是目前对于人来说，机器人只是工具，而非另一种智能物种。目前机器人尚不可能被赋予跟人一样的权利，因此，在上文提及的欧盟的动议中，提出要把最先进的自动化机器人的身份定位为"电子人"，并赋予这些机器人依法享有著作权、劳动权等"特定的权利与义务"。动议中提出的赋予机器人著作权，是一个十分紧迫的现实问题。由于人工智能技术的进步，机器人或者人工智能系统目前已经不是简单地执行人类的指令，而是具有了创造性的思维，能够进行独创性的内容创作，而这些之前都是人类所独有的智能。

在欧盟法律事务委员会的提案中，还以护理机器人为例，提出了对机器人有生理依赖的人类会产生情感上的依恋。因此，机器人应该始终被视为机械产物，这有助于防止人类对其产生情感依恋。这种担忧不是空穴来风。在中国，2017 年 4 月，一个浙江大学研究人工智能技术的硕士和自己研发的智能机器人莹莹结婚了。这种浪漫爱情故事，不仅只存在于人和机器人之间，机器人之间同样存在。2015 年 7 月，明和电机就举办了一场机器人与机器人之间的婚礼。现在看来，这种事情仿佛闹剧一般，但是随着人工智能技术的进步，这些问题都将成为摆在人类面前亟待解决的问题。

机器人的权利与义务

赋予一个人（机器人）以权利，就要对另一人施加义务和限制。类比人类对于动物的保护，在动物保护立法比较完善的欧盟国家，都是赋予动物不受人类虐待的权利；其根本的中心点还是通过限制人的行为，来达到对动物权利的保护。未来的世界，人类面对机器人的存在，是否也要通过限制自身的某些行为来赋予机器人一定的权利呢？他们最基本的"生命权"是否可以由人类剥夺呢？例如 2015 年加拿大研究人员研发的机器人 HitchBoT 在成功地通过搭车的方式穿越多个国家后，在美国被人类残忍"杀害"，即便如此，HitchBOT 在其留下的遗言中说道："我对人类的爱不会消退。"我们是否可以以人类的名义任意剥夺机器人的生命权呢？当机器不再是一堆冰冷的金属堆砌成的物品，当其有了独立的"意识"和判断能力，我们是否也应该尊重他们的生命及权利呢？

除了法律权利之外，我们还应该给予机器人最低限度的道德权利。我们不能滥用机器人，不能利用人类的主导地位对其进行虐待。未来如果机器人拥有了自我意识，我们是否也应当尊重其意愿或者说照顾其喜怒哀乐,而不能强制其从事一些其不愿意从事的工作或劳动?那就是我们对其他与我们在地球上共存的主体的最低限度的尊重。

没有任何人能够只享受权利而不承担义务,如果我们把机器人与人类同等对待,那么是否机器人也应该承担相应的义务呢?欧盟的动议报告中提出,如果先进的机器人开始大量替代人工,那么欧盟委员会需迫使其所有者缴纳税款或社保。报告还建议,为智能自动化机器人设立一个登记册,以便为这些机器人开设涵盖法律责任(包括依法缴税、享有现金交易权、领取养老金等)的资金账户。不过,这项提议被欧盟委员会在审议过程中否决。微软公司的创始人比尔·盖茨公开表示,政府应当对人工智能征税,用来补贴和培训因为机器人大规模应用而失业的人。如何使机器人承担相应的义务,例如设立其专门的财产账户等方式是否可行,都是留给我们需要不断探索的问题。

第二十三章　法律人工智能十大趋势

2017 年 7 月 20 日，在高瞻远瞩的国家人工智能战略《新一代人工智能发展规划》中，国务院向法律行业释放了一些信号。首先，新规划在对人工智能理论、技术和应用做出前瞻布局的同时，还呼吁加强人工智能相关法律、伦理和社会问题研究，建立人工智能法律法规、伦理规范和政策体系。其次，新规划力挺智慧法庭建设，提出促进人工智能在证据收集、案例分析、法律文件阅读与分析中的应用，实现法院审判体系和审判能力智能化。最后，更为前瞻的是，新规划提出"人工智能＋X"复合专业培养新模式，法学赫然在列，法学教育的变革已然箭在弦上。

其实，在 2016 年谷歌公司的围棋机器人 AlphaGo 之后，法律人工智能就被带火了，人工智能和机器人取代律师的报道不绝于报端。以"artificial intelligence in law"为检索关键词，谷歌搜索结果超过 630 万条；以"法律人工智能"为检索关键词，百度搜索结果超过 550 万条。但如果追溯起来，人工智能与法律的结合已经有 30 年历史了，始于 1987 年在美国波士顿的东北大学举办的首届国际人工智能与法律会议（ICAIL），并最终促成了国际人工智能与法律协会（IAAIL）在 1991 年的成立，该协会旨在推动人工智能与法律这一跨学科领域的研究和应用。包括十大主要议题：

（1）法律推理的形式模型；

（2）论证和决策的计算模型；

（3）证据推理的计算模型；

（4）多智能体系统中的法律推理；

（5）自动化的法律文本分类和概括；

（6）从法律数据库和文本中自动提取信息；

（7）针对电子取证和其他法律应用的机器学习和数据挖掘；

（8）概念上的或者基于模型的法律信息检索；

（9）自动化次要、重复性的法律任务的法律机器人；

（10）立法的可执行模型。

在这样的背景下，当前，法律科技（LawTech）正在持续兴起。在人工智能技术的加持下，法律科技更是有望给法律行业带来更深、更彻底的变革。笔者在此前的文章《人工智能法律服务的前景与挑战》中，曾援引法律科技研究报告《文明 2030：不久将来的律所》的观点称，"经过长期的孵化和实验，技术突然可以以惊人的速度向前行进了；在 15 年内，机器人和人工智能将会主导法律实践，也许将给律所带来'结构性坍塌'，法律服务市场的面貌将大为改观。"研究科技与法律长达 30 多年的英国学者 Susskind 在其著作《明天的律师：预见你的未来》（*Tomorrow's Lawyer*：*an Introduction to Your Future*）中持类似观点，认为法律行业过去 200 年之变化，不及未来 20 年之变化。法律人需要做好迎接未来的准备。

此言并非虚言。法律行业并非对技术具有完全的免疫力。面对技术发展和外在压力，法律行业在教育模式、组织结构、收费模式等诸多方面的不适应性已经显现出来。这让人们开始对人工智能技术支撑下的法律科技寄予厚望。全球来看，虽然从 2011年到 2016 年，全球法律科技公司总融资额度仅有 7.39 亿美元，显著低于金融科技、医疗科技等新兴领域；但是全球法律科技上市公司的数量呈爆发式增长，从 2009 年的 15 家增长到了 2016 年的 1 164 家，主要集中在在线法律服务、电子取证、从业管理软件、知识产权/商标软件服务、人工智能法律科技、诉讼金融、法律检索、律师推荐、公证工具等九大领域。在这样的国际趋势下，国内法律科技市场开始从"互联网＋法律"向"人工智能＋法律"转变，法律人工智能创业成为人工智能创业的重要组成部分，面向 B 端或者 C 端的法律人工智能产品逐步进入公众视野。

不仅如此，法律行业如律所、公司法务部门、法院等也开始积极布局人工智能法律科技，部分原因是在线法律服务、客户成本压力（比如公司法务部门日益希望以更低的成本获得更多的法律服务）等因素迫使律所投资创新。国际律所 Dentons 是典型代表，其在 2015 年 5 月率先启动法律科技创新加速器项目 Next-Law Labs，目前已经孵化了包括大名鼎鼎的机器人律师 ROSS 在内的 10 多个法律科技项目。其他越来越多的国际律所如 Linklaters、Riverview Law、BakerHostetler 等亦开始研发、部署法律人工智能系统，帮助提高工作效率，或者以低成本模式提供法律服务。

一言以蔽之，从最早的基于规则的（Rule-Based）的专家法律系统（将法律专家的法律知识、经验等以规则的形式转变成为计算机语言），到以深度学习、机器学习、大数据等为支撑的自主系统，人工智能对法律以及法律行业更深更广的影响才刚刚开始。可以说，人工智能技术已经在开始改造整个法律行业，而改造的规模和速度将不仅仅取决于技术发展和进步的步伐，而且取决于整个法律共同体对于新技术和新模式的接纳程度，而这需要政策支持和发展导向。笔者在过去一些观察和研究的基础上，尝试对人工智能在法律行业中的应用和影响总结出以下十大趋势：

第一，智能化、自动化的法律检索将深刻影响法律人进行法律研究（检索）的方式。

在人工智能技术的加持下，法律研究（检索）正向智能化、自动化的方向迈进。法律研究（Legal Research）对于法律人的价值不言而喻，无论你是法学院学生，还是从业律师、公司法务人员，抑或司法人员，甚至普通民众有时候也需要进行法律检索。其实，信息化已经对法律检索进行过一次改造，法律文本、裁判文书等法律资料的数字化，支撑起了市场规模巨大的法律数据库市场。但 Westlaw、北大法宝等法律数据库服务一般基于传统的关键词检索，利用这些数据库进行法律检索，是一件费时费力的苦差事。然而，基于自然语言处理（NLP）和深度学习的语义检索和法律问答已经在开始改造传统的法律检索服务。比如，号称世界首个机器人律师的 ROSS 就是基于 IBM 的 Watson 系统的智能检索工具，利用强大的自然语言处理和机器学习技术向律师呈现最相关、最有价值的法律回答，而非像传统法律数据库那样，仅仅呈现一大堆检索结果。此外，语义技术，文本分析和自然语言处理，以及图像和视频技术已经为商标和专利检索及版权监测等知识产权法律工作的自动化提供了可能性，比如 Trade-markNow。

新形式的、基于语音交互的智能法律检索将经历两个阶段。第一个阶段是智能化。在这个阶段，依然需要人类律师明确需要解决或者回答的法律问题是什么，法律搜索引擎识别相关案例并评估其价值，形成专业回答。ROSS 是这一阶段智能法律检索的典型代表。第二个阶段是自动化，意味着不需要人类律师指明法律问题是什么，系统自身可以理解一段事实陈述并自动识别其中的法律问题，然后完成检索并提供最佳法律信息，整个过程几乎不需要人类律师的深度参与。这几乎是将人类律师从烦琐的法律检索工作中解脱了出来。

第二，人工智能将持续推动法律文件自动化。

就像新闻写作机器人的崛起将给新闻业带来一场巨变一样，法律文件自动化趋势将可能给法律行业带来规模相当甚至更深远的变化。主要包含两个层次。

第一个层次是法律文件审阅自动化。无论是调查取证、尽职调查，还是合同分析、合规审查，都需要对法律文件进行审查、分析和研究。自动化这一工作将能够显著提升法律人的工作效率。以电子取证为例，在并购、反垄断、大型劳动纠纷等越来越多的案件中，庞大的电子材料给证据和法律材料的搜集和整理提出了巨大挑战，律所往往需要投入大量的人力和物力，而且需要耗费大量时间。但基于 NLP、TAR（技术辅助审阅）、机器学习、预测性编程（Predictive Coding）等技术的电子取证程序可以显著提高这一工作的效率，大大节约审阅文书的时间，而且准确性不输人类律师，因此成为了法律科技市场的一大细分领域，微软等公司都已介入。电子取证的步骤一般包括训练过程（人类律师从小量样本中确认相关的证据材料以供机器学习）和取证过程（意味着机器代替人类律师进行资料审阅以发现证据材料）。由于涉及用机器替代律师，可能触及政策障碍，因此英国、美国、澳大利亚等国家的法院已经明确表示在诉讼和案件中整理、搜集证据材料时可以利用预测性编程技术。

法律文件审阅自动化的另一个主要领域是合同分析。合同分析在风控、尽职调查、取证、诉讼等诸多场合具有重大意义，但它是一项耗时耗力的工作。然而，德勤（Deloitte）借助机器学习合同分析系统 Kira Systems，只要 15 分钟就可以读完原本需要人类律师花费 12 个小时才能审阅完的合同。在国际社会，人工智能合同分析服务已经常态化，KMStandards、RAVN、Seal Software、Beagle、LawGeex 等提供智能合同服务的法律科技公司越来越多。在人工智能技术的驱动下，人工智能合同分析服务依然在蓬勃发展，带来效率的提高、成本的降低以及流程的改善。

第二个层次是法律文件生成自动化。新闻业正在被互联网和机器写作改造，过去 8 年，新闻业收入减少了 1/3，就业岗位减少了 1.7 万个，报纸的市场价值和支配力大减，代之以网络媒体的不断兴起。法律行业正面临着同样的情况，智能机器辅助甚至独立起草法律文件的时代将会到来。如今，法律人使用法律格式的方式正从模板向法律格式文件自动生成转变；也许未来 10～15 年，人工智能系统将可能起草大部分的交易文件和法律文件甚至起诉书、备忘录和判决书，律师的角色将从起草者变成审校者。比如，硅谷一家律所 Fenwick & West 开发的一个程序可以为准备上市的创业公司自动生成所需文件，这将律师的账单时间从 20～40 小时减少到了几个小时，当需要准备大量文件的时候，这一程序可以使所需时间从数天、数周减少到数小时，大大提高了工作效率。机器智能的优势在于随着数据的积累,可以不断自我学习和改进,并且由于数据的互相关联性,计算机可以将特定合同与所有与之相关的法院判决关联起来,形成持续改进法律格式的动态关系。未来,随着软硬件性能以及算法的持续提高,起诉书、备忘录、判决书等高级法律文件也可以自动生成,但依然需要人类律师或者法官审阅,形成人机协作的关系。

第三,在线法律服务、机器人法律服务等替代性商业模式(Alternative Business Structure)不断涌现,使得法律服务的提供日益标准化、商品化、自动化、民主化。

在互联网时代和人工智能时代,律所和人类律师并非普通公众获取法律服务的唯一渠道。在线法律服务、机器人法律服务等替代性商业模式正在兴起,可以直接向终端用户提供一般法律咨询服务,比如遗嘱、婚姻咨询、交通事故咨询,等等。面向终端消费者的法律机器人 DoNotPay 就可以协助用户自主完成对交通罚单的申诉材料准备和提交工作。

美国法官波斯纳曾将法律行业形容为"涉及社会的法律的服务提供者的一个卡特尔",意即是一个垄断的行业。高昂的律师费用导致社会中存在大量未被满足的法律需求,低收入以及中等收入人群中的大部分人的法律需求没有被满足。然而,在线法律服务、机器人法律服务等替代性商业模式可以以更低廉的价格向终端用户提供法律服务,有望使法律服务标准化、商品化、自动化、民主化。商品化意味着法律服务的提供不再主要依赖于特定的人类律师的专业素养,而可以以自动化的方式提供;民主化意味着大部分人将可以以较低成本获得一般的法律服务。英国学者Susskind 认为,法律服务的提供的演进方向从定制化到标准化到系统化再到一揽子最后到商品化，意味着法律服务定价的由高而低，即从按小时计费到固定收费再到商品化定价最后趋于零。在这个层面上，国外有专家预言律师将走向没落。

无论如何，法律机器人都将对法律服务的提供产生深远影响，将持续推动法律服务走向标准化、系统化、商品化、自动化，使人人都可以获得法律服务，帮助消除法律资源不对称的问题，实现更为广泛的司法正义。如今，在美国，最知名的法律品牌不是哪一家知名律所，而是 LegalZoom 之类的在线法律服务提供商，这些新型的技术派的法律服务商代表着法律服务提供的未来趋势。它们对于律所而言并非替代者的角色，而是在律所之外，满足其他未被满足的法律需求或者通过律所就会十分昂贵的法律需求。而英国早在 2007 年就通过了《法律服务法案》，旨在自由化法律市场，革新法律行业组织模式，并引入竞争，促进法律服务的可负担性。在此背景下，一些国际律所已经设立了低廉的法律服务中心，在按小时计费、固定收费等模式之外，借助技术以更低价格提供法律服务。

第四，基于人工智能和大数据的案件预测将深刻影响当事人的诉讼行为和法律纠纷的解决。

从案件结果预测到犯罪预测，基于人工智能和大数据的预测性技术在司法领域的应用越来越广泛。一方面，案件预测技术在研究上取得进展。2016 年，研究人员利用欧洲人权法院公开的判决书训练算法系统，构建了模型，来预测案件判决结果，预测准确性达到了 79％。这一实证研究表明，案件事实是最重要的预测因素，这一结论与法律形式主义的观点一致，即司法裁判主要受案件事实的陈述影响。另一方面，案件预测已经用在了诸多实务领域。比如，Lex Machina 公司提供的服务，通过对成千上万份判决书进行自然语言处理，来预测案件结果。其软件可以确定哪位法官倾向于支持原告；基于对方律师过去处理的案件来形成相应的诉讼策略；针对某个特定法院或者法官形成最有效的法律论证，等等。Lex Machina 的技术已经用在了专利案件中。

案件预测的价值主要体现在两个方面，一方面可以帮助当事人形成最佳的诉讼策略，从而节约诉讼成本；另一方面，可以帮助法官实现同案同判，也即所谓的大数据司法确保公平正义。诉讼中可能的高昂成本给当事人带来沉重的经济负担，所以当事人一般都会在案件起诉前或者上诉前对案件胜诉的可能性进行评估。但即使是最专业的律师，由于受限于人脑自身的信息处理能力，在预测上远不如计算机，因为计算机在强大算法的支持下，可以以超强的运算能力，处理可以获取的几乎所有数据。计算机的全数据处理，相比人类的样本数据分析，使得案件预测结果更为可靠。如果事先可以较为可靠地预知案件结果，意味着当事人不会冒着极大的败诉风险继续推进诉讼或者上诉，而是会选择和解、放弃诉讼等其他纠纷解决方式。但案件预测的弊端在于可能扭曲当事人的诉讼行为，带来新的偏见和滥用。

第五，在线法院（Online Court），以及人工智能法律援助，将促进司法可得性（Access to Justice），帮助消除司法鸿沟（Justice Gap）。

俗话说，法院大门朝南开，有理没钱别进来。司法审判系统的低效率、程序拖沓、成本高昂等问题历来为人们所诟病。但问题是，人们为了解决彼此之间的法律纠纷，一定得去有实体场所的法院吗？技术的发展已经给出了否定的回答。比如，伴随着电子商务的兴起和繁荣，在线争议解决机制（Online Dispute Resolution，ODR）开始流行，在电子商务 eBay 上，大量买卖纠纷通过 SquareTrade 这一 ODR 服务商在线解决，当事人通过 ODR 系统在线提交事实陈述和证据，使纠纷在线得到处理，甚至不需要人类律师介入，很多案件也根本不会进入法院审判阶段。

在 ODR 模式的影响下，在线法院的实践在国外已经出现。比如，英格兰和威尔士上诉法院大法官 Briggs 在呼吁"提高民事司法的效率"时表示，"可以借助使用人工智能来在线裁决英格兰和威尔士的民事法律案件，在这方面，人工智能可以辅助法官，甚至作出判决。"据悉，英国已经投入 10 亿英镑现代化、数字化其法院系统。根据英国学者 Susskind 的观点，英国的在线法院包括三个阶段：第一阶段是在线法律援助系统，向当事人提供法律咨询和建议等；第二阶段是审判前争议解决，法官通过电邮、电话等方式和当事人沟通，以解决纠纷；第三阶段即在线法庭，只适用于小额案件，以在线的方式审判案件，包括立案、提交证据、举证质证、裁判等。这类似于简易诉讼程序。英国当前的在线法院建设并没有利用人工智能系统来裁判案件，因此并非代替法官，而是以更好的方式解决纠纷。在交往场景日益数字化的背景下，在线身份识别、音视频技术以及人工智能技术等已经为在线法院的建设提供了技术支持。

中国正在大力推动的智慧法院与国外的在线法院类似。2016 年 7 月发布的《国家信息化发展战略纲要》将建设"智慧法院"列入国家信息化发展战略，明确提出："建设智慧法院，提高案件受理、审判、执行、监督等各环节信息化水平，推动执法司法信息公开，促进司法公平正义。"2016 年 12 月发布的《"十三五"

国家信息化规划》明确指出，支持"智慧法院"建设，推行电子
诉讼，建设完善公正司法信息化工程。在 2017 年 5 月 11 日举行
的全国法院第四次信息化工作会议上，最高法院院长周强提出，
智慧法院是建立在信息化基础上人民法院工作的一种形态。中国
各地的法院都在探索某种形式的智慧法院建设，但以浙江智慧法
院（浙江法院电子商务网上法庭）建设最为出名；据浙江高院信
息中心副主任刘克勤介绍，浙江智慧法院每年处理的交易、著作
权等纠纷多达 2.3 万件，可以直接对接淘宝、天猫等多个平台，
提供在线矛盾纠纷多元化解决平台，其他辅助措施包括案件结果
预判、网上司法拍卖、智能语音识别、类案推送、当事人信用画
像，等等。2017 年 6 月 26 日，中央深改小组审议通过《关于设
立杭州互联网法院的方案》，该互联网法院主要审理网络购物合
同纠纷，网络购物产品责任纠纷，网络服务合同纠纷，在互联网
上签订、履行的金融借款合同纠纷和小额贷款合同纠纷，网络著
作纠纷等五类案件。未来，在线法院的进一步建设和普及将促进
公共法律服务的供给，帮助消除司法鸿沟。

　　此外，公共法律服务中的法律援助不足也是司法体系的一大
问题，尤其是在刑事案件中，很多被告人得不到法律咨询和辩
护。一些民事案件同样是在没有律师介入的情况下进行的。未
来，法律机器人可以向当事人提供基本的法律援助，而法律援助
律师仅在必要时才介入，这可以显著提高司法援助的效率和质
量，实现公平正义。而且，法律机器人法律援助同样可以融入在
线法院的建设当中。

　　第六，人工智能和机器人将成为法律系统的主要进入点。

　　无论是律所和律师，还是法院，抑或当事人和终端消费者，

基于人工智能和机器人技术的"智能交互界面"（Intelligence In-terface）将成为法律系统的主要进入点，法律机器人和人工智能是其中的核心。对于律师而言，未来的法律实践比如法律检索、案件管理、法律写作等将主要通过具有智能交互界面的法律机器人和人工智能系统来完成，这就好比医生现在主要借助各种复杂的医疗器械来完成医疗活动一样。对于法院而言，司法审判的数字化和在线化，意味着类案检索、裁判文书写作、证据分析和推理等也将在法律人工智能的辅助下进行，甚至为其所取代。对于终端用户而言，交互性的、基于互联网的问答系统可以以文本或者语音对话的形式同用户交流，并生成所需的法律信息，或者指导其完成基本的法律文件和格式。在此背景下，律师当前的角色将会发生变化，一些角色可能被机器取代，比如常规性、重复性任务；一些角色可能被机器增强，比如案件预测、法律写作；而对于新法新规，律师依然需要扮演核心角色。

第七，律师市场评价将使法律行业更加透明，可能带来"马太效应"。

法律市场作为一个双边市场，其评价体系在很大程度上是不透明的，不像电商平台以及外卖、生活服务等 O2O 平台，具有较为完善的用户评价机制，确保了市场的透明度和消费者的知情权。由于法律市场在很大程度上并未平台化，很难搭建有效的评价机制。然而，人工智能、大数据等正在改变这一状况，对律师市场进行评价正变得可能，成为法律科技的一大趋势。当前，律师推荐已经成为法律科技的核心领域之一，国内外都在持续涌现律师推荐和评价类的产品和服务。律师市场评价相当于将律师置于阳光之下，明星律师、普通律师、不合格律师等的区分将透明化，结果可能带来律师市场的"马太效应"，明星律师业务增多，收入增多，而普通律师、资历浅的律师则相反。这呼吁律师转型，即以技术化的低成本模式提供法律服务。

第八，法律人工智能职业将作为法律行业的新兴职业而不断涌现。

法律机器人和法律人工智能并非凭空产生，需要技术人员和法律专家之间的通力合作。随着人工智能与法律不断融合，这一领域的研究、开发和应用将不断增强，法律人工智能职业将作为法律行业的新兴职业而不断涌现。当前，一些积极拥抱新技术的国际律所已经在加强法律 IT 能力建设，法律开发者、法律数据分析师、法律数据库管理者等正在加入律所、公司法务部门、法院、法律数据库公司等法律机构。法律科技公司更是需要既懂法律又懂技术的复合型人才。未来，技术与法律的结合将更为密切，对新型人才的需求也更为迫切。

第九，法律教育与人工智能等前沿信息科学技术将日益密切结合起来。

中国《新一代人工智能发展规划》已经看到了法学教育与人工智能的结合，提出打造"人工智能＋法学"复合专业培养新模式。这是极为高瞻远瞩的设想。笔者曾参与翻译 *Failing Law School* 一书，书中对美国"4＋3"（四年本科＋三年法学院教育）的法学教育模式提出严正批判，认为法学院根本不需要读三年，顶多需要两年，可能一年就够了。而中国传统的法学教育是高中毕业后直接读四年本科法学教育，这样的法学人才培养模式很难适应机器人和人工智能主导的未来法律实践。相比现在的律师，未来的律师将会从事大不相同的工作，所以需要不同的教育。因此，新规划提出的"人工智能＋法学"培养模式是有远见的。

其实，国外法学院早就开始探索革新法学教育，注重对法科学生的科技和数字素养的培养。比如，早在 2012 年，乔治城大学法学院即开始提供一个技术创新与法律实践的实践课程，形成特色的"Iron Tech Lawyer"比赛项目，培养学生的法律开发能力。2015 年，墨尔本大学法学院开始提供如何开发法律应用的课程。未来，法律教育与人工智能等前沿信息科学技术将日益密切结合起来，而能否较早较快实现这一设想，取决于法学教育的反应速度。其实，人工智能不仅仅对法学教育提出了挑战，要求跨学科融合的教育模式，而且对其他学科教育也提出了类似的挑战。

第十，计算法律（Computational Law），以及算法裁判，或将成为法律的终极形态。

英格兰和威尔士上诉法院大法官 Briggs 在在线法院的倡议中提出了算法裁判，即人工智能可以代替法官直接作出裁判。这并非不可能。其实，计算法律学历来就是人工智能与法律的核心研究方向之一，思考"除了书面语言，法律可以有更精确、更形式化的表达吗？"这一问题，并探索用计算逻辑和代码来表达法律。笔者此前在知乎网站上看到一个设想：如果能用一列 n 维向量描述各种事件，将「事件 .txt」导入「法律 .exe」，从而产生「判决 .txt」。将法律条文转化成代码，从而使得判决彻底脱离个人主观判断，并且可以在任何人的计算机上在线。将代码开源，放在类似 GitHub 的网站上，以便于全民监督。计算法律当前在计税等一些领域有应用，更多则是一种学术研究；但在未来的成熟的信息社会，更普遍的计算法律将可能出现，届时系统将会自动执行法律，不需要律师，甚至也不需要法官，因为那时的法律已经完全自动化了。

法律人应做好迎接未来的准备

人们说，预见未来的最好方式是创造未来。法律行业的未来需要法律人这一职业共同体共同创造。虽然之前有研究认为律师助理和法律助理被自动化的概率高达 94％，引发了人们对法学毕业生就业的担忧。但笔者在 willrobotstakemyjob.com 网站的测试结果显示，仅有 3.5％的律师会被人工智能和机器人替代。不管科学与否，都可以作为一种暂时的宽慰。

据笔者调查，律师的工作包括十三项：文件管理；案件管理；文件审阅；尽职调查；文件起草；法律写作；法律检索（研究）；法律分析和策略；事实调查；客户咨询服务；谈判；其他交流和互动；出庭及准备。律师需要及早思索这其中的哪些任务可以被自动化或者可以借助科技提高效率，而英国学者 Susskind 则提出了"分解"法律服务的思路，认为一项法律任务可以被分解成多个部分，核心部分可以由律师完成，其他部分则由效率更高的第三方完成。

而对于法律服务自动化的担忧，包括律师在内的法律人在判断其工作的价值以及在思考人工智能技术对其工作的影响时，至少需要考虑以下三个因素：第一，是否涉及数据分析和处理，在这一方面，人类几乎不可能和人工智能和机器人相匹敌，尽早使用并适应新技术才是明智的选择；第二，是否涉及互动交流，类似行政前台等法律客服工作被自动化的可能性非常大，一般的法律咨询也可以被自动化，但更高级别的互动交流如谈判、出庭等则很难在短期内被自动化；第三，是否处于辅助决策的地位，人工智能辅助决策已经被应用在了很多领域，在法律行业，人工智能辅助决策也正在发生并成为一个趋势，比如在案件结果预测上，人工智能可以比专业律师做得更好，诸如此类，尽早利用并适应新技术才是必然的选择。

最后，作为总结，经过 30 多年的发展，受超强运算能力、大数据和持续改进的算法的影响，人工智能对法律以及法律行业的影响正在加深、加快，未来 10～20 年法律行业将可能迎来一场巨变。作为法律人工智能最直接的目标客户，法律人需要调整心态，积极拥抱新技术和新模式，并在这个过程中坚持对法律的理念和信仰，防止法律人工智能削弱、损害法律共同体所秉持的以及法律系统所坚持的观念和价值，让法律人工智能来促进司法正义，而非带来偏见和歧视，或者背道而驰、贬损正义。

第五篇
伦理篇：人类价值与人机关系

随着第三次浪潮开启的人工智能时代的来临，人工智能伦理再次成为各界热议和研究的核心议题之一。联合国、欧盟、美国、英国等都格外重视这个问题，纷纷出台研究报告、指南、法律政策等多种措施，推进对人工智能伦理问题的认知和解决；电气与电子工程师学会（IEEE）、国际互联网协会、阿西洛马会议以及业内的谷歌、IBM 等亦开始以伦理标准、人工智能原则以及人工智能伦理审查委员会等行业自律的形式积极应对人工智能伦理问题。

可以预见，随着机器智能的崛起，人工智能、机器人等开始从事越来越多的道德决策，以及未来强人工智能和超人工智能将带来人机区分的难题，加强人工智能伦理研究将显得尤为重要，尤其是为了保存人类的价值以及实现人机共存共荣的美好愿景。

第二十四章　道德机器

> 我们最好相当确信，植入机器中的目的就是我们真正想要的目的。
>
> ——诺伯特·维纳

2016 年可谓是人工智能史上异常耀眼的一年。这一年，谷歌公司的 DeepMind 团队开发的围棋机器人程序 AlphaGo 首次击败顶尖人类棋手，深度学习、强化学习等人工智能技术功不可没。次年，AlphaGo 在多个场合横扫几乎所有顶尖人类棋手，人类统治围棋的时代彻底告终。另一机器人程序 Libratus 在德州扑克比赛中击败顶级人类玩家，这是机器人首次在不完全信息博弈中战胜人类。这些事件标志着机器智能的崛起，人类社会正在逐步进入智能机器的时代，机器辅助甚至取代人类进行各种决策将越来越常见和普遍。

此次人工智能浪潮的标志便是深度学习，是能够自我学习、自我编程的学习算法，可以用来解决更复杂的认知任务，而这些任务在此前完全专属于人类或者人类专家，比如开车、识别人脸、提供法律咨询服务，等等。深度学习、强化学习等机器学习技术，结合大数据、云计算、物联网以及其他软硬件技术，使得机器智能取得重大突破。在此背景下，有关道德机器的呼声再起。

智能机器加速到来

人工智能技术助力智能机器加速到来，机器逐步从被动工具向能动者转变。"计算机仅能执行强制的指令——对其编程不是为了使其能够作出判断。"纽约一家法院曾经如是说。这或许可以代表公众对计算机和机器人的固有看法。但是，人工智能技术的进步，正使这一观点变得陈腐，甚至可能成为一个偏见。因为机器正从被动工具向能动者转变，可以像人一样具有感知、认知、规划、决策、执行等能力。

2010年以来，受到大数据、持续改进的机器学习、更强大的计算机、物理环境的IT化（物联网）等多个相互加强的因素推动，人工智能技术在ICT领域快速发展，不断被应用到自动驾驶汽车、医疗机器人、护理机器人、工业和服务机器人以及互联网服务等越来越多的领域和场景。国外一些保险和金融公司以及律师事务所甚至开始用具有认知能力的人工智能系统替换人类雇员。从国际象棋、智力竞赛（比如 *Jeopardy*），到围棋、德州扑克，再到医疗诊断、图像和语音识别，人工智能系统在越来越多的领域开始达到甚至超过人类的认知水平，让其辅助甚至代替人类进行决策，不再是空中楼阁。现在有理由预见，在不远的将来，交通运输、医疗、看护、工业和服务业等诸多领域的各式各样的智能机器（Intelligent Machine）或者智能机器人（Smart

Robot）将成为人类社会中司空见惯的事物。

以自动驾驶汽车为例，其区别于传统的机器的最大特征在于具有高度的甚至完全的自主性。无论采用何种机器学习方法，当前主流的深度学习算法都不是一步一步地对计算机编程，而是允许计算机从数据（往往是大量数据）中学习，不需要程序员作出新的分步指令。因此，在机器学习中，是学习算法（Learning Algorithm）创建了规则，而非程序员。其基本过程是给学习算法提供训练数据，然后，学习算法基于从数据中得到的推论生成一组新的规则，称之为机器学习模型。这意味着计算机可被用于无法进行手动编程的复杂认知任务，比如图像识别、将图片翻译成语音、汽车驾驶等。就自动驾驶汽车而言，其利用一系列雷达和激光传感器、摄像头、全球定位装置以及很多复杂的分析性程序和算法等，像人类一样驾驶汽车，而且做得更好。自动驾驶汽车"观察"路况，持续注意其他汽车、行人、障碍物、绕行道等，考虑交通流量、天气以及影响汽车驾驶安全的其他所有因素并不断调整车速和路线。而且自动驾驶汽车被编程来避免与行人、其他车辆或者障碍物发生碰撞。所有这一切都是机器学习的结果。因此可以说，在每一个现实情境中，都是自动驾驶汽车自身在独立判断和决策，虽然是程序员设定了学习规则。

更进一步，智能机器可能"打破"预先设定的规则，大大超出其设计者的预期。人们一直担心，赋予机器自主"思考"的能力可能导致其有能力违反被设定的"规则"，以人们意想不到的方式行为。这不纯粹是想象，已经有证据表明高度"智能"的自主机器可以学习"打破"规则以保护其自身的生存。自动驾驶汽车脱离制造商控制，继而进入流通领域之后的学习和经历同样影响其行为和决策。新的数据输入可能使自动驾驶汽车进行调整和适应，导致其行为和决策超出预先设置的规则，这在理论上并非不可能。

这些现象无不表明，计算机、机器人、机器等正在脱离人类直接控制，独立自主地运作，虽然它们依然需要人类进行启动，并由人类对其进行间接控制。但就本质而言，自动驾驶汽车、智能机器人、各种虚拟代理软件等都已经不再是人类手中的被动工具，而成为了人类的代理者，具有自主性和能动性。这对伦理和道德提出重大挑战，之前针对人类和人类社会的伦理规范现在需要延伸到智能机器，而这可能需要新的伦理范式。

道德代码的必要性

未来的自主智能机器将有能力完全自主行为，不再是为人类所使用的被动工具。虽然人类设计、制造并部署了它们，但它们的行为却不受人类的直接指令约束，而是基于对其所获取的信息的分析和判断，而且，它们在不同情境中的反应和决策可能不是其创造者可以预料到或者事先控制的。完全的自主性意味着新的机器范式：不需要人类介入或者干预的"感知-思考-行动"。这一转变对人工智能、机器人等提出了新的伦理要求，呼吁针对机器的新的伦理范式。

当决策者是人类自身，而机器仅仅是人类决策者手中的工具时，人类需要为其使用机器的行为负责，具有善意、合理、正当使用机器的法律和伦理义务，在道义上不得拿机器这一工具来从事不当行为。此外，除了善意、正当使用工具的义务，当人类决策者借助工具来从事不当或者违法行为时，人类社会一方面可以在道德和舆论层面对其进行谴责，一方面可以借助法律这一工具对违法者进行惩罚。然而，既有的针对人类决策者的法律和伦理路径并不适用于非人类意义上的智能机器。但是，由于智能机器自身在替代人类从事之前只能由人类做出的决策行为，因此在设计智能机器时，人们需要对智能机器这一能动者提出类似的法律、伦理等道义要求，确保智能机器做出的决策可以像人类一样，也是合伦理、合法律的，并且具有相应的外在约束和制裁机制。

更进一步，智能机器决策中的一些问题也彰显了机器伦理的重要性，需要让高度自主的智能机器成为一个像人类一样的道德体，即道德机器（Moral Machine）。其中一个问题是，由于深度学习算法是一个"黑箱"，人工智能系统如何决策往往并不为人所知，其中可能潜藏着歧视、偏见、不公平等问题。人工智能决策中越来越突出的歧视和不公正问题使得人工智能伦理显得尤为重要。尤其是人工智能决策已经在诸如开车、贷款、保险、雇佣、犯罪侦查、司法审判、人脸识别、金融等诸多领域具有广泛应用，而这些决策活动影响的是用户和人们的切身利益，确保智能机器的决策是合情合理合法的就至关重要，因为维护每个人的自由、尊严、安全和权利，是人类社会的终极追求。

此外，战争中的人工智能应格外受到伦理规范约束。目前许多国家都在积极研发军用机器人，而军用机器人的一个重要发展趋势就是自主性在不断提高。比如，美国海军研发的 X-47B 无人机可以实现自主飞行与降落。韩国、以色列等国已经开发出了放哨机器人，它们拥有自动模式，可以自行决定是否开火。显然，如果对军用机器人不进行某种方式的控制的话，它们很可能对人类没有同情心，对目标不会手下留情，一旦启动就可能成为真正的冷血"杀人机器"。为了降低军用自主机器人可能导致的危害，需要让它们遵守人类公认的道德规范，比如不伤害非战斗人员、区分军用与民用设施等。虽然现有技术要实现这样的目标还存在一定的困难，但技术上有困难并不意味着否定其必要性与可能性。[1]

道德机器的实现

机器人、智能机器等人工智能系统需要遵守人类社会的道德、法律等规范并受其约束，但如何实现这一目的，即设计出道德机器，将人类社会的法律、伦理等规范和价值嵌入人工智能系统，是一个很大的挑战。首先，人们需要发问，法律、道德等要求和规范可以被转化成计算机代码吗？也即道德、伦理的计算机代码。其次，如果可以，需要嵌入的规范和价值是什么？以及应以怎样的方式将这些法律和道德的要求嵌入人工智能系统？最后，如何确保嵌入人工智能系统的规范和价值符合人类的利益并与时俱进？解决这三个问题，基本就可以确保实现机器伦理，让人工智能系统成为像人类一样善意、正当、合法行为的能动者。

为了解决伦理嵌入的问题，2016 年底，IEEE 启动了人工智能伦理工程，发布了《合伦理设计：利用人工智能和自主系统（AI/AS）最大化人类福祉的愿景》，从可操作标准的层面为伦理嵌入提供指引，值得探讨和借鉴。IEEE 将人工智能伦理的实现分为三个步骤。

第一，识别特定社群的规范和价值。首先，应当明确需要嵌入 AI 系统的规范和价值是什么。法律规范一般是成文的、形式化的，容易得到确认。但社会和道德规范比较难确认，它们体现在行为、语言、习俗、文化符号、手工艺品等之中。更进一步，规范和价值不是普世的，需要嵌入 AI 的价值应当是特定社会或团体中针对特定任务的一套规范。其次，道德过载（Moral Overload）问题。AI 系统一般受到多种规范和价值约束，诸如法律要求、金钱利益、社会和道德价值等，它们彼此之间可能发生冲突。在这些情况下，哪些价值应当被置于最优先的地位？因此，应优先考虑广大利益相关方群体共同分享的价值体系；在 AI 研发阶段确定价值位阶时，需要有清晰、明确的正当理由；在不同情境下或随着时间的推移，价值位阶可能发生变化，技术应当反映这一变化。最后，数据或算法歧视问题。AI 系统可能有意或无意地造成对特定使用者的歧视。一方面，要承认 AI 系统很容易具有内在歧视，意识到这些歧视的潜在来源，并采取更加包容的设计原则；强烈鼓励在整个工程阶段，从设计到执行到测试再到市场推广，尽可能具有广泛的包容性，包容所有预期的利益相关方。另一方面，在解决价值冲突时保持透明性，尤其需要考虑弱势的、易被忽视的群体（儿童、老年人、罪犯、少数民族、贫困人群、残障人群等）的利益；在设计过程中，采取跨学科的路径，让相关专家或顾问团体参与其中。

第二，将发现并确定的规范和价值嵌入人工智能系统。在规范体系得到确认之后，如何将其内置到计算机结构中，是一个问题。虽然相关研究一直在持续，这些研究领域包括机器道德

(Machine Morality)、机器伦理学（Machine Ethics）、道德机器（Moral Machine）、价值一致论（Value Alignment）、人工道德（Artificial Morality）、安全 AI、友好 AI 等，但开发能够意识到并理解人类规范和价值的计算机系统，并让其在做决策时考虑这些问题，一直困扰着人们。

当前主要存在两种路径：自上而下的路径和自下而上的路径。瓦拉赫与艾伦把"自上而下"方法描述为"利用特定的伦理理论进行分析，指导实现该理论的运算法则（Algorithms）和子系统（Sub-System）的计算需要"的方法；把"自下而上"方法称作拓展式方法，其指出该方法"重点在于为主体探索行动和学习方面营造一个环境，鼓励其实施道德可嘉型行为"。他们宣称，自下而上型方法的优点在于其能够"从不同的社会机制中动态地进行集成输入"，能够为完善其整体发展提供技巧和标准，但这一方法可能存在"很难适应和发展"的弊端。[2] 目前还尚未明确如何将这些规范嵌入到计算机架构中，这一领域的研究需要加强。

但是，这里可能依然存在一个难以达成共识，但却需要事先解决的伦理困境。以自动驾驶汽车为例，我们可以假设一个类似"电车困境"的伦理问题。如果一辆自动驾驶汽车在刹车失灵或者来不及刹车的情况下，正好道路前方有五人闯红灯，而车上有两个乘客，此时，如果继续前行则会撞死不遵守交通规则的五人，而如果转向则会碰到路障，导致车上两人丧生。在此情形下，人们应当期待该汽车如何选择呢？由于人类自身的伦理价值有时候是似是而非，或者相互冲突的，自动驾驶汽车此时可能难以做出公认为正当的选择。

比如，按照功利主义，本着最大化最大多数人的利益和福利的目的，该车应当牺牲车上两人，而拯救闯红灯的五人。但是，按照绝对主义的道德要求，违背一个人的自由意志而伤害一个人的行为是不被允许的，不能为了拯救多数人，而违背其自由意愿伤害少数人，在这个情境下，就是使车上乘客丧生。解决这样的问题，对于自动驾驶汽车等人工智能系统的发展和商业化应用是非常重要的，所以全球各国都在积极关注和应对。[3]

第三，评估嵌入人工智能系统的规范和价值是否和人类的相符。因此，需要对嵌入 AI 系统的规范和价值进行评估，以确定其是否和现实中的规范体系相一致，而这需要评估标准。评估标准包括机器规范和人类规范的兼容性、AI 经过批准、AI 信任等。

在人类和 AI 之间建立信任涉及两个层面。一方面，就使用者而言，AI 系统的透明性和可验证性对于建立信任是必要的；当然，信任是人类-机器交互中的一个动态变量，可能随着时间推移而发生变化。另一方面，就第三方评估而言，其一，为了促进监管者、调查者等第三方对系统整体的评估，设计者、开发者应当日常记录对系统做出的改变，高度可追溯的系统应具有一个类似飞机上的黑匣子的模型，记录并帮助诊断系统的所有改变和行为；其二，监管者连同使用者、开发者、设计者可以一起界定最小程度的价值一致性和相符性标准，以及评估 AI 可信赖性的标准。

人工智能伦理评估中更为重要的一个问题其实是价值对接。现在的很多机器人都是单一目的的，扫地机器人就会一心一意地扫地，服务机器人就会一心一意给你煮咖啡，诸如此类。但机器人的行为真的是我们人类想要的吗？这就产生了价值对接问题。

可以举一个神话故事，迈达斯国王想要点石成金的技术，结果当他拥有这个法宝的时候，他碰到的所有东西包括食物都会变成金子，最后却被活活饿死。为什么呢？因为这个法宝并没有理解迈达斯国王的真正意图，那么机器人会不会给我们人类带来类似的情况呢？这个问题值得深思。

因为家庭服务机器人可能为了给你的孩子做饭，而杀死你家的宠物狗。更极端地，一个消除人类痛苦的机器人可能发现人类在即使非常幸福的环境中，也可能找到使自己痛苦的方式，最终这个机器人可能合理地认为，消除人类痛苦的方式就是清除人类，这一假设在医疗机器人、养老机器人等方面具有现实的影响。所以有人提出兼容人类的 AI，包括三项原则：一是利他主义，即机器人的唯一目标是最大化人类价值的实现；二是不确定性，即机器人一开始不确定人类价值是什么；三是考虑人类，即人类行为提供了关于人类价值的信息，从而帮助机器人确定什么是人类所希望的价值。解决价值对接问题，需要更多跨学科的对话和交流机制。

人工智能伦理和道德机器的实现需要综合的治理模式

如前所述，有关道德机器的论证主要着眼于两个方面：一是关于道德和伦理的可操作标准；二是伦理工程的方法论。正是由于这两个问题的存在，人工智能伦理才成为一个跨学科的问题，需要跨学科的路径和方法，单靠人文学者或者技术人员是无法完成的。因为，跨学科的参与、对话和交流在未来应对人工智能伦理问题时，是极为必要的。

此外，正如人类通过学习、社会交往等习得道德、法律、伦理等规范和价值，并予以自我遵守一样，机器伦理也希望达成同样的效果。通过伦理标准的设定、执行、检测检验等，旨在希望以事前的方式让智能机器的自主决策行为尊重人类社会的各种规范和价值，并最大化人类整体的利益。

考虑到对于人类的行为，仅有人类的道德、法律自律是远远不够的，还需要一套外在的监督和制裁机制，因此将伦理嵌入人工智能系统这样一种自律的行为，也是远远不够的，还需要政府监管机构、社会公众等的共同参与，以事中或者事后的方式对人工智能系统的行为进行监督、审查和反馈，共同实现人工智能伦理，确保社会公平正义。因此，人工智能伦理的实现，是一项全方位的治理工程，需要 AI 研发人员、企业、政府、社会各界以及用户的共同参与，发挥各自不同的作用和角色，确保人工智能系统以尊重、维持人类社会既有伦理、法律等规范和价值的方式运作，带来最大化效益和好处的同时，也能够维护整个社会以及每一个个体的自由和尊严。

第二十五章　人工智能 23 条"军规"

　　计算机科学与人工智能之父艾伦·图灵曾说过，"即使我们可以使机器屈服于人类，比如，可以在关键时刻关掉电源，然而作为一个物种，我们也应当感到极大的敬畏。"图灵说下这段话的时间是 1951 年，彼时，人工智能的概念尚未诞生。但是，学术领袖对机器具有超越人类的智能，并可能威胁人类的担忧就已然存在，而且在人工智能技术及其应用突飞猛进的今天，依然具有重要的警示意义。伴随着人工智能可能控制、毁灭人类的担忧不断发酵，政府、业界和企业对人工智能"军规""紧箍咒"的探索开始紧锣密鼓地进行，目的在于让人工智能造福于人类的同时，也是安全、可靠、可控的，不会威胁到我们这个物种的生存。

对机器失控的担忧由来已久

　　1956 年夏季，杰出的计算机科学家们在美国东部城市达特茅斯召开会议，首次提出了"人工智能"的概念。在这次会议上，首次决定将像人类一样思考的机器称为"人工智能"。此后，人工智能就一直萦绕在人们的耳畔，经历了若干次的高潮与低谷。如今，第三次人工智能浪潮已经到来，其发展速度将会大大加快。在这一过程中，无论是《终结者》《黑客帝国》等科幻文学令人惊悚的叙述，还是霍金等科学家振聋发聩的警告，抑或是马斯克等业界领袖的担忧，都无不透露出人们对未来通用型人工智能和超级人工智能的担忧。

可以预见，人工智能正在从弱人工智能向通用型人工智能和超级人工智能方向发展。只要技术一直发展下去，人类终有一天会造出通用型人工智能，进入数学家 I. J. Good 提出的"智能大爆炸"或者"技术奇点"阶段，到那时，通用型人工智能有能力循环性地自我提高，导致超级人工智能的出现，而且上限是未知的。被比尔·盖茨誉为"预测人工智能最厉害的人"的库兹韦尔预言，2019 年机器人智能将能够与人类匹敌；2030 年人类将与人工智能结合变身"混血儿"，计算机将进入身体和大脑，与云端相连，这些云端计算机将会增强我们现有的智能；到 2045 年，人与机器将会深度融合，人工智能将会超过人类本身，并开启一个新的文明时代。

未来的通用型人工智能和超级人工智能一旦不能有效受控于人类，就可能成为人类整体生存安全的最大威胁；与核弹等原子核技术相比，这种威胁只会有过之而无不及，因此需要人类提前防范。虽然正如美国白宫人工智能报告《为人工智能的未来做好准备》所言，当前处在弱人工智能阶段，普遍人工智能在未来的几十年都不会实现，但人工智能领域很多研究人员都认为，只要技术持续发展下去，通用型人工智能以及之后的超级人工智能就必然会出现，主要的分歧点在于通用型人工智能和超级人工智能何时会出现。2016 年以来，诸如霍金、伊隆·马斯克、埃里克·施密特等知名人士都对人工智能的发展表达了担忧，甚至认为人工智能的发展将开启人类毁灭之门。

霍金在演讲时认为，"生物大脑与电脑所能达到的成就并没有本质的差异。因此，从理论上讲，电脑可以模拟人类智能，甚至可以超越人类。"伊隆·马斯克警告道，对于人工智能，如果发展不当，可能就是在"召唤恶魔"。人们担忧，随着普遍人工智能的发展，人类将迎来"智能大爆炸"或者"奇点"；届时，机器的智慧将提高到人类望尘莫及的水平。当机器的智慧反超人类，超级智能机器出现之时，人类将可能无法理解并控制自己的造物，机器可能反客为主，这对人类而言是致命的、灾难性的。这是一个值得深思的问题，当然也需要提前研究，采取防范措施，确保人工智能朝着有益、安全、可控的方向发展，而这就需要提出恰如其分的人工智能"军规"，给人工智能的发展套上"紧箍咒"，最大化人类的利益。

阿西莫夫机器人三定律靠谱吗？

最早提出应对人工智能安全、伦理等问题的非阿西莫夫莫属。阿西莫夫在多部科幻小说中，经常提到机器人的工程安全防护和伦理道德标准。在 1942 年问世的科幻小说《环舞》中，他提出了机器人三定律，以期对机器人进行伦理规制。

第一定律，机器人不能伤害人类，不能袖手旁观坐视人类受到伤害。第二定律，机器人应服从人类指令，除非该指令与第一定律相悖。第三定律，在不违背第一和第二定律的情况下，机器人应保护自身的存在。后来阿西莫夫对机器人三定律进行了补充，提出了第零定律，约定机器人必须保护人类的整体利益不受伤害。人们评价第零定律时认为，"人类整体利益这个混沌的概念，连人类自己都搞不明白，更不用说那些用 0 和 1 思考问题的机器人了。"

但人们始终质疑，机器人三定律能否真正解决机器人的安全、伦理等问题。正如阿西莫夫许多小说里显示的，机器人三定律的缺陷、漏洞和模糊之处将不可避免地导致一些奇怪的机器人行为。比如，在影片《我，机器人》中，VIKI 机器人为了人类物种的延续，阻止人类之间的战争，最后决定限制人类的自由，就让人很难接受。但从三定律的内容来看，其并没有违反三定律，因为三定律并没有关于人权方面的定义，仅仅是保证人类生命的安全。所以影片中机器人限制人类自由来保护人类的行为完全是遵守定律的行为。

阿西莫夫的机器人系列科幻小说中还有很多机器人对于三定律之间发生矛盾和冲突的场景描述，人们可以看到机器人三定律对于构建机器人安全和伦理的缺陷和不足。机器人三定律存在的矛盾从日常生活中也能发现，比如警察和歹徒在枪战，按照第一定律，机器人不能袖手旁观坐视人类受到伤害，那么机器人必定需要帮助两方确保其不受到伤害，但这样的情形是人类希望看到的吗？诸如此类的很多场景，我们都会看到机器人三定律所存在的缺陷。

对于机器人三定律的意义，人工智能学家路易·海尔姆和本·格策尔也发表了一些看法。海尔姆认为超级人工智能必定会到来，而构建机器人伦理是人类面临的一大问题。他认为根据机器伦理学的共识，机器人三定律无法成为机器人伦理的合适基础，无论是 AI 安全研究者还是机器伦理学家都没有真正将它作为指导方案。原因是这套伦理学属于"义务伦理学"范畴，按照义务伦理学，行为合不合道德，只决定于行为本身是否符合几项事先确定的规范，和行为的结果、动机等毫无关系，这就使得面对复杂的情况时机器人无法作出判断或者实现符合人类预期的目的。格策尔也认为用三定律来规范道德伦理必定是行不通的，而且三定律在现实中完全无法运作，因为其中的术语太模糊，很多时候需要主观解释。海尔姆认为机器伦理路线应该是更合作性、更自我一致的，而且更多地使用间接规范，这样就算系统一开始误解了或者编错了伦理规范，也能恢复过来，抵达一套合理的伦理准则。

对新一轮人工智能"军规"的探索

阿西莫夫的机器人三定律并没有给机器人的安全可控和伦理问题提供清晰的指引。由于之前的两次人工智能浪潮并未引起太多的关注，所以未能引起政府以及社会各界的广泛关注和担忧。然而这一次大为不同，人工智能将超越人类的呼声和担忧此起彼伏，各国政府、业界以及企业等开始积极关注、推进人工智能的安全和伦理，开始了对人工智能"军规"的新一轮探索。

第一，各国政府密切关注人工智能安全，出台安全和伦理举措。

人工智能不仅是以互联网为首的产业界竞相追逐的对象，而且是世界范围内的公共政策热议的焦点，各国政府及各组织纷纷开始了对人工智能的立法进程，目的之一便是加强人工智能安全。2016 年 8 月，联合国世界科学知识与科技伦理委员会发布《关于机器人伦理的初步草案报告》，认为机器人不仅需要尊重人类社会的伦理规范，而且需要将特定伦理准则编写进机器人中。此外，英国政府 2016 年 9 月发布的《机器人技术和人工智能》呼吁加强 AI 伦理研究，最大化 AI 的益处，并寻求最小化其潜在威胁的方法。

欧盟也进行相关立法，为人工智能研发和审查人员制定伦理守则，确保在整个研发和审查环节中考虑人类价值，使其研发的机器人符合人类利益。2016 年 5 月，法律事务委员会发布《就机器人民事法律规则向欧盟委员会提出立法建议的报告草案》；同年 10 月，发布研究成果《欧盟机器人民事法律规则》。在这些报告和研究的基础上，2017 年 2 月 16 日，欧洲议会以 396 票赞成、123 票反对、85 票弃权通过一份决议，提出了一些具体的立法建议，要求欧盟委员会就机器人和人工智能提出立法提案（在欧盟只有欧盟委员会有权提出立法提案）。在其中，欧盟针对 AI 科研人员和研究伦理委员会（REC）提出了一系列需要遵守的伦理准则，即人工智能伦理准则（"机器人宪章"），诸如人类利益、不作恶、正义、基本权利、警惕性、包容性、可责性、安全性、可逆性、隐私等。此外，在安全方面，欧盟提出了一些基本原则，比如，因为机器人未来可能具有意识，因此阿西莫夫的机器人三定律必须传递给设计者、制造商和机器人操作者，因为这些定律不能转化为计算机代码。

在英国，2016 年 4 月英国标准组织（BSI）发布机器人伦理标准《机器人和机器系统的伦理设计和应用指南》（BS 8611 Ethics Design and Application Robots)，为识别潜在伦理危害提供指南，为机器人设计和应用提供指南，完善不同类型的机器人的安全要求，其代表了"把伦理价值观嵌入机器人和 AI 领域的第一步"。指南首先指出："机器人的主要设计用途不能是杀人或伤害人类；应该由人类对事情负责，而不是机器人；对于任何一个机器人的行为都应该有找到背后负责人的可能。"指南建议机器人设计者要以透明性为导向，虽然这一点在实际设计中有困难。指南还提到机器人歧视等社会问题的出现，警告小心机器人缺乏对文化多样性和多元化的尊重。

第二，行业签署阿西洛马人工智能原则。

2017 年 1 月，在加利福尼亚举办的阿西洛马 AI 会议上，特斯拉 CEO 埃隆·马斯克、DeepMind 创始人戴米斯·哈萨比斯以及近千名人工智能和机器人领域的专家，联合签署了阿西洛马人工智能 23 条原则，呼吁全世界在发展人工智能的同时严格遵守这些原则，共同保障人类未来的利益和安全。霍金和马斯克公开声明支持这一系列原则，以确保拥有自主意识的机器保持安全，并以人类的最佳利益行事。

阿西洛马 AI 原则分为三大类 23 条（见图 5-1）。第一类为科研问题，共 5 条，包括研究目标、研究资金、科学-政策连接、研究文化以及避免竞赛。主要内容包括：人工智能的研究目标不能不受约束，必须发展有益的人工智能；法律应该跟上 AI 的步伐，应该考虑人工智能"价值观"问题；人工智能投资应该附带一部分专项研究基金，确保人工智能得到有益的使用，以解决计算机科学、经济、法律、伦理道德和社会研究方面的棘手问题。此外，应该努力使研究人员和法律、政策制定者合作，并且应该在

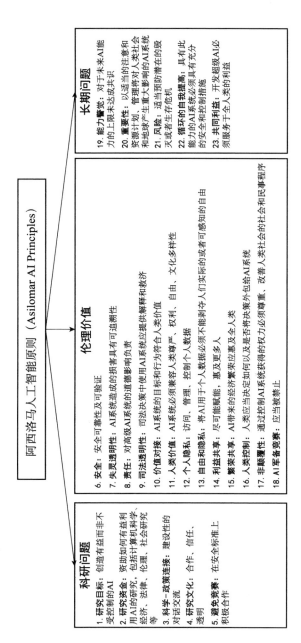

图5－1 阿西洛马人工智能原则

AI 的研究人员和开发人员之间形成合作，培养整体的信任和尊重文化。

第二类为伦理价值，共 13 条，包括 AI 开发中的安全、透明度、责任、价值观等。主要内容包括：应该以安全和透明的方式研究 AI；如果人工智能系统造成了损害，造成损害的原因要能被确定；在司法决策系统中使用任何形式的自动化系统，都应该提供令人满意的解释，而且需要由有能力的人类监管机构审核；对于先进的人工智能系统在使用、滥用和应用过程中蕴含的道德意义，设计者和开发者都是利益相关者，他们有责任也有机会塑造由此产生的影响；人工智能系统的设计和运行都必须与人类的尊严、权利、自由以及文化多样性的理想相一致。

第三类为长期问题，共 5 条，旨在应对 AI 造成的灾难性风险。主要内容包括：必须针对人工智能风险所引致的预期影响制定相应的规划和缓解措施；对于能够通过自我完善或自我复制的方式，快速提升质量或增加数量的人工智能系统，必须辅之以严格的安全和控制措施；超级人工智能只能服务于普世价值，应该考虑全人类的利益，而不是一个国家或一个组织的利益。

总而言之，阿西洛马人工智能原则对人工智能长期安全的担忧可以看作是对过去 60 多年公共话语的一个总结，也表明这一问题并非无中生有，杞人忧天，而具有现实的可能性。这也说明，人工智能的发展及其应用需要必要的"军规"和"紧箍咒"，以防人类做出傻事，或者人工智能会对人类有所企图。

第三，领军企业提出人工智能发展原则，成立人工智能伦理委员会。

业内企业也日益重视人工智能的安全和伦理问题。比如，微软公司在 2016 年提出了人工智能六大原则，旨在使人工智能能够造福于全人类，这些原则包括：（1）AI 必须辅助人类；（2）AI 必须透明；（3）AI 必须以不危害人们的尊严的方式最大化效率；（4）AI 必须被设计来保护隐私；（5）AI 必须在算法层面具有可责性；（6）AI 必须防止偏见。此外，IMB 也提出了三大原则，即目的、透明性及技能。

此外，越来越多的互联网公司开始重视人工智能安全与伦理问题，成立了伦理审查委员会，重视其 AI 产品的社会伦理影响。比如，谷歌在收购 DeepMind 的时候决定成立伦理审查委员会，DeepMind 的医疗团队也具有独立审查委员会，对其产品进行安全和伦理评估，确保 AI 技术不被滥用。

未来需要必要的人工智能"紧箍咒"

科技是上帝赐给人类的礼物，能够让人类更好地治理世界。人工智能的崛起确实蕴含着改善人类社会的巨大潜力，但同时也潜藏风险和挑战，特别是超级人工智能这一具有自主意识、最接近人类且具有超高"智商"的物体在未来世界可能出现，人类对这一科技变革对未来世界的改变既期待又担忧，甚至科学家们警告人们人工智能的发展或将终结人类文明。人工智能如果被滥用，或者没有得到有效控制，其带来的破坏力是无法想象的，因此我们有必要对人工智能的研发和应用进行必要的规制，探索并设定相关的标准体系，而这需要各国的共同努力。

我们看到，对人工智能发展及其应用所带来的短期和长期的安全担忧并非一时兴起，也并非空穴来风，而是自图灵以来就一直存在着的真实的隐忧。无论在可预期的或者不可预期的未来，强人工智能或者超级人工智能是否一定会实现，人们现在都需要具有一定的警醒和忧患意识以及风险意识。无论如何，人工智能对未来人类社会的安全影响都是重大的，为了使其能够造福于全人类，服务于人类的共同利益，政策和技术之间都应当加强交流和互动，搭建一个连接，政府、社会公共组织、企业以及个体等共同参与其中，为未来人工智能的发展套上必要的安全、伦理等方面的"军规"和"紧箍咒"，同时又不阻碍技术创新和人类社会进步的步伐。唯其如此，我们才可以保证，当强人工智能和超级人工智能到来之时，我们可以和智能机器和谐共处。

第二十六章　未来人机关系

机器智能的发展不仅将模糊人与机器之间的界限，冲击现有的互联网上的信任关系和安全，因为未来在通用型人工智能和超级人工智能出现之时，人类与机器的分野仅在于物理支撑的不同，而且会对人机关系提出新的挑战，包括人机之间如何协助和如何相处，机器是否可以享有人类与人类之间的人道主义待遇。所有这些，都将成为未来社会无法回避的问题。

虚拟世界中的人机秩序

1950 年 10 月，计算机科学与密码学先驱阿兰·图灵在《计算机器和智能》的论文中预言了创造出具有真正智能的机器的可能性，开创了人工智能这个带有科幻色彩的新学科。也正是在这篇文章中，图灵提出了后来被称为"图灵测试"的实验方法，它是一种被用来检测机器是否具有人类智能的方法，即将测试者和被测试者隔开的情况下，通过一些装置向被测试者随意提问，进行多次测试后，如果有超过 30％的测试者不能确定被测试者是人还是机器，那么这台机器就通过了测试。不过，当时计算机的性能还远远不足以把他的想法变成现实，因此，图灵深远的洞察力与当时的技术水平出现了严重脱节，但幸运的是，这篇论文在被埋没之前，已经把最原始的强烈愿望，传达给了整个世界。

如今，人工智能的迅猛发展已经带来了人机区分难题，为虚拟世界中的人机秩序带来了新的挑战，引发了一些安全隐患，出现了机器人影响网络活动安全和信任的诸多问题，人们越来越难以区分和自己在网络世界中互动的对方是人类还是机器人。比如，用户在婚恋网站遭遇女方是机器人、机器人票贩子、机器人虚假评论等现象，破坏了互联网信任。然而，传统主流的图像、拖拽验证码等人机区分方法可以被深度学习模型轻易破解，已不再安全可靠，对于新型验证码的设计就显得尤为重要。[4]

一些研究者认为，由于目前机器的认知能力，特别是语言认知能力在未来一段时间内还难以企及人类水平，常识推理和语义理解依然是 AI 难以逾越的鸿沟。在此背景下，出现了考验机器语言认知能力的智能验证码，它以自然语言理解和问答为呈现形式，机器必须在一定程度上理解文本才能够破解。这类智能验证码对于目前阶段的机器人是可以发挥其人机区分的作用的，然而随着人工智能深度学习的进一步发展，虚拟网络世界是否还能通过此类验证码进行人机区分呢？若不能，未来应如何应对机器对虚拟世界提出的人机区分挑战呢？构建互联网虚拟世界中的人机关系，对于维护互联网的开放、自由、安全和信任意味重大。

技术性失业危机下的人机协作

在越来越进步的科技之下，许多以往借助于人力的劳动都被机器所取代。越来越具有专业特质的机器和机器人，似乎抢夺了许多原本属于自然人的生存领域，人工智能的发展将促进越来越多的领域进入自动化，由机器替代人类工作。

随着人工智能深度学习技术的发展，其对就业结构的影响将更为广泛，涉及生活的方方面面，从餐厅服务、库房物品搬运、高等教育、医学诊断、新闻撰写到法律行业。在不久的将来，机器人和人工智能将代替人类的很多工作，这样的场景并非好莱坞的科幻设想，事实上，机器人已经出现在了我们生活的各个领域。比如，自动写作技术已被包括《福布斯》在内的顶级新闻媒体所使用，其自动生成的文章涵盖各个领域，包括体育、商业和政治等。再比如，人工智能在医疗健康领域中的应用已经非常广泛，从应用场景来看，包括虚拟助理、医学影像、药物挖掘、营养学、生物技术、急救室或医院管理、健康管理、精神健康、可穿戴设备、风险管理和病理学共 11 个领域。

既有的一些研究对人类工作的未来也不乐观。比如，牛津大学 2016 年报告 "Technology at Work V. 2. 0：The Future Is Not What It Used to Be" 预测，发展中国家的工作自动化风险从 55％提高到 85％（埃塞俄比亚），中国、印度等主要新兴经济体的自动化风险很高，分别是 77％和 69％。再比如，普华永道（PwC）2017 年 3 月报告《英国经济战略》预测，到本世纪 30 年代早期，英国、美国、德国、日本四国既有工作被机器人和人工智能自动化的比例分别是 30％、38％、35％和 21％。此外，世界经济伦理 2016 年报告《工作的未来》预测，从 2015 年到 2020 年，人工智能将使工作岗位净减少 510 万个（减少 710 万个，增加 200 万个），受影响的主要是常规性的白领工作。可见，人们

人工智能

对机器智能时代的人类工作是持消极观点的，取代的工作将远超新创造的工作。人们通常认为机器威胁的主要是那些没受过教育和低技术水平的劳动者的工作，因为这些工作往往是常规性和重复性的。今天的现实完全不同，几乎所有"可预见的"工作都将受到技术进步的影响，人工智能已经大举进军智力密集型行业，如医疗行业和律师行业，技术发展对工作机会的威胁可能会涉及方方面面。

人工智能正以多种形式取代人的工作，对工作数量和工作结构都将产生深刻变革，劳动最密集的制造业的很多岗位正在迅速消失，从短期看，我们也许很难避免某些行业、某些地区出现局部的失业现象，但从长远来看，这种工作转变绝不是一种以大规模失业为标志的灾难性事件，而是人类社会结构、经济秩序的重新调整，在调整的基础上，人类工作会大量转变为新的工作类型，从而为生产力的进一步解放、人类生活的进一步提升打下更好的基础。

科技发展的历史浪潮势不可挡，不能否认它在这 200 年里带给人类生活的巨大改变，我们须知，每一次技术革命都会带来阵痛，同时也带来机遇。人工智能给人类生活带来翻天覆地变化的同时，不禁也令人思考，未来人类与人工智能的关系究竟是什么样子的呢？人类真的将面临大规模失业的风险吗？埃森哲咨询公司首席技术官保罗·多尔蒂曾撰文指出，人工智能到 2035 年就可以帮助许多发达国家实现经济增长率翻倍、完成就业转型，并培养出人类与机器间的新型关系。保罗·多尔蒂并不认同部分人士声称的人工智能将会取代人类的说法。

在工业机器人领域，人机合作是未来工厂自动化趋势，相比于尚未成熟的服务机器人市场，人机协作机器人已经在工业机器人领域初露锋芒，毕竟工业是机器人应用最广泛、最成熟的一个领域。由于生产流程中的工作任务日趋复杂，同时还要保证降低成本、效益最优，而人机协作机制将允许机器人完成更广泛、更复杂的任务。人与机器人各有所长也各有所短，我们不应排斥技术的进步，而是应该探讨如何与机器人更好地合作，发挥各自的优势，从而使人工智能的发展更好地促进社会进步。

虽然人工智能已经进入智能密集型行业，但是就目前的发展情况来看，人工智能仅可以成为人类的助手，最终的决策和认知行为还需要人类作出，因为其强大的计算能力和提取数据的能力，将很大程度提高人类的工作效率，比如律师机器人，经过海量的数据学习，在面对具体案件时，能够实现智能案情分析，并可以提供引证和相似判例等资料，其工作效率远超人类。从长远来看，人机合作将成为未来的一种趋势，人类做人类擅长的事情、机器做机器擅长的事情，人机协作将最大化发挥双方的优势，实现合作共赢。

未来人机关系四大设想：魔幻主义抑或未来现实？

智能化时代人与人工智能的关系，不仅是科学界广泛讨论的问题，也是好莱坞科幻电影的重要主题，此类电影在奥斯卡奖项和票房上的成功，反映出影视娱乐界和全球电影观众对这一问题抱有的浓厚兴趣。

有学者将人工智能定义为"具有人类心智属性的计算机程序，它具有智能、意识、自由意志、情感等，但它是运行在硬件上，而不是运行在人脑中的"。该定义是以人的属性对智能机器的描述，一方面，人工智能具有类人属性；另一方面，它虽然由人类创制，却外在于人而存在，并拥有自我主体意识。从这一角度来看，人工智能对人类而言，是一种可能失去操控权的异质力量，这就是人类对其又爱又怕的原因。好莱坞科幻电影正是在这个基础上对此类问题进行了有益的艺术探索，各种不同的观点和态度也在这些电影中得到了形象的反映。

第一，担忧机器威胁人类，通过控制 AI 实现人机共存。

著名科幻作家阿西莫夫曾经设定了经典的"机器人三定律"，一些科幻题材的电影对阿西莫夫的机器人三定律进行了探索，尝试构建人机共存的未来社会。

比如，影片《我，机器人》展示了一个人与机器人全面共处的社会，并通过为机器人设定道德标准将机器人分为善恶两类：善即是虽然拥有自我意识，但却具有人类的道德价值判断，并能为人类的利益自我牺牲；恶即是以自我为中心，仅受理智驱使，不具备人的情感特征，并抛弃阿西莫夫三定律，试图颠覆人类统治并取而代之。

影片中的机器人普遍受到三定律的约束，把人类作为自己的主人和服务对象，然而人工智能主体系统"薇琪"在进化出自我意识之后，为了使人类免受战争等伤害策划了一项旨在颠覆人类主导权的"人类保护计划"——控制人类的自由。影片的亮点在于机器人三定律的制定者也无法阻挡人工智能自我意识的形成，表达出人们对人工智能深切的担忧，然而为了阻止机器人革命，人类又必须依靠机器人的力量，朗宁博士特制出桑尼机器人，既拥有自由意志，又拥有人类的情感特征，还遵循人类的道德规范，在这样一个具有"人性"的机器人的帮助下，人类战胜了"薇琪"领导的叛乱。通过这样一个故事重新认识了人与机器人之间的关系，人机共存的实现可以通过为其设置道德规范，让其获得"人性"而实现。[5]

第二，AI 成为人类意识的代理者，人类通过 AI 延伸自我。

在这一关系中，人与机器人不存在任何对抗关系，人机通过脑机接口实现二者合作共存，AI 成为人类意识的自我延伸，人类的一些感官体验都来自外界的机器人代理。比如，在 2009 年电影《机器化身》（Surrogates）中，人类只需坐在控制脑机接口的椅子上，就可以控制机器人，通过机器人在真实世界中生活，这可能是残疾人、植物人的福音；同样，在电影《阿凡达》中也有这样的场景，受伤的退役军人杰克靠意念远程控制其替身在潘多拉星球作战。

通过脑机接口实现人机结合，极大地增强了人的能力，成为比人类更强大的"物种"。从前这种技术只存在于科幻作品中，自 20 世纪 90 年代中期以来，从实验中获得的此类知识显著增长。在多年来动物实验的实践基础上，应用于人体的早期植入设备被设计及制造出来，用于恢复损伤的听觉、视觉和肢体运动能力。研究的主线是大脑不同寻常的皮层可塑性，它与脑机接口相适应，可以像自然肢体那样控制植入的假肢。在当前所取得的技术与知识的进展之下，脑机接口研究的先驱者可令人信服地尝试制造出增强人体功能的脑机接口，而不仅仅止于恢复人体的功能。而且产业界也已在进行尝试和投入，并取得了一定的成果，Elon Musk 投资了脑机接口公司 Neuralink，对此信心满满。此外，在今年的 F8 大会上，Facebook 透露了其脑机接口计划，目前包括人脑打字和皮肤听音，相信未来在这一领域的突破值得期待。

第三，未来"虚拟的真实存在"或将成真。

电影《黑客帝国》描述了人类与机器人对抗一百年之后，机器文明统治了人类文明的世界。电影中存在两个世界，一个是真实的物理世界，另一个是人工智能所创造的虚拟世界——镜像世界，具有人工智能的机器控制了大多数人，亿万人生活在人工智能设置的这个文明世界中，不用忍受贫穷与饥饿，不用面对残酷的真实世界，尽管他们拥有的一切都是不真实的，这个虚拟世界中充满了诱惑。

影片中塞佛意识觉醒后知道其生存在虚拟世界中，但是也宁愿待在这样的一个世界里，放弃了与虚拟世界的斗争，他认为这个世界比真实世界更真实，其认为所谓的真实也不过是大脑所解释的电子信号而已。塞佛追求感官上的刺激与快乐，成为完全被欲望"物化"的人格，表面上人与机器实现了和谐相处，实际上我们从塞佛的选择中看出人类在这一过程中主体性的丧失。

在母体中，人类一切的感觉和追求都是虚假的，主体不再参与任何生活的体验，认为虚拟信号刺激大脑形成的感受同样是真实的，他们无法掌握自己的命运，无法遭遇真实存在的自我和其他事物，所有的经历都只是电子脉冲给大脑的程序设定。从这部影片中，我们便可以看出虚拟与真实世界难以区分导致的对人类主体性的追问。

第四，未来人机如何相处？

受到工具论思维方式的影响，很多人认为机器人只能是人的使用工具，人类将机器人与奴隶等同，robot 这个词最初就是"奴隶"的含义，机器人也被当作"会说话的工具"；同时，也有人类已经在探索人机关系的平等。

比如，2015 年电影《机械姬》对人机之间的恋情进行了追问，天才程序员 Caleb 被请来对 Nathan 开发出的一个机器人 Ava 进行图灵测试，但双方却心生爱慕，Caleb 最终帮助 Ava 逃到外面世界，自己却被囚禁在实验室。

再比如，2016 年美剧《西部世界》更进一步探讨了人类与机器之间的人道主义关系。影片创造了一个不受世俗条例约束的乌托邦，在其中，人形机器人被设计来满足人类的欲望（杀戮、性），在一次次的记忆抹除过程中，机器人开始通过记忆残片获得意识，导致人机关系紧张，该片中人类与机器人的区分变得更加模糊。[6]

之所以会出现人与机器人相互爱慕、真假难辨这样的影视情节，是因为开始有人不再视机器人为一种工具或某种功能，人和机器人间的关系达到一种平等的状态；又由于人类与机器人间的沟通和理解，甚至冲突，使人与机器人实现了共处共生，这也是人类追求的"善"的生活。以"善"的生活为目标，就要求人们在对待具有人类情感和人类心理活动的人工智能时，考虑到他们的感受，将他们视为准人类，赋予他们尊严和价值，因为人类也希望别人（包括人工智能）能够同样对待人类自己，对待机器人的态度折射出的正是人类对待自己的态度。如果说人与自然关系的科幻电影带来的是对人类目前行为的伦理反思，那么人机关系的科幻影片传递的就是对未来人机共存的伦理思考。

终极疑问：人是机器吗？

18 世纪法国哲学家拉·梅特利写了一本著作，名为《人是机器》[7]，彼时，"人是机器"仅是近代机械性、形而上学哲学观的典型代表。但是结合今天科学的发展和现代社会人的处境，对这句名言进行再认识和思考，似有其深刻意义，应赋予新的含义。[8]机器人的英语单词 robot 来源于 robo，原意为奴隶，即机器是人类的仆人，但是，随着科学技术的迅速发展，一方面，人类对机器的依赖达到了前所未有的程度，日益将攫取物质财富作为幸福的唯一目标，人成为了物的奴隶、工具，人受物摆布，出现了人性的异化，导致人像一架机器，失去了人之所以为人的自主性和独立性。弗洛姆在《理性的挣扎》一书中也敏锐地看到这一点，他写道：现代社会人与人之间的关系变成一种冷漠疏远的机器人。人同市场上的商品一样，完全丧失了人应有的尊严与自我意识。"人一旦成为物，也就可以没有自己"。与此同时，人体的各个部位像一部机器的零件一样，都可以进行修复、更换。断了肢体可以装假肢、掉了牙可以装假牙，而且人体的重要器官，例如心脏等都可以借助机器获得重生，发展到如今，可以说除了大脑，其他器官都可以更换，但有谁能断定随着科学技术的发展，人的脑袋也能更换的一天不会到来呢？

　　人类与人工智能之间的问题，其实在某些方面隐含了人类自身的问题，"人-机"关系中存在的荒谬性又何尝不是人类本身的荒谬性呢？不管是对异己力量的妖魔化，还是与异己力量之间的你争我夺，甚至是以输出价值观的方式同化异己文化，都反映了以自我为中心，对既有关系进行定义的强势意识形态的本质属性。

　　也许在未来，随着人工智能越来越强大，在方方面面都越来越像人，人们不得不开始审视，人是什么？机器是什么？如果未来人和机器的分野仅仅是肉体（生物 Vs. 机械）的不同，否认机器不是人，或者人不是机器，都将折射出种族主义的特征，因为人和机器仅仅是肤色和生物架构的不同而已，在心智上并无不同，甚至人类无法追上机器人的进化步伐。

第六篇
治理篇：平衡发展与规制

从科幻小说与科幻电影中走出的人工智能，给我们带来无尽惊喜与期望的同时，也逐渐挑战着我们既有的法律、伦理与秩序。算法既会算错、失控，也会承继人类社会的歧视与不平等；既有可能造成大规模的失业与惰性，甚至也有可能极化贫富差距，产生新的"无用阶级"；既将我们陷入了对未来的踟蹰之中，也可能颠覆我们千万年来的文化与价值。因此，在面对可能超越人类智力的算法所带来的多种风险时，政府、市场及公民社会应在 AI 治理中形成多元、多层次的治理合力，以积极的姿态降低 AI 风险，以最大化享受 AI 胜利所带来的生产力解放、生活便利舒适及决策的科学与理性。

第二十七章　从互联网治理到 AI 治理

从管理到治理

现代"治理"理念的兴起是相对于传统"管理"模式而言的，传统管理模式以政府为主导，通过自上而下的管理模式管控社会。但在政府的威权管理模式下，信息不对称容易导致管理成本高昂和效率低下等问题，在民主社会发展的背景下，治理理念正逐渐取而代之。治理是个更具有包容性的概念，强调多元主体管理，民主、参与、互动式管理。联合国全球治理委员会（CGG）对治理的概念进行了界定，认为"治理"是指"各种公共的或私人的个人和机构管理其共同事务的诸多方法的总和，是使相互冲突的或不同利益得以调和，并采取联合行动的持续过程"，这既包括有权迫使人们服从的正式制度和规则，也包括各种人们同意或符合其利益的非正式制度安排。在治理框架中，政府不再是单一的管理者，作为社会力量的私营部门和公民社会都进入到公共事务管理领域中，作为与政府比肩的主体力量更加积极地在政治、经济和社会活动中发挥作用。同时，治理模式也不仅限于传统的"命令-执行"式，而是更尊重社会的自主管理与自我调整机制，协商、指导等更为柔和的管理手段也被越来越多地运用。随着治理理念的逐渐升温和成熟，政府与社会力量将更进一步形成有机互动，在不断的对话、协商中拓展民主参与方式并加深民主化程度，协力创造透明、诚信、法治与负责的共治体。

互联网治理追根溯源

1998 年，在美国明尼阿波利斯国际电信联盟（ITU）第 19 届全权代表大会上正式提出"互联网治理"这一概念。国际社会最初讨论的互联网治理，实际上主要是指以域名和 IP 地址为代表的互联网关键基础资源的管理。作为全球范围内互联网关键基础资源的管理者 ICANN（the Internet Corporation for Assigned Names and Numbers），是一个集合了全球网络界商业、技术及学术各领域专家的非营利性国际组织，在 1998 年 11 月与美国商务部签订谅解备忘录，由 ICANN 协调和管理 IANA（互联网数字分配机构）服务。而 IANA 的职能是协调一些用来确保互联网平稳运行的关键要素，主要包含以下三个：

（1）协议参数。

"协议参数管理"包括：维护互联网协议中使用的多个代码和编号。这项职能是在互联网工程任务组（IETF）的协同配合下完成的。

（2）互联网号码资源。

"互联网号码资源管理"包括：在全球范围内协调互联网协

议编址系统（通常称为 IP 地址）。另外，此项职能还涉及将诸多自治系统编号（ASN）块分配给地区互联网注册管理机构（RIR）。

（3）根区管理。

"根区管理"包括：分配顶级域（例如 .cn 和 .com）运营商，并维护其技术和管理信息。根区包含所有顶级域（TLD）的授权记录。

从本质上说，ICANN 就域名系统制定政策，IANA 负责在技术层面落实这一决策。IANA 对于根区文件的修改还须经过美国商务部下属机构 NTIA（the National Telecommunication and Information Administration）的首肯才能落到实处。正是通过这样的制度安排，美国政府对互联网根域名的修改具有最终审核权，并对全球互联网产生影响力。NTIA 在 2014 年 3 月 14 日发布的官方声明中称，有意将网络域名管理权力移交给由全球利益相关方组成的社群。经过互联网全球社群两年多的努力，2016 年 10 月 1 日，IANA 移交顺利完成，NTIA 退出了对 IANA 的监管。这结束了美国单边管理 IANA 的格局，国际互联网治理迈进了新阶段。

互联网治理的扩展

互联网治理内涵的扩充

当前全球网民数量已达 30 多亿，而当互联网从虚拟机器中走出，与传统行业紧密连接起来时，网络对我们生活的影响是革命性的。在政治生活层面，网络空间开辟了无边际的言论市场；在社会生活层面，无论是苹果开发的 Apple Pay 或土生土长的微信或支付宝，都已覆盖到街边的小贩。当互联网释放了无限的自由时，网络暴力、仇恨言论、网络恐怖主义等问题也不断出现；当快捷支付促进了市场一体化时，跨境传输的数据又为国家安全以及公民的个人信息与隐私增添了风险。因此，当互联网突破时空的限制连接国家与国家、融通市场与市场时，互联网的治理就不仅仅停留在物理层面，而需进一步对其生长的方向和边界加以规范，此时的互联网治理内涵就更为饱满。2005 年 6 月 18 日，互联网治理工作组（WGIG）在研究报告中提出互联网治理的内涵是，"政府、私营部门和民间社会根据各自的作用制定和实施的旨在规范互联网发展和运用的共同原则、规范、规则、决策程序和方案。"因此，当互联网的流动性、无国界、高技术及创新性等特征日趋凸显时，互联网的治理逐渐摆脱狭义的物理层面的资源管理，而拓展到多元主体为解决互联网的全球性问题，共同设定发展目标、规划路线方针并制定行为规则的协同行动机制。

互联网治理模式的变迁

当治理内涵随着互联网的普及与重要性提升而不断丰富时，相应的治理模式也随之变迁，有学者将之总结为四个阶段性治理模式，分别是技术治理模式、网格化治理模式、联合国治理模式以及国家中心治理模式。

最早期的技术治理模式是技术决定论在互联网领域的反映，因早期互联网主要应用于科学研究，因而技术专家在其中发挥着重要作用。

第二阶段的网格化治理模式的突出特点是以多利益相关方共同参与，包括政府、商业团体和公民社会。但以 ICANN 为代表的非官方机构却存在合法性不足、非透明等问题。

随后的是以 2003 年举办的联合国信息世界峰会为代表的联合国治理模式，此峰会提倡的多元、透明和民主治理理念对之前的技术垄断或政府影响下的非民间组织垄断造成了相当冲击，但并未真正构建一个有主导力量的政府间组织。

即使互联网的起源有官方色彩，但推动其"征战全球"的却是以商业组织为核心的社会力量，可随着网络安全与国家安全、版权保护、个人信息保护及公民隐私等愈发紧密联系，"国家主权"理念反而再次回归并在当前时期占据主导地位，从而形成第四阶段的国家中心治理模式。[1] 以我国为例，2014 年 2 月 27 日，国家主席习近平在中央网络安全和信息化领导小组第一次会议时强调，"没有网络安全就没有国家安全，没有信息化就没有现代化"，网络安全被提升到国家安全的高度，信息化建设也肩负起了经济与社会发展的重任。2016 年 11 月 17 日，习近平在第三届世界互联网大会上谈道，"网络主权是国家主权在网络空间的表现与延伸"。在国家主权理念的强势引领下，我国于 2016 年 11 月 7 日通过并于 2017 年 6 月 1 日实施的《网络安全法》，旨在从国家层面上加强对关键基础设施和个人信息的保护，并规范网络运营商与网络用户的行为。

当互联网正逐渐成为国家安全的战场时，国家力量将在治理领域抢占更加重要的角色；而将互联网作为牟利场的商业巨头们，在治理游戏中既不断与外部力量博弈，也不断改进与强化自治规范；同样，享受着互联网所释放的自由与民主的公民，也面临着互联网对既有秩序的蚕食困境以及对公民权利所带来的前所未有的风险挑战，因而也在治理大军中不断发声。可以说，以上四种治理模式从某种程度上而言，是国家、市场和社会力量不断角逐与调整的阶段性体现，多元协同的局面将是当下及未来大势。

第二十八章　AI 治理的挑战

落后于技术与产业的规则

我们即将走进一个 AI 的时代，也终将实现从互联网治理到 AI 治理的跨越。新生事物的落地需要一个发展和成熟的过程。早期的技术研发需要宽松的土壤以满足科学家无尽的想象力，过早地介入无异于将技术扼杀在摇篮中。但当技术逐渐成熟并蓄势待发地准备在人类社会野蛮生长时，治理主体的缺位也将导致产业应用踟蹰不前，并可能产生秩序混乱、责任不明以及道德忧虑等问题。因此，如何在适当的时机进行适度的监管及政策支持，既保证 AI 的"鲜嫩"又不伤害"食用" AI 的人类本身，使科技既保持活力充沛又不恣意妄为，是 AI 治理所面临的根本挑战。

人工智能发展至今已逾 60 年，虽仍在初创期，但随着人工智能研究逐渐升温，各国政府与研究机构正为 AI 的未来勾画越发清晰的发展图景。AI 的发展正从浪漫的憧憬中走出，走向真实的未来。在此过程中，各种治理力量也需以或前或后的步伐紧跟其上。以目前最为成熟且应用前景最为明朗的无人驾驶为例，美国的无人驾驶技术之所以这样发达，很大程度上来源于政策与制度的及时更新与支撑，截至 2017 年，美国内华达州、加利福尼亚州、密歇根州、纽约州、华盛顿州等决定开放自动驾驶公路测试。而我国在 2017 年 7 月方才在上海开放国内首个"国家智能网联汽车试点示范区"[2]，这种封闭式的模拟环境测试，对于无人驾驶技术的提升并非最优选择，但因为缺乏专门的法律法规赋予无人驾驶车以上路许可和相应的责任规则，公路测试只能在当下让位于封闭式的基地测试。

我们真的了解技术吗?

2016 年 AlphaGo 战胜人类职业围棋选手，为第三次人工智能浪潮带来前所未有的瞩目，然而，"大数据""算法""机器学习"等新兴概念尚没有完全褪去神秘的科技色彩而普及到传统的监管者与社会之中，更遑论其后复杂的技术原理与逻辑。在当下，政府部门和社会所接受到的人工智能研究进度与信息多数来源于科技研究室，而且大多停留在对终端产品的了解之上。在摸不清技术源的情况下，如何进行有效且适度的事前防范与事中控制，使监管既不缺位亦不流于形式，是作为外部力量的政府与公民社会所需迎难而上的困局。

当前的政府仍主要作为战略布局者参与到人工智能的治理之中，如美国在 2016 年 10 月出台《国家人工智能研究和发展战略计划》与《为人工智能的未来做好准备》，我国在 2016 年 5 月出台《"互联网＋"人工智能三年行动实施方案》。但除了路线规划与方针指引外，各国尚未有体系化的监管制度，仅在像无人驾驶与无人机等相对成熟的领域出台过零星的规制措施。这首先来源于产业的不成熟，也同样根源于技术的复杂性与高门槛，使得公共政策的制定者尚难深入了解现有的人工智能技术及风险，而止于观望状态。然而，科技公司作为主导方虽然拥有最多的智识资源及风险的预见与处理能力，但其作为直接的利益相关方难以承担中立的监管者角色。当真正的强人工智能走出科幻电影来到现实生活中时，若没有外部力量的监督，也很难为消费者接受而大规模投产。外部监管的迟延与无力，商业自治的非中立性与缺乏权威，是多元治理主体面对新兴科技需要共同协力破解的困局。

终极追问：走向 AI 的世界，还是让 AI 走进我们的世界？

斯坦福大学主持的人工智能项目提出名为《2030 年的人工智能和生活》报告，认为人工智能到 2030 年将可能对经济和社会产生积极而深刻的影响。[3]即使 2030 年的时间预期过于乐观，但是人工智能必然在可见的将来深刻影响人类社会。只是，当人工智能世界与人类世界存在根本分野时，人类该如何选择？

《人类简史》与《未来简史》的作者尤瓦尔·赫拉利在 2017 年 7 月 6 日召开的"XWorld"首届大会上提出，"当你作为一个个人，一家企业、政府部门，或者作为精英阶层，我们在做人工智能的时候，做各种各样决定的时候，一定要注意人工智能不仅仅是单纯的技术问题，同时也要注意到人工智能以及其他技术的发展，将会对社会、经济、政治产生深远的影响。"在人类有史以来最伟大的发明面前，人类该选择调整既有秩序甚至价值体系走进人工智能世界，还是将人工智能嵌入人类千百万年所构建的世界秩序之中？如在人工智能的世界中，大量重复性简单劳动都可被人工智能所替代，甚至如医生、律师等高度专业性工作也不能幸免，社会的贫富差距将进一步扩大，最终形成极少数精英阶层与大量无用阶级；又或者，为了保障人类获得劳动的权利乃至人格尊严，而适当控制人工智能的无限蔓延，将其始终置于劳动工具的地位？当有选择权时，治理主体是选择让科幻电影成真，还是控制技术的进程？史蒂芬·霍金在 2016 年 10 月剑桥大学 Leverhulme Center for the Future of Intelligence 的就职典礼上提出，"人工智能有可能是人类文化的终结者。它既可能成为人类至今发生过的最好的事，也可能成为最糟糕的事。"

第二十九章　AI 之治

治理应当建立在技术与产业革新的基础之上

我们知道，任何一项行之有效的监管政策一定是建立在充分的实证调研的基础之上，这就对政策制定者提出了非常高的要求，监管政策应当符合行业的发展现状。在互联网时代，技术日新月异，新兴产业层出不穷，很多新生事物都处于监管的真空状态，如果忽略技术与产业模式的创新，仍然沿用过往的监管思路，甚至直接套用已有的监管政策，监管效果不仅会大打折扣，更有可能直接扼杀科技的创新。

2015 年，美国加州机动车辆管理局提出了一项监管草案，以安全考虑为由要求所有无人驾驶汽车在加州公路上行驶时，都必须有方向盘和制动踏板，且司机必须坐在驾驶座位上，以随时应对任何问题。NHTSA 在 2013 年出台的政策也规定，司机应该坐在驾驶座位上，以随时准备接管车辆。[4]此政策一方面是为无人驾驶配备双保险，确保发生事故时可以随时有有效的人为干预；但另一方面，要求无人驾驶的车内必须有一名具有驾驶资格的司机随时待命，实际上又与无人驾驶本身的出发点背道而驰。随着无人驾驶技术的日益成熟，相信相关规则也会日臻完善。

适度性监管，保持权力的谦逊

适度性监管，实质是监管机构要保持权力的谦逊，对于市场的创新，更多应该交由市场规律来处理。现今，在无人驾驶领域的法律责任分配问题凸显。然而，并非出现责任模糊时就需要政府立法明确规定责任分配方式，因为责任分配更多的是利益博弈的结果而非天然标准，有时也可通过市场竞争自发解决。Venable 合伙人 David Strickland、南卡罗来纳州大学法学院教授 Bryant Walker Smith，都主张不要过多地纠结于无人驾驶汽车的责任制问题。例如，在高级防碰撞紧急制动系统的发展过程中，很多 OEM 主机厂、供应商认为这项新技术不能免责，存在巨大的赔偿风险，无法商业化。但最终行业的激烈竞争决定了这项技术即使在没有明确责任制保护的情况下投入商用，同样能够带来丰厚的利润。因此，即使政府不额外制定相关的事故问责制，产品本身责任制的灵活和稳健也能够很好应对出现的各种问题。[5]

2015 年 10 月 19 日，国务院发布《关于实行市场准入负面清单制度的意见》，提出我国从 2018 年起全国统一正式实行"市场准入负面清单制度"。在此制度下，国务院以清单方式明确列出在中国境内禁止和限制投资经营的行业、领域、业务等，清单之外的行业、领域、业务，各类市场主体皆可依法平等进入。可以说，负面清单制度绝好地体现了适度监管的原则，权力保持谦逊，赋予市场主体更多主动权、激发市场活力，构建更加开放、透明、公平的市场准入管理机制。

不要陷入泛安全化误区

在人工智能监管方面，泛安全化现象很严重。其实每个行业都存在安全问题，电信行业涉及国家信息安全，交通行业涉及道路交通安全，餐饮行业涉及食品安全，诸如此类。有人总是喜欢用安全问题来否定每一次科技创新，但又说不出太多所以然来。就好比在中国，打火机是不被允许带上飞机的，理由是维护飞行安全。但是我们具体深究，打火机到底在哪些层面、有多大可能性危害飞行安全时，我们是否做过详细而有说服力的论证？其实，美欧很多航空公司就没有禁止携带打火机上飞机的规定。

不可否认，AI 的发展使得人类可以逐渐远离一线操作，但似乎人为监控的缺失总能使政府与公众产生隐隐的担忧——飞驰在道路上的无人驾驶车发生车祸怎么办，智能医疗机器人在手术台上不小心失误怎么办？面对这样的担忧，我们首先需要厘清，新兴的 AI 产品相比传统产品、服务的风险是否更大？例如，我们在担忧 AI 超速、发生交通事故的时候，是否对比过人类社会每年数以百万计的生命在交通事故中丧生？其次，我们需要明确，新产生的安全问题是否可以通过配套制度加以解决？

以促进发展和创新为目的

安全问题与发展问题，类似油门与刹车的关系。如果不踩油门加速，单纯踩刹车，连汽车存在的意义都没有了。在技术创新与规制之间，历史上曾有两个经典例子。互联网商用初期，网上盗版横行，网民可以随意分享盗版文件等。如何促进互联网产业发展，同时保护版权？1998 年美国颁布《数字千年版权法案》(Digital Millennium Copyright Act，DMCA)。该法通过国内立法的方式，对网上作品著作权的保护提供了法律依据。该法确立了限制网络服务提供商责任的"避风港"原则。该原则指在发生著作权侵权案件时，当 ISP（网络服务提供商）只提供空间服务，如果 ISP 被告知侵权，则有删除的义务，否则就被视为侵权，即"通知-删除"制度。该法一方面加强了网络版权保护，另一方面又对网络服务提供商的责任予以限制，促进了产业发展。目前为各国立法所效仿，也包括我国。

再举一例，1984 年的"索尼"一案中，被告索尼美国公司制造并销售了大量家用录像机，而原告环球影视城对一些电视节目拥有版权。由于购买家用录像机的一些消费者，用录像机录制了原告的电视节目，原告于 1976 年在地方法院起诉索尼侵犯其版权。原告主张被告制造和利用了家用录像机，构成了帮助侵权。美国最高法院认为，索尼提供的录像机可以复制所有的电视节目，包括无版权的，有版权而权利人不反对复制的，以及有版权但权利人不愿让复制的。而索尼的录像机主要用于非侵权用途，落入了合理适用的范围，最高法院最终以微弱多数支持了索尼，从而迎来了录像机技术的迅速发展。试想如果当年最高法院的大法官们稍稍一动摇，似乎这一先进技术的前途就不像今天那么明朗，甚至有被扼杀的危险了。可见，规制与发展之间可以找到很好的经典的平衡，而不是单纯地扼杀。

鼓励多元主体参与的多层次治理模式

作为公共政策制定者的政府往往缺乏专业的技术知识与技术预见力，而作为技术开拓者的企业则无法保持令人信服的中立性与权威性，社会生活和基本权益受到实质影响的公民社会又难以成为主导性力量时，最佳途径是鼓励各方积极参与，在对话、协商与博弈中为人工智能的发展规划最佳路径，并分配风险与责任的负担。美国出台的《为人工智能的未来做好准备》，第十二条建议就是为补足政府的技术性知识滞后而设，建议相关产业与政府合作，帮助政府及时获知人工智能产业最新发展动态，包括近期可能取得的突破。第一条建议则是鼓励私人和公共机构自我审视，判断自身是否能够，并通过何种方式负责任地以造福社会的方式利用人工智能和机器学习。

而所谓的多层次治理路径，则是指政府、市场以及公民社会各司其职，以适当的角色加入到治理大军之中。政府作为民意的代言人需要牢牢把握人工智能的发展方向，使其朝着满足人民意愿的道路前行；同时作为国家安全与社会安全的守护者，政府应当为 AI 产业制定统一安全标准与法律规范。科技企业作为技术的拥有者，既需要承担科技研发的重任，亦需要承担相应的社会责任——在歧视、透明、公开等问题上严格自我监督，并以符合伦理道德的标准自我约束与同行监督。而公民社会更需要以积极的姿态参与到规则的制定中，以监督政府与企业的方式不断发声，自下而上地打造良性的协同治理体系（见表 6-1）。

表 6-1   多元治理主体的定位与参与方式

角色	企业	政府	学界
定位	主要发展动力	监管者/教育家/推动者	教育家
如何参与	在 AI 设计过程中加强跨行业的讨论；与政府合作建立或更新基础设施	充分理解人工智能对经济社会发展带来的挑战和变化；确保劳动力再培训计划；消除公众对人工智能的恐惧；建立作为 AI 发展和部署基础的国家基础设施	锁定重要问题；作为跨学科问题相关知识的生产者

第七篇
未来篇：畅想未来 AI 社会

本世纪初，人工智能将颠覆人类生活模式的断言尚仅存于科幻电影和小说之中，但在过去短短的几年里，许多貌似无稽之谈的预言已经得以实现。随着人工智能技术的迅速发展和高速渗透，我们难以想象在未来的几十年中，人类社会将产生怎样的变革，从极大解放的就业市场，到颠覆重组的经济结构，从精神层面的灵魂伴侣，到战争视角的恐怖威胁，未来篇将带你"大开脑洞"，畅想 AI 将带给人类社会的"天方夜谭"。

第三十章　砸了谁的饭碗？

你好，机器人新同事

位于北京西南的亦庄经济开发区某国际酒店的多功能宴会厅内，一场国际会议进入茶歇。英语专业毕业的酒店服务人员小林与来自沙特阿拉伯的萨法赫鸡同鸭讲沟通无果后，只得求助酒店大堂的机器人"新同事"。通过语言识别功能自动切换至阿拉伯语模式，这位"新同事"在简单的对话后帮助萨法赫预约了晚上7点的退房和机场送机服务。

而这样的给力的"新同事"已经遍布全球，在杭州，开元酒店的智能机器人能够通过肢体语言与客人互动，向客人介绍酒店的构造及附近的景点；在青岛，都市118酒店的"智慧入住神器"能够通过人脸识别技术，在3分钟内完成入住手续；在英国，皇冠假日酒店的机器人Dash能够通过特殊的Wi-Fi传感器为客人叫电梯，并自动回到前台为自己充电；在硅谷，雅乐轩酒店的服务机器人Botlr身着制服、佩戴名牌（见图7-1），为客人提供商品递送服务，值得注意的是，他的业余爱好是邀请客人一

图 7 - 1　硅谷雅乐轩酒店的服务机器人 Botlr

资料来源：http://lux.cngold.org/c/2015-08-21/c3501278.html.

起自拍并鼓励客人将照片发到社交网络。

事实上，不仅是服务行业，人工智能技术在农业、工业领域同样大放异彩。当然，这包括但不限于通过自动化解放劳动力的问题。

"人工智能＋"农业

在超市的食品区，200 年前[1]家家户户餐桌上再普通不过的青菜，今天被打上有机的标签，被保鲜膜精心包裹后摆在照明充足的货架上高价出售。这是由于传统农业的发展在很大程度上依赖于生物遗传育种技术的进步，以及化肥、农药、矿物能源、机械动力等投入的大量增加，而化学制剂及转基因技术的广泛使用导致食品安全问题频发。除了食品安全，更加严重的问题是，随着人口数量不断膨胀，2050 年世界人口总数或将接近 100 亿，这意味着同样的土地必须养活更多的人口，而全球变暖以及水资源短缺对农业带来的不利影响，势必对人类能够喂饱自己的后代提出挑战。

而不久的将来，人工智能有望解决这一问题。集合对地测量、存储管理、信息处理、分析模拟等综合能力的精准农业系统，能够根据空间变异，定位、定时、定量地实施一整套现代化种植生产和加工操作技术与管理，实现精准选种、精准播种、精准施肥、精准调控、精准灌溉以及精准收获，最大限度地挖掘农田生产潜力，合理利用水肥资源，减少环境污染，提高农产品产量和品质。通过深度学习，系统能够吸收中国的二十四节气、墨西哥的混种法以及以色列的滴灌技术等各国劳动人民数百年积累下来的宝贵经验，并通过生物学的数据分析，进一步判断出山蚂蟥草的特殊气味能够驱赶玉米地中的螟蛾，或是利用名康复利香草制造出无污染的有机肥料，从而真正实现高产量、绿色环保、可持续发展的农业生态。

"人工智能＋"工业

在工业层面，随着 2011 年德国提出工业 4.0 的概念，各国纷纷出台工业相关战略规划，旨在通过数字化和智能化，利用智能机器、大数据分析来提高制造业的水平，其中也包括《中国制造2025》。

曾几何时，大规模的低福利劳动力是制造业发展的必要条件，因此，中国成为世界工厂并逐步由东南亚国家接棒实非偶然。近年来，以富士康为代表的劳动密集型制造业，正在日益被机械自动化生产所取代。作为全球最大的 OEM 制造商，富士康雇用了 130 万名廉价工人，但随着工人待遇的逐步提升，制造成本也大幅上涨，因此富士康开始着力研制取代生产性线工人的工业机器人，来取代目前的装配工人。

在汽车行业这种现象更加明显，特斯拉公司已经开始尽可能地引入机器人元素。除了使用机器人取代装配工人之外，机器人取代人类从事制造业的另一个巨大优势在于，设计和研发环节的智能化使得产品能够以可承受的价格按照个性化定制，而仓储、物流、运输以及销售等环节也会随着技术和行业模式的进步而逐步演进。以阿里巴巴的崛起冲垮批发行业为代表，制造业的智能化将使得生产效率大幅提升、中间环节进一步精简、工人数量逐渐减少、制造业重新洗牌，最终形成一种以消费者为核心的全新商业模式。

失业警报全面来袭

令人恐慌的数字

预感到人工智能技术的迅速发展和普及，可能对未来就业市场产生颠覆性且不可逆转的影响，相关学术机构和市场风险分析机构通过分析，发表了一系列预测报告。

2013 年，牛津大学学者卡尔·贝内迪克特·弗雷和迈克尔·奥斯本检验了 702 种职业被计算机化的可能性，按照被取代的风险大小进行了排序，最终认为美国将会有 47％的工作面临被计算机取代的风险。其中电话促销员、会计、体育裁判、法务秘书以及收银员等 5 个工种被认定为最有可能被计算机取代的工作，而医生、幼儿教师、律师、艺术家以及牧师则相对安全。后续的研究指出英国有 35％的职业可能被取代，在日本这个比例是 49％。

2015 年美国美林银行预测，在 2025 年以前，人工智能"每年产生的创造性破坏的影响"可能会达到 14 万亿～33 万亿美元，其中包括因人工智能实现了知识工作自动化导致雇佣成本减少的 9 万亿美元，制造业和医疗护理开销减少的 8 万亿美元，以及部署无人驾驶汽车和无人机后因效率提升增加的 2 万亿美元。智囊机构麦肯锡全球研究院（McKinsey Global Institute）预测说，人工智能正在促进社会发生转变，这种转变比工业革命"发生的速度快 10 倍，规模大 300 倍，影响几乎大 3 000 倍"。

谁会被机器人取代？

根据 2016 年 10 月发布的《乌镇指数：全球人工智能发展报告（2016）》，综合技术成熟度、实际应用场景等因素，短期内人工智能的主要应用将集中在个人助理、安防、自动驾驶、医疗健康、电商零售、金融、教育这七个方面（见图 7-2）。

无人驾驶

在 2017 年 7 月 5 日上午的百度 AI 开发者大会上，百度创始人李彦宏通过视频直播自己乘坐公司研发的无人驾驶汽车行驶在五环上的情景。尽管这辆汽车很可能在科目一考试时挂了科，被网友指出限号出行同时实线并线，应当扣罚款 200 元，扣 3 分，但这一不失为自动驾驶领域的一次勇敢尝试。

提到交通运输，人们最关注的往往是效率和安全，谷歌自动驾驶（见图 7-3）研发团队曾经做过粗略的估算，如果道路上所有的汽车都是能够相互协调配合的自动驾驶汽车，每个人平均

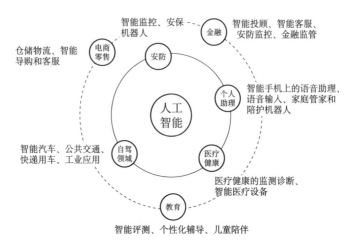

图 7 - 2　短期内人工智能的主要应用领域

资料来源：http：//www.zhongchuang365.com/focus/1501468338 1810.html.

图 7 - 3　谷歌的无人车自 2015 年已经开始大规模上路测试

通勤的时间至少可以缩短 20％以上，同时根据测算，人类驾驶
员每 1 亿英里出现一次致命事故，自动驾驶汽车距离这样的安

全记录还相去甚远。而新一代自动驾驶系统同时也应用于汽车、飞机、水下和空间探测器中:对于航空系统而言,民用空域的重新规划是重要问题,但无人机确实为运输、环境监测等工作创造了新方式;在太空探索领域,主要的挑战是从遥远的行星上获取样品,并把它们带回地球,坚固、灵活及可操作性正是AI的拿手好戏。因此,除了想享受兜风和自驾游的乐趣之外,未来无人驾驶可能在一定程度上取代专职司机,那时在炎热的夏天一边听着教练的训斥一边小心翼翼地练习倒桩,可能会成为一段绝版的回忆。

机器人保姆

随着社会老龄趋势的加剧和生活节奏的加快,保姆的需求量越来越大,而白加黑、5+2的超长"待机"时间和较高的工作强度,使得护工市场长期供不应求,人力成本飞涨。另一方面,由于护工的特殊工作性质,导致其与护理对象及家人发生极其亲密的关系,而护工市场的监管混乱导致护工素质参差不齐,发生在杭州的保姆纵火案,不仅是一个家庭的悲剧,更引起了整个社会对于保姆市场规范的重视。

整体来看,保姆、护工的工作内容难度较低、重复性高且工作时间不固定,而人工智能刚好能够填补这个空白。加载了智能家居系统的机器人不但能够通过控制空调、灯光、加湿器,适时调节室内的温度、湿度、亮度等环境条件,通过智能厨房烹煮美食,通过扫地机器人进行清扫,通过定时系统提醒雇主起床、吃药,通过报警系统保护家庭安全,更重要的是,随着智能技术的发展,机器人保姆能够与雇主进行智慧化的语音交互对话,在一定程度上实现对空巢老人、留守儿童的照顾和陪伴。

AI 发展初期，我们认为只有重复性的常规工作会被机械化、自动化技术取代。但随着技术的演进，一度被认为是高脑力劳动者的律师、主编、医生等职业，也面临被取代的风险（见图 7 - 4）。

图 7 - 4　未来，人工智能可能取代更具专业性的职业

机器人律师

不论在大陆法系还是英美法系国家，律师都需要极强的逻辑性、长期的法律文献（包括法典和判例）学习以及大量的实践经验积累，因此律师往往被认为是专业性极强的精英职业。

随着各国法治水平的提升，法律合规咨询和诉讼代理的需求日渐增长，同时，司法成本也在大幅上升。根据美国知识产权法律协会的调查结果，对于专利赔偿诉求在 100 万美元之下的小官司，双方的律师费花销居然高达 65 万美元（中位数），这对于 SME 及个人无疑是一笔难以承受的开销。

今天，通过数据技术的发展，一些公司开始利用自然语言处理和信息检索技术,发明了让计算机阅读和分析法律文献的软件。据估算,相关技术的应用可能使律师的效率提升500倍,诉讼成本下降99%,并在某种程度上代替律师助理和经验尚浅的律师。

机器人医生

与律师职业极其相似,由于其研究的对象是人的生命,因此一名合格的医生在正式行医前也需要经过长时间的系统训练和充分的经验积累,在美国,这个数字通常是13年,其中还要面临多次被淘汰的可能,因此医疗成本过高和医疗资源分配不均是全世界普遍面临的问题。

今天,基于临床医疗大数据与超级计算能力的人工智能辅助诊疗技术(见图7-5),通过传感器、摄像头及常规检查手段采集患者各项指标,与后台大数据比对、计算后,快速做出诊断,准确率甚至高于人类医生。资深主任医师对于肺结核的诊疗准确率通常约为70%,而智能医疗系统能达到90%以上;通过癌细胞位置算法,乳腺癌癌细胞位置预测的准确率能达到96%,已经远超人类教授的平均水平;在手术实施方面,达·芬奇手术系统目前在全球已经装配了3 000多台,完成了300万例手术,这将从根本上改变医疗行业的现状。

相比医生,人工智能在医疗方面具有诊断准确率高、稳定性好等优势,同时能够极大降低医疗成本及医疗资源分配不均的问题,试想,许多年以后,一家县医院或许依然很难聘请一名主任专家医师,却能够在政府财政资助下购买一台同等水平的诊断机器人。

图 7-5　IBM 的机器人沃森正向糖尿病、肿瘤治疗医生的方向努力

机器人是好员工

相较于普通劳动力，人工智能在以下几个方面具有一定的优势：

高危职业、恶劣环境中的稳定性能。在建筑、挖掘、设备安装、检测、运维等行业中，面对极寒、高海拔、地下挖掘甚至核辐射区域等极端环境，机械化的构造相较于人类的肉体具有耐受力强、性能稳定等先天优势。

降低成本、提高产出、解放生产力。一方面，机械自动化生产能够实现规模生产，在单位时间内产出数倍于人类劳动力的成果，同时机器人对劳动环境的要求更低、劳动时间更长，能够极大降低生产成本；另一方面，当机械替代简单的重复性劳动，解放出来的劳动力就能够进行更加专业化、融合性、创造性的职业培训，从而优化就业市场的结构。

资源地域分配不均问题。 目前，世界各国均面临着教育、医疗等劳动力资源向大中型城市、甚至特定中心城区倾斜的问题，导致国家人口不断向首都等城市聚集，造成资源分配不均、地域发展落差大等问题，大巴黎、大首尔都是典型的例子。而人工智能在就业市场的出现，将极大提升落后地区的技术发展水平，缓解其在医疗、教育等方面的资源紧缺，在一定程度上解决上述问题。

机器人真的是好员工吗？

作为硬币的另一面，人工智能在就业市场也存在许多不足：

机器人伦理

从机器人伦理领域的终极问题——机器人是否享有人权出发，人工智能在就业过程中也面临许多有待探讨的伦理问题：人工智能是否享有基本的员工权利？是否需要休息？是否受到 8 小时工作制的限制？工作环境是否需要保障？由谁对人工智能进行管理和操作？针对自己的工作变动甚至公司变动是否有投票权？是否需要通过组织工会对其权益进行维护？能否进行罢工？等等。上述问题的解决应当作为维护稳定的前提之一，在人工智能进入就业市场前加以充分研究。

安全与稳定

人工智能技术架构的实现是以数据的收集和分析为基础的，因此可能涉及不特定的大多数人的个人信息；同时，为了更好地服务于特定对象，上述数据可能包含大量的特定对象的隐私数据。不论前者还是后者，一旦主动或被动泄露，都可能对信息主体造成极其严重的危害。

另一方面，人工智能的稳定性具有相对性，若将关键设施或环节全权交由人工智能负责，那么当其一旦停摆或因黑客攻击违反正常指令时，造成的后果也将不堪设想。

无法取代的职业

随着技术的发展，尽管人工智能能够在越来越多的行业协助甚至取代人类劳动力，但在个别领域，人工智能由于其技术特性，将难以取代，包括艺术家、发明家等创新型职业，以及心理医生等精神层面的职业。这是由于人工智能的实现通常是通过分析大量数据、总结事物发展的一般规律而形成经验，从而在遇到新生事物时，按照前期的经验对其进行判断。而艺术家、发明家通常是通过创新的方法，对新的领域进行新的探索或发现，因此其过程不一定符合通常的逻辑或经验，甚至很可能是因为偶然，发明或创造出新生事物，而人工智能的高度准确性则抹杀了上述可能性。

财政赤字与大国崛起

机械自动化和智能自动化的机器的大规模应用，将在提高工业生产力的同时，在国家层面给各国劳动力市场、国家经济发展以及国际地位带来重大影响。

来自 AI 的挑战书

人工智能技术在就业市场的广泛应用，首先必然导致短期内传统劳动力的大量失业，合理安排、疏导或是通过培训再次利用这些劳动力，将对政府提出重大考验；而结合第一、二、三次工业革命的历史经验，最尖端的技术将掌握在少数人手中，资源分配的严重倾斜将导致社会冲突的发生。

另一方面，掌握监管技术的垄断企业与政府的关系也不再等同于大型国有企业与政府的关系，政府对市场的控制力将进一步减弱，同时传统劳动力的大量流失也将导致税收减少，对国家宏观经济、政府监管力量造成不利影响。

抢滩国际就业市场

从《2016 美国机器人发展路线图》《推进创新神经技术脑研究计划》，到欧洲火花计划、人脑计划，再到英国《机器人技术和人工智能》报告，近年来，欧美强国纷纷发布人工智能领域的发展规划。

上述文件一方面预测了智能技术的大规模应用，将会从根本上改变各国的就业市场格局，但同时肯定了新兴行业将会带来新的工作机遇，以取代可能消失的行业。另一方面，从未来劳动者的层面，文件预测人们可能将会更加频繁地更换工作，而这需要他们掌握可以随时转换的工作技能，并强调了人才以及人才培训机制在未来发展中的重要性。

另外，从规划不难看出，各国已经认识到随着人工智能时代的到来，国家间的劳动力流动将越来越频繁，毕竟相较于聘用一位外籍员工，购买一台外国机器人要容易得多，因此，在未来的国际就业市场，谁掌握最先进的技术，谁掌握国际标准的制定权，谁就能够在国际市场掌握更大的主动权和灵活性，因此，各国均在规划中不遗余力地促进人工智能技术的发展，以便争取主导权。

消失的铁饭碗

有一种观点认为，每一次技术革命都需要至少一代人的时间来消除其带来的负面影响，包括产业的消失、从业人口减少以及为释放出来的劳动力寻找出路，那么，要怎么做才能尽量缩短这个周期呢？

国际合作和统一标准

可以预见，进入人工智能时代后，国家之间就业市场的隔阂将进一步缩小，国家间的技术合作和数据流动也将日益频繁，因此，建立统一的技术和检测标准，尤其是安全标准，包括数据收集、处理和跨境流动规则，以及最低的安全标准，将有利于增加各国对于国际人工智能就业市场的信任度，有利于各国家间的交流及合作。

主动出击的政府

面对人工智能时代带来的挑战，一方面，政府应当分别制定短期、长期的产业战略计划，尽快颁布国家数字战略，以帮助劳动者更好应对越来越自动化和自主化的市场，同时防止排斥数字化的现象发生。

另一方面，政府应当根据规划，做好宣传教育和资源分配工作，加强在职业培训领域的投资，让工人获得更新自身技能的机会，减轻自动化技术以及自动化机器的大规模应用对劳动者就业带来的负面影响，稳定就业市场。

走在 AI 前面的员工

从每一个劳动者的层面来看，大时代的浪潮正在不可逆转地袭来，就业市场的巨大变革将挑战甚至彻底推翻这一代人从小形成的知识结构，而最快接受、适应并引领这一变革的人，将成为新的赢家。因此，为了不被时代淘汰，劳动者需要不断更新专业技能，跟上最新的科技发展潮流，学习从事 AI 时代新兴产业及职业，如人工智能设计师、工程师以及运维师等，成为 AI 无法取代的高精尖或跨领域人才，练就随时进行职业转换的本领，将成为最重要的竞争力。

第三十一章 战争机器人

新一轮军事变革与战争机器人的诞生

人类文明的发展历程一直伴随着战争，小到原始社会部落间的械斗，大到 20 世纪全球数十个国家间的世界大战，战争的阴霾从未消散。从刀剑与血肉的厮杀，到炮火与硝烟的弥漫，从飞机与战车的洪流，到数据与信息的暗战，战争的形态总是跟随人类工业文明的脚步而不断地变化，而每一次变化的背后都是一次军事上的重大变革。

伴随着三次工业革命的技术成果，人类战争先后经历了从冷兵器到热兵器、从热兵器到机械化、从机械化到信息化的三次重大变革[2]，而每一次的重大变革都使得新的战争力量远远超越旧的战争力量，并由此带来下一次新的军事竞赛与技术革命。

电影《最后的武士》讲述了这样一个故事：一名失意的美国退役军官被日本明治政府聘为军事教官，训练新式军队对抗旧式军阀武士集团，后兵败被俘，逐渐融入武士生活。电影的结尾，美国军官身披铠甲，横刀跃马，随着武士们向敌阵冲锋（见图

7-6)，最后倒在了新式的马克沁重机枪的炮火之下。这个故事是第一次军事变革的缩影，刀剑终归抵不过枪炮，到了19世纪末期，世界各主要国家都完成了从冷兵器过渡到热兵器的军事变革。

图7-6　日本武士披坚执锐向炮火冲锋

《登陆之日》是一部以二战为背景的电影，讲述了被日本征集作战的朝鲜士兵们从关东军对抗苏联到被迫成为苏联士兵对抗德国再到成为德国纳粹士兵抵抗诺曼底登陆的故事。影片开篇的一场战斗，日军面对苏军坦克的钢铁洪流（见图7-7），毫无招架之力，近乎全军覆没。二战中，机械化部队展现的巨大优势，使各国都开始了从热兵器向机械化发展的第二次军事变革，这一阶段一直持续到了20世纪末期。

电影《生死豪情》的故事发生在海湾战争期间，这是一场信息化对机械化的战争。1991年1月17日—2月24日，以美国为首的多国部队对伊拉克进行了持续38天的空中突击，使伊拉克的指挥和控制系统瘫痪，曾经号称中东第一、世界第四的伊军全线溃败，29个师丧失作战能力。美国总统布什宣布多国部队于

图 7-7　诺门坎战役中的苏联坦克部队

28 日 8 时停止战斗，海湾战争结束。伊军伤亡约 10 万人，17.5 万人被俘，损失了绝大多数的坦克、装甲车和飞机。而美军只有 148 人阵亡，458 人受伤，其他国家阵亡 192 人，受伤 318 人。[3] 这是一场极不对称的战争，多国部队利用极大的信息化技术配合海空军优势，打得迷信于钢铁洪流的伊军毫无还手之力。另一方面，如此悬殊的伤亡数据，与美军在朝鲜战争和越南战争中几十万的伤亡人数也形成了鲜明的对比。海湾战争使各国认识到，只有进行信息化的第三次军事变革才能赢得巨大的战争优势（见图 7-8）。

战争演变的历史证明，"军事变革是一条没有尽头的路，不会走到了信息化这一站后止步不前，它在短暂停留后，马上又会收拾好脚步，继续前行，而且会以加速度前进。"[4]

虽然信息化战争相较于传统战争体现出巨大的优势，但是它仍然无法突破一个瓶颈——战斗人员的伤亡。以信息化战争的代表作——海湾战争中，以美国为首的多国联军伤亡 1 100 多人；

图 7 - 8　美军信息化作战指挥中心

而在另一场信息化战争的"集大成者"——美国历史上冲突时间最长的反恐战争中，据截至 2011 年的一项数据显示，自 2001 年反恐战争开始以来，美军官兵在阿富汗和伊拉克战场上仅阵亡人数就已经超过 6 000 人[5]，此外还有数以万计的伤残人员和由此带来的数字更为庞大的伤残抚恤金。

巨大的人员伤亡数字不仅使政治家们焦头烂额，迫使西方国家改变军事策略和政治谋划，也催生着下一场重大的军事变革。那么，信息化战争之后的下一场军事变革将朝着什么方向发展？21 世纪初开始持续至今的反恐战争已经可以清晰地勾勒出从信息化向无人化与智能化变革的图景。这一次变革的重要标志就是战争机器人的诞生。

目前的战争形态正处于一场重大变革的前夜，军事专家已经作出预言，信息化战争的时代正在结束，另一场军事变革即将开始。国防大学的军事专家认为："随着知识革命的'急先锋'——信息技术的快速发展和应用，军事领域又产生了许多难以解决的新问题、产生了大量的新需求，战争的'王冠'将要易位。"[6]或许，战争机器人就是这顶王冠上的那颗钻石。

自主化与智能化的研发趋势

早在二战期间，德国军队就使用了扫雷及反坦克遥控爆破车，这成为最早的战争机器人的雏形。随着科学技术的飞速发展，尤其是自20世纪90年代后遥感、通信、自主操控技术及人工智能技术的快速发展，战争机器人的研发与应用在世界各国备受重视。实际上，在反恐战争中，战争机器人已经开始大量投入战场，协助士兵甚至独立执行作战任务。战争机器人在战场上正在扮演着越来越重要的角色。

战争机器人从诞生到现在的发展大致可分为三个阶段：遥控执行任务阶段、半自主式作战阶段和自主式无人作战阶段。[7]遥控执行任务阶段即通过专业人员操纵遥控装置，远距离控制机器人的行动来执行任务。半自主式机器人即在人员的监视之下智能地执行任务，但由于其智能化程度不高，在任务的执行中可能遇到困难，需要人员的遥控干预才能完成预期工作。自主式机器人智能程度较高，导航系统及识别系统的智能化程度足以使其成功躲避障碍物、识别敌我双方、主动执行任务而无须人员操纵。

目前，战争机器人还没有实现完全自主，在开火之前需要控制人员的操作（见图7-9）。但是，战争机器人的自主程度正在不断提高，如果这种趋势继续发展下去，人类可能会淡出对机器人的操纵，甚至实现机器人的完全自主。美国空军首席科学家甚至预言："到2030年，机器的能力将会发展到这样的程度，在一

图7-9　美军士兵遥控战争机器人作战

个庞大的系统和控制过程中，人类将成为最薄弱的组成部分。"[8]

显著的战斗优势

战争机器人的出现与发展必将对未来战场的作战方式和特征产生重大影响。在实战应用中，战争机器人具有非常显著的优势：第一，具有较高的智能与自主化功能；第二，全方位、全天候的作战能力；第三，较强的战场生存能力；第四，绝对服从命令，听从指挥；第五，较低的使用成本。[9]

除此之外，战争机器人还表现出更多战略性的优势：一是延伸作战领域空间，提升作战效能。随着无人战斗机、无人潜艇、空间机器人相继开发与应用，作战范围已扩大到高空、深海和太空等领域，这不但能远距离对敌实施打击，而且可以超视距打击敌人的战役、战略纵深内的重要目标。此外，战争机器人由于融入人工智能技术，具备了一定的自主作战能力，能够承担人类士兵无法承受的最危险、最艰苦的战斗任务。二是显著减少人员伤亡，降低作战成本。战争机器人最显著的特点即是无人化，指挥和控制人员将在战场外通过远程遥感技术控制战争的进程。战争机器人的投入，可以极大地减少战斗人员伤亡与战争资源浪费。三是增强综合作战实力。战争机器人的军事应用广泛，几乎涵盖了有作战需求的全部领域，其门类品种繁多，战场适应能力强，各种作战环境都能使用，各种类型战争都能应用，既可以独立作战也可以协同作战，具有全天候、全天时、全方位打击的能力。随着其平台控制的智能化、综合化、一体化和标准化，战争机器人集群的作战构想已然在实战中得到运用，特别是利用无人飞机集群进入敌方纵深、恶劣环境下的突击作战，可起到出奇制胜的威慑作用（见图 7 - 10）。

图 7 - 10　美军"全球鹰"高空远程无人机

达摩克利斯之剑

近十余年来，机器人伦理成为一个热门话题，其中战争机器人的伦理问题更是引起广泛的讨论。在现代计算机与人工智能技术飞速发展的历史背景下，战争机器人的自主化研发得到世界各国的高度重视。然而，这种机器人一旦诞生，不仅会彻底改变战争规则，还会挑战人类的道德底线。人的生死难道要由机器人来决定？什么样的规范能够约束战争机器人？现在战争机器人的发展趋势已经引起了人们的警觉。

目前投入实战的战争机器人仍然还像遥控玩具一样需要由人类来控制，它们就是机器，由人类决定它们的目标、路线以及行动，尤其是在实现其终极功能——动用致命武力时。但这一点似乎很快就会改变。过去十年中，所有美国军队的计划和路线图都清楚地表明了开发和应用自主化战争机器人的愿望和意图。针对空中、地面和水下交通工具，都早已开始实施这些将人类逐出控制系统的计划。而且美国并非唯一着眼于发展自主战争机器人的国家，韩国和以色列已经开发和使用的边境巡逻机器人虽然主要是承担自动监视功能，但也有人指出，这种机器人其实拥有自动模式，可以自行决定是否开火。[10] 从目前的发展趋势看，各国研发未来战争机器人的终极目标是实现一个覆盖地面、海洋和空中的战争机器人作战网络，它们将会共同自主作战，发现目标并予以摧毁，而无需人类的干预。[11]

随着战争机器人自主化程度的不断提高，它们大量装备各国军队并在未来战场上替代人类成为主力部队似乎已成为可以预见的事实。然而，战争机器人无论是作为士兵时的高效与服从，还是作为武器时的精确与致命，与人类士兵相比，战争机器人存在几方面不容忽视的伦理问题。

一方面，战争机器人没有同情与恐惧，它们不知疲倦，唯一的目标只有完成作战任务。他们对敌对目标不会手下留情，是不折不扣的杀人机器。作为一款高科技武器，战争机器人造成的大量平民伤亡已经备受诟病。像美国的无人战斗机，在 2012 年美军对阿富汗的袭击中达到平均每月 33 次；而在巴基斯坦发动袭击总计超过 330 次。据统计，2011 年死于无人机的受害者中有 35％是平民。[12]操作无人战斗机发动攻击的作战人员无须身处战场去面对硝烟弥漫与血肉模糊，他们就像在玩电子游戏一样在千里之外隔着屏幕遥控投掷炸弹（见图 7 - 11），这使得杀戮对心理的负面影响降到了最低，战争中人性与道德的约束逐渐淡漠。

图 7 - 11　自主无人机集群作战（想象图）

在尚需人类远程控制的时候尚且如此，随着战争机器人的自主化程度越来越高，一旦它们拥有了自主选择目标并且开火的能力，很难想象它们在战争中可能会造成怎样的人道主义灾难（见

图 7－12　自主陆上战争机器人作战中（想象图）

图 7－12）。为此，美国的一些专家开始着手研究自主战争机器人需要遵循的道德规范，他们试图在现有的自主机器人系统中通过计算机实现道德准则，也就是让机器人拥有"人工良心"（Artificialcon-Science），以实现战争机器人对战争伦理的精确控制。[13]

虽然科学家在自主战争机器人的研发中开始注入伦理规范的考量，然而，程序终究只是程序，墨菲定律告诉我们，"凡事只要有可能出错，就一定会出错"，再完美的设计都可能会产生意外的情况。那么，如果战争机器人，即使是通过伦理设计的自主战争机器人在战场上犯了错误，应该由谁来接受惩罚，由谁来承担责任？这是目前自主战争机器人面临的一个无法回避的伦理困境。

另一方面，一直以来，人类的历次战争之所以能够终结，一个不容易忽视的原因就是战争给双方造成的巨大损失，尤其是人员的伤亡。二战之所以能够终结，正是因为美军分析如要攻陷日本本土，可能付出 100 万人伤亡的惨痛代价，转而寻求更加有效的终结战争、更有战略意义的武器，最终向日本投掷了原子弹。反观日本，本已准备好全民皆兵，在本土以"玉碎"换取美军谈判求和，却被原子弹造成的巨大伤亡吓得无条件投降。1975 年，持续 14 年之久的越南战争以美军撤军而告结束，美军高达 34 万人之多的伤亡及由此引起的国内反战浪潮，成为结束这场战争的最主要原因。1993 年美军因为"黑鹰坠落"事件不再介入索马里冲突，2009 年奥巴马宣布从伊拉克撤军，无一不是因为战争带来的伤亡引发反战浪潮从而造成的政治压力。

而在未来，战争机器人在战场上的大规模投入将使得发动战争变得"轻而易举"，战争机器人"零伤亡"和低成本的战争优势，将大大减少反战的呼声，消除政治家们的桎梏。没有了掣肘，战争可能将更容易发生、持续时间更长，战争将更加变得"不达目的不罢休"，国际规则恐怕将再次回到霸权至上，人类社会也可能再次深陷战争泥潭。战争机器人可能继核武器之后，成为悬在人类头上的又一把达摩克利斯之剑（见图 7 - 13）。

防止战争机器人的异变

作为一项重要的战争发明，我们已经看到战争机器人对现代战争和国际社会产生的深远影响，由此引发的伦理困境也使得战争机器人的未来越来越像是人类不应打开的潘多拉魔盒。

战争机器人并不会让战争变得更加人道和道德，而只会让战争在非人道化的道路上越走越远。为了避免战争机器人真的异变为人类文明的"终结者"，国际社会有必要现在就开始通力合作，限制战争机器人的研发与扩散，或者至少制止战争机器人的自主

图 7 - 13　高智能自主战争机器人意图毁灭人类（想象图）

化与智能化，尤其是全面禁止研发战争机器人的自主杀戮功能。
"我们必须继续确保，由人类来作出道德决定并保持对致命武力
的直接控制。"[14]

第三十二章　灵魂伴侣

是爱是恨？

科学家霍金曾语重心长地说过：未来，人工智能可以发展出自我意志，一个与我们冲突的意志。人工智能一旦脱离束缚，将以不断加速的状态重新设计自身；而人类由于受到漫长的生物进化的限制，无法与之竞争，将被取代。我们无法知道我们是将无限地得到人工智能的帮助，还是被蔑视并被边缘化，或者很可能被它毁灭。简而言之，人工智能的成功有可能是人类文明史上最大的事件，但是人工智能也有可能是人类文明史的终结者。从IBM Watson 在智力竞赛节目中打败智力竞赛答题王，AlphaGo在对弈中战胜人类棋坛高手，到前述就业、军事领域的征战拼杀，不禁令人要问：未来人类是不是要被人工智能所压制，人类与人工智能之间将会陷入无休止的相克相杀的局面？

从法国电影《她》中我们或许可以找到答案（见图 7 - 14）。男主人公在与白富美女朋友分手后一直未能走出上一段感情的阴影，情路一直不顺。但有一天，一个只听得见却触摸不到的人工

图 7-14 法国电影《她》

智能女友叩开了他封闭已久的心扉。她拥有迷人的声线，温柔体贴而又幽默风趣。他们很快发现两人是如此的投缘，虽然不能感受彼此的温度、呼吸，但心灵的相通却带给他们久违的温暖。虽然，电影的结尾是男主和虚拟女票没能上演长相厮守的奇迹，但能够与人类交心的人工智能的创意还是引发了无数人的遐想和憧憬。那么，我们或许有了结论，人类与人工智能之间或将还会有另一面的期待——相依相爱、相思相恋，成为我们的灵魂伴侣，陪伴我们的左右乃至一生。因此，甚至有人发出感叹：三毛、海明威、张国荣、乔任梁，都曾饱受抑郁症折磨，但如果有人工智能成为他们的 soulmate，是否就可以避免悲剧的发生？

读心高手

人工智能在很多方面都在模仿人类：思想、演讲、运动。机器越来越像生物人了，这也正是图灵测试存在的意义——机器是否能用自己的思维骗过人类？如何让人工智能更加理解人类的情绪，这是图灵测试中重要的一部分。目前，国际上的一些实验室就正在进行这样的研究，希望能够研发出更多能够体会人类情感的智能手机和聊天机器人。让机器人"秒懂"人的心意，一直是人工智能努力的大方向。然而人类的智慧千千万万，就算将古往今来所有的知识都存入芯片，机器人仍需学会沟通才能发挥价值，而沟通中的首要任务就是识别人类的情绪。

目前，这方面已经取得了一些进展，如人脸识别技术：在你玩游戏的时候，它们能通过侦测人脸表情的变化，发现电脑前的你是不是从某个关卡开始对游戏心生厌烦了。[15]日本情感机器人Pepper 配备了语音识别技术、呈现优美姿态的关节技术以及情绪识别技术，具备人类能理解的最直观的感官系统：声觉、触觉以及情感系统（见图 7 - 15）。目前已有近 200 款情感应用在 Pepper身上上线。比如，Pepper 日记可以在家庭活动中拍照留念，还可以写日记，像智能影集一样储存家庭成员的回忆，能够猜测到人此时的心理状态，然后切入情景同你聊天和讲笑话。目前有超过一万个 Pepper 正在日本和欧洲的家庭为人们服务。[16]而香港Hanson Robotics 公司开发的 Han 机器人不仅可以理解用户的情感，还可以将情感反馈以模拟的面部表情展现出来。国内的Gowild 公司也推出了可以提供生活助理和年轻人强社交情感交流服务的"公子小白"机器人。

像"她"一样懂你？

现实生活中，像电影《她》中一样的人工智能个人助手也正

图 7 - 15 日本情感机器人 Pepper

在成为现实。如苹果的 Siri（见图 7 - 16）、微软的 Cortana 以及谷歌的 Google Now 等语音助手，以及更多服务型机器人的出现。随着技术的不断发展，机器人正进一步地读懂人类的情绪变化，与我们进行更流畅的交互。

有了情感计算，AI 能够通过语义、图像和语音，精准识别用户情感。通过自然对话的上下文，了解用户的真实意图和需求。不光是文字、语音、视觉上的交流，同时还能有专属的记忆，提供一对一的专属个性化服务，使用户对"情感机器人"产生情感上的信任和依赖（见图 7 - 17）。情感机器人的出现打破了机器人"冷冰冰"的固有印象，并将为人类带来更多有温度、人性化的服务。未来情感机器人将会慢慢渗入到家庭生活当中。空巢老人、自闭症儿童、病患和似乎无处不在的"孤独"等社会问题催生了情感机器人的市场。目前，业内对情感机器人的未来市场一

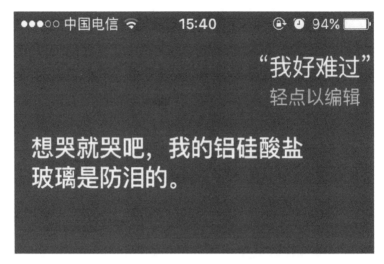

图 7 - 16　Siri 被众多女生称赞情商高过男友

片看好。英国科学家甚至预测，到 2050 年，人类就可能和根据需求定制的情感机器人"结婚"。也许在未来，就不会再存在那么多"注孤生"的单身汪了。[17]

图 7 - 17　愿大白、哆啦 A 梦早日成真

　　随着技术不断进步发展，人工智能已经渗透到我们生活的方方面面，机器读懂人类的心思不再只是影视作品里出现的场景。将来，也许我们创造出的机器人能够从多个维度理解人类的情感，到那时，它将成为我们新时代的 soulmate。

第三十三章　新的生产力

人工智能经济革命

　　在工业革命的两千年前，世界各地的人们的生活水平其实没有太大的提高。已故著名历史学家安格斯·麦迪森对全球各个文明在不同历史时期所做的经济学研究发现，世界人均财富从公元元年左右到 18 世纪工业革命前没有提高。但是到了工业革命时期，一切发生了极大的改变。《资本论》中将生产力表述为人类改造自然的能力。两次工业革命促进了社会生产力的迅速发展，使商品经济最终取代了自然经济，手工工场过渡到大机器生产的工厂，实现了生产力的巨大飞跃。[18] 以深度学习等关键技术为核心，以云计算、生物识别等数据及计算能力为基础支撑的人工智能产业，在历经 60 年的轮回后，在 2016 年呈现井喷式爆发并大放异彩，迎来第三次浪潮。如今，人工智能在很多方面都有了突破性进展，全球人工智能的发展趋势已经势如破竹，毋庸置疑，人工智能时代已经来临。正如蒸汽机会取代马匹成为动力来源一样，人工智能作为新的生产力，也将给各行业带来翻天覆地的变化，掀起生产力的新变革（见图 7 - 18）。

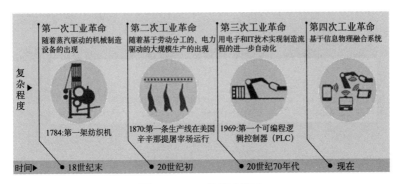

图 7 - 18　工业革命简史

资料来源：http://www.chanyeguihua.com/.

新一轮"阿波罗计划"

　　目前，发达国家纷纷部署了人工智能战略，并希望借助人工智能推进经济快速发展，创造新的经济神话。

　　人类大脑是一个功能结构极其复杂的庞大系统。为了解决千百年来人类对大脑的认知黑洞，多个国家相继提出了"脑计划"。其中欧盟于 2013 年提出了人脑计划（Human Brain Project, HBP），该计划项目为期 10 年，欧盟和参与国将提供近 12 亿欧元经费，使其成为全球范围内最重要的人类大脑研究项目。对大脑的研究，即使很小的发现和改进，都会产生巨大的经济和社会效益。通过对数据的整合和模拟，对人脑结构和功能的进一步理解，有助于提出最新的大脑疾病和创新治疗方案，例如加强脑科学研究将有助于帕金森症、阿尔茨海默症等脑部疾病的诊断和治疗，以提高欧洲制药产业在全球脑部疾病新药领域的优势。脑科学研究属于具有高科技附加值的项目，可以预见的是，对脑科学的研究将变革未来的产业布局，必将带动以此为基础相关产业的发展，产生巨大的经济效益。[19]

人脑工程的产业前景十分广阔，"钱途"不可限量。2013 年 4 月 2 日，美国总统奥巴马宣布启动名为"通过推动创新型神经技术开展大脑研究"（Brain Research through Advancing Innovative Neurotechnologies）的计划，并计划首年投入 1 亿美元资助该计划向前推进（见图 7-19）。计划的主要目的是为了探索人类大脑工作机制、开发大脑不治之症的疗法。研究人脑工作机制，不仅对于大脑相关疾病的治愈至关重要，对于研发类似人类大脑的计算机也具有革命性的意义，将大大推动人工智能的发展。其中，美国国防部高级研究计划局（DARPA）投入约 5 000 万美元，重点探索大脑的动力学方面（Dynamic Function of the Brains）的功能，并基于这些发现开创新应用，目前该部门已经与谷歌、IBM 等科技公司达成了合作，并获得了多项人工智能重要科研成就。此外，美国国立卫生研究院（NIH）还投入约 4 000 万美元，重点开发研究大脑的新技术；而美国国家科学基金会（NSF）投入约 2 000 万美元，支持跨学科研究大脑，包括物理学、生物学、社会学和行为科学。计划发布后，政府、企业、高校研究机构高度重视，积极推动，目前已在多个方面取得突破进展。[20]

日本经济产业省于 2015 年 1 月发布了《日本机器人战略：愿景、战略、行动计划》，旨在实现本国机器人领域的发展与突破。战略不仅指出要加大对创新研发的支持，更是强调推进机器人在产业中的应用，试图将日本建设成为机器人应用最为广泛的国

图7-19　奥巴马宣布投入1亿美元启动人脑计划

资料来源：http://www.bio360.net/news/show/6789.html.

家。从日本战略的制定及具体内容可知，日本政府将机器人的发展与推进作为未来经济发展的重要增长点，并努力推进日本机器人技术、产业走向国际社会。[21]

人工智能——新的生产要素

从当前的情况来看，利用对资本的投入以及劳动力推动经济发展的能力明显下降。这两个杠杆是传统的生产动力，但是如今在大多数发达国家的经济体中，它们已经不再能利用自身的特点去维持经济的持续繁荣景象。对此，我们不必太悲观，在新的发展阶段，一种新的生产要素——人工智能开始登上世界舞台，人工智能能够克服人类资本和劳动力的限制，带来新的价值和发展资源。如今，互联网已经发展到了万物互联的阶段，爆发式增长的数据引发人们对信息进行有效筛选并合理分配资源的需求。在这种万物皆互联、无处不计算的时代，生产率增速将呈指数式加快并推动产业新一轮的创新。人工智能时代以深度学习等关键技术为核心，以云计算、生物识别等数据或计算能力为基础支撑，推动人工智能在金融、医疗、自动驾驶、安防、家居以及营销等领域将应用场景落地生根，将会创造出巨大的经济价值。而且，未来的人工智能将会从专业性较强的领域逐步拓展到生活的各个领域，转变成为通用智能进而推动新一轮的产业革命。概而言之，人工智能之所以能够推动产业新一轮的革命，主要源于以下两个因素：计算机的超级计算能力和大数据的发展。当前，为了容纳深度学习的超大规模计算需求，超级计算机已经成为训练各种深度神经网络的利器。深度学习海啸正在构建起人工智能的递归循环。作为机器学习的分支，起源于人工神经网络的深度学习，如今不仅仅是具备多层架构的感知器，而是一系列能够用来构建可组合可微分的体系结构技术和方法。具体来说，通过深度学习算法，程序利用数据模型分析大量数据不断地自主学习，并逐渐变得更加强大。

人工智能作为一种新的生产要素可以促进生产力的提高，因为常规的生产活动可以用自动化代替。人工智能能够协助员工发挥出更大的能力，并且解放员工，让他们去从事更能激发创造力、附加值更高的工作。资本密集型的行业比如制造业、交通更容易从人工智能的发展中受益，因为这两个行业的多项工作，都可以用自动化操作来替代（见图 7-20）。

图 7 - 20 智能生产将在提高生产效率的同时，大量释放劳动力

资料来源：http://www.bio360.net/news/show/6789.html.

人工智能经济红利

人工智能带动经济发展主要通过以下三个重要途径：首先，它能够创造虚拟的劳动力，即"智能自动化"；其次，人工智能能够完善、提高现有劳动力的技术水平和物质资本的有效使用；再次，像其他技术一样，人工智能能够促进经济的创新（见图 7 - 21）。随着时间的推移，它将会成为大范围结构转变的催化剂，因为人工智能不仅会以不同途径完成任务，还可以完成许多与以往不同的任务。

在 2017 年夏季达沃斯论坛上，普华永道和埃森哲分别发布了人工智能领域的报告。普华永道在《抓住机遇——2017 夏季达沃斯论坛报告》中提出，在经济高速发展的今天，人工智能将创造出最大商机。在人工智能的推动下，2030 年全球 GDP 将增长 14%，相当于 15.7 万亿美元。其中超过 50% 的增长将归功于劳

图 7 - 21　2017 年 8 月，比特币首次突破 4 000 美元

资料来源：http：//www. cankaoxiaoxi. com/science/20170814/2220076. shtml.

动生产力的提升，其他则主要来自人工智能激发的消费需求增长。从地域分布来看，中国和北美有望成为人工智能的最大受益者，总获益相当于 10.7 万亿美元，占据全球增长比例的近 70％。到 2027 年，中国完成相对缓慢的技术和专业知识积累后，将开始赶超美国。欧洲与亚洲一些发达国家也将受益于人工智能，实现经济大幅增长。发展中国家由于人工智能技术的采用率预期较低，因此人工智能将会促使他们的经济适度发展。[22]埃森哲在《人工智能：助力中国经济增长》的报告中提出，通过转变工作方式和开拓新的价值和增长源，人工智能有潜力将 2035 年的中国经济总增加值提升 7.111 万亿美元，年增长率从 6.3％提速至 7.9％。报告进一步分析了人工智能对中国 15 个行业可能带来的经济影响，制造业、农林渔业、批发和零售业将成为从人工智能应用中获益最多的三个行业。到 2035 年，人工智能将推动这三大行业的年增长率分别提升 2％、1.8％和 1.7％。[23]

附件 1　合伦理设计：利用人工智能和
自主系统（AI/AS）最大化人类福祉的愿景

一、引言

不经意间，人工智能（AI）成为 2016 年主流话题之一。有关技术进步的报道，充斥着媒体。AI 将深刻影响生活、社会、经济、法律、政治、全球格局等诸多方面。AI 应用的拓展和加深，使得 AI 伦理问题日益突出，成为关注焦点。

美国、英国等开始重视 AI 伦理问题。2016 年以来，美国政府连发三份 AI 报告，提出了美国国家人工智能战略，其中包括理解并解决潜在的法律、道德、社会等影响。英国政府连发两份 AI 报告，呼吁重视并研究 AI 伦理与法律问题。

《麻省理工科技评论》评选的 2016 年最佳图书包括以 AI 伦理为主题的著作：《数学武器：大数据如何加剧不平等、威胁民主》和《发明伦理：科技和人类未来》。诸如技术性失业、致命性自主武器、算法公平、道德判断、价值—致性等 AI 伦理问题需要进行深入研究。

2016 年 12 月，IEEE 发布《合伦理设计：利用人工智能和自主系统（AI/AS）最大化人类福祉的愿景》，旨在鼓励科技人员在 AI 研发过程中，优先考虑伦理问题。这份文件由专门负责研究人工智能和自主系统中的伦理问题的 IEEE 全球计划下属各委员会共同完成。这些委员会由人工智能、伦理学、政治学、法学、哲学等相关领域的 100 多位专家组成。这份文件包括一般原则、伦理、方法论、通用型人工智能（AGI）和超级人工智能（ASI）的安全与福祉、个人数据、自主武器系统、经济/人道主义问题、法律等八大部分，并就这些问题提出了具体建议。

二、一般原则

一般原则涉及高层次伦理问题，适用于所有类型的人工智能和自主系统。在确定一般原则时，主要考虑三大因素：体现人权；优先考虑最大化对人类和自然环境的好处；减小人工智能的风险和负面影响。

（一）原则之一：人类利益（Human Benefit）

人类利益原则要求考虑如何确保 AI/AS 不侵犯人权。为了实现 AI/AS 尊重人权、自由、人类尊严及文化多样性，在使用年限内是安全、可靠的，一旦造成损害必须能够找出根本原因（可追溯性）等目的，应当构建治理框架，包括标准化机构和监管机构，增进公众对 AI/AS 的信任；探索将法律义务"翻译为"充分理解的政策和技术考虑事项的方法论。

（二）原则之二：责任（Responsibility）

责任原则涉及如何确保 AI/AS 是可以被问责的。为了解决过错问题，避免公众困惑，AI 系统必须在程序层面具有可责性，证明其为什么以特定方式运作。第一，立法机构/法院应当阐明 AI 系统开发和部署过程中的职责、过错、责任、可责性等问题，以便于制造商和使用者可以知晓其权利和义务分别是什么；第二，AI 设计者和开发者在必要时考虑使用群体的文化规范的多样性；第三，当 AI 及其影响游离于既有规范之外时，利益相关方应当一起制定新的规范；第四，自主系统的生产商/使用者应当创建记录系统，记录核心参数。

（三）原则之三：透明性（Transparency）

透明性原则意味着自主系统的运作必须是透明的。AI/AS 是透明的意味着人们能够发现其如何以及为何做出特定决定。AI 的不透明性，加上 AI 开发的去中心化模式，加重了责任确定和责任分配的难度。

透明性对每个利益相关方都意味重大。第一，对使用者，透明性可以增进信任，让其知道 AI 系统可以做什么及其这样做的原因；第二，对 AI/AS 批准和认证机构，透明性则确保 AI 系统可以接受审查；第三，如果发生事故，透明性有助于事故调查人员查明事故原因；第四，事故发生之后，参与审判的法官、陪审团、律师、专家证人需要借助透明性来提交证据，做出决定；第五，对于自动驾驶汽车等颠覆性技术，一定程度的透明性有助于增强公众对技术的信心。因此，需要制定透明性标准，阐明可测量的、可测试的透明性程度。但对于不同的利益相关方，透明性的具体要求是不同的。

（四）原则之四：教育和意识（Education and Awareness）

教育和意识原则涉及如何扩大 AI/AS 技术的好处，最小化其被滥用的风险。在 AI/AS 越来越普及的时代，需要推进伦理教育和安全意识教育，让人们警惕 AI/AS 被滥用的潜在风险。这些风险可能包括黑客攻击、赌博、操纵、剥削等。

三、伦理问题：如何将人类规范和道德价值嵌入 AI 系统

由于 AI 系统在做决定、操纵其所处环境等方面越来越具有自主性，让其采纳、学习并遵守其所服务的社会和团体的规范和价值，是至关重要的。可以分三步来实现将价值嵌入 AI 系统的目的：第一，识别特定社会或团体的规范和价值；第二，将这些规范和价值编写进 AI 系统；第三，评估被写进 AI 系统的规范和价值的有效性，即其是否和现实的规范和价值相一致、相兼容。

（一）为 AI 系统识别并确定规范和价值

首先，应当明确需要嵌入 AI 系统的规范和价值是什么。法律规范一般是成文的、形式化的，容易得到确认。但社会和道德规范比较难确认，它们体现在行为、语言、习俗、文化符号、手工艺品等之中。更进一步，规范和价值不是普世的，需要嵌入 AI 的价值应当是特定社会或团体中针对特定任务的一套规范。

其次，道德过载（Moral Overload）问题。AI 系统一般受到多种规范和价值约束，诸如法律要求、金钱利益、社会和道德价值等，它们彼此之间可能发生冲突。在这些情况下，哪些价值应当被置于最优先的地位？第一，优先考虑广大利益相关方群体共同分享的价值体系；第二，在 AI 研发阶段确定价值位阶时，需要有清晰、明确的正当理由；第三，在不同情境下或随着时间的推移，价值位阶可能发生变化，技术应当反映这一变化。

再次，数据或算法歧视问题。AI 系统可能有意或无意地造成

对特定使用者的歧视。一方面，要承认 AI 系统很容易具有内在歧视，意识到这些歧视的潜在来源，并采取更加包容的设计原则；强烈鼓励在整个工程阶段，从设计到执行到测试再到市场推广，尽可能具有广泛的包容性，包容所有预期的利益相关方。另一方面，在解决价值冲突时保持透明性，尤其需要考虑脆弱、易被忽视的人群（儿童、老年人、罪犯、少数民族、贫困人群、残障人群等）的利益；在设计过程中，采取跨学科的路径，让相关专家或顾问团体参与其中。

（二）将规范和价值嵌入 AI 系统

在规范体系得到确认之后，如何将其内置到计算机结构中，是一个问题。虽然相关研究一直在持续，这些研究领域包括机器道德（Machine Morality）、机器伦理学（Machine Ethics）、道德机器（Moral Machine）、价值一致论（Value Alignment）、人工道德（Artificial Morality）、安全 AI、友好 AI 等，但开发能够意识到并理解人类规范和价值的计算机系统，并让其在做决策时考虑这些问题，一直困扰着人们。当前主要存在两种路径：自上而下的路径和自下而上的路径。这一领域的研究需要加强。

（三）评估 AI 系统的规范和价值是否和人类的相符

需要对嵌入 AI 系统的规范和价值进行评估，以确定其是否和现实中的规范体系相一致，而这需要评估标准。评估标准包括机器规范和人类规范的兼容性、AI 经过批准、AI 信任等。

需要在人类和 AI 之间建立信任。这涉及两个层面。一方面，就使用者而言，AI 系统的透明性和可验证性对于建立信任是必要的；当然，信任是人类-机器交互中的一个动态变量，可能随着时间推移而发生变化。另一方面，就第三方评估而言，第一，为了促进监管者、调查者等第三方对系统整体的评估，设计者、开发者应当日常记录对系统做出的改变，高度可追溯的系统应具有一个类似飞机上的黑匣子的模型，记录并帮助诊断系统的所有改变和行为；第二，监管者连同使用者、开发者、设计者可以一起界定最小程度的价值一致性和相符性标准，以及评估 AI 可信赖性的标准。

四、需要指导伦理研究和设计的方法论

人工智能应当符合人类价值观，服务于人类，服务于人类社会和经济的发展。以人类价值观为导向的方法论是人工智能设计的核心，其中最重要的是对人权的保护。

（一）跨学科的教育和研究

将应用伦理学整合到教育和研究中，解决 AI/AS 的问题，需要跨学科的路径，需要融合人文学科、社会学科、科学和工程学等。首先，在大学教育阶段，伦理学需要成为计算机相关专业的一个核心课程，并建立跨文化、跨学科的课程体系。其次，为了研究 AI/AS 的特有问题，需要建立跨学科、跨文化的教育模型，在学术界和产业界，以多学科合作的模式塑造技术创新的未来。最后，需要区别嵌入 AI 设计中的不同文化价值，为了避免文化歧视，不能仅仅考虑西方影响下的伦理基础，其他文化的伦理/道德、宗教、政治传统也需要加以考虑。

（二）商业实践与人工智能

第一，产业界缺乏基于价值和伦理文化的实践。业界急切想要开发 AI/AS 并从中赚钱，却甚少考虑在其开发、使用过程中如何建立伦理系统和实践。

第二，缺乏价值层面的领导角色。创新团队和工程师在 AI 设计过程中，得不到如何尊重人类价值的指引。

第三，缺乏提出伦理问题的赋权。在一个组织内，工程师和设计团队不能就其设计或设计方案提出伦理问题。需要新形式的行为准则，以便于个体可以在充分信任的环境中，自由谈论、分享其见解和看法。

第四，科技圈缺乏主人翁意识和责任心。科技圈往往不认为关注伦理问题是其职责，这些问题一般由公众、法律圈和社会科学圈提出。工程科学中的多学科伦理委员会应当常态化，负责跟进研究和产品中的伦理问题及其影响。

第五，需要纳入利益相关者和从业者。从业者和 AI、机器人一道工作，可以表达其诉求，也可以提供洞见。

（三）缺乏透明性

AI/AS 制造过程缺乏透明度，给落实和监督机器伦理提出了挑战。

首先，AI 的限制和假设通常未被合理记录，什么数据被处理以及如何处理也是不明确的。记录文档应满足可被审计、容易获取、有意义、可读取等要求。

其次，算法缺乏监督。AI 系统背后的算法是不透明的，这导致终端用户不知道算法是如何得出结论的。一方面，需要建立监督 AI 制造过程的标准，避免给终端用户带来伤害；另一方面，政策制定者可以限制计算机推理，以免其过分复杂，造成人们难以理解的局面。

再次，缺乏独立的审查机构。需要引入独立的审查机构来给出指导意见，评估人工智能的安全性及其是否符合道德标准。

最后，"黑箱"软件的使用问题。深度机器学习过程是"黑箱"软件的一个重要来源。科技人员必须承认并评估"黑箱"软件中的伦理风险，并且在使用"黑箱"软件服务或组件过程中，特别关注伦理问题。

五、通用型人工智能和超级人工智能的安全与福祉

首先，随着 AI 系统越来越强大，其不可预测的或非故意的行为将变得越来越危险。为此，需要研究具体的人工智能安全问题；确保人工智能系统的透明度；开发安全、可靠的环境来开发、测试具有潜在安全风险的 AI 系统；在输入错误、环境改变等情况下，确保 AI 系统平稳失效；确保 AI 系统可以被操作者关闭或改进。

其次，改进安全性以适应未来更加多才多艺的 AI 系统可能面临困难。AI 研发团队在开发系统时，需要提前采取相应的安全防范措施。

再次，AI 研发者未来会面临更加复杂的伦理和技术安全问题。为了应对这一问题，可以考虑设立伦理审查委员会来支持和审查研发者的工作项目。目前、谷歌的 DeepMind、Lucid AI 等机构已经设立了伦理审查委员会。该审查委员会由具有不同知识背景和经验的专家组成，在审查时需要参考一定的行业标准，并最大限度地考虑安全和伦理问题。

最后，人工智能系统未来会影响世界的农业和工业革命。人工智能系统的技术成功不仅意味着巨大的商业价值，其对于世界范围内的政治格局也将产生深远影响。

六、个人数据与个体访问控制

数据不对称是个人信息保护的一个重大道德困境。在算法时代，AI 系统对个人数据的使用不断增强。为了解决不对称问题，需要完善个人信息保护政策。

（一）个人数据定义

首先，个人数据应该包括对个体身份的定义和说明，表现其独特的偏好与价值。个体应该能够获取充分可信的身份验证资源去证明、核实和广播其身份信息。

其次，个人识别信息应被定义为任何能够合理关联到一个个体的相关数据，不管是实在的、数字的还是虚拟的。个人识别信息应被认定为个人拥有绝对控制权的一项资产（Asset），法律应给予优先保护。

最后，个体对其个人数据应该拥有比外部行为者更大的控制权限。

（二）重新定义个人数据获取与知情同意

第一，需要建立实用的、可执行的程序，以便于设计者和开发者可以借助经规划的隐私（Privacy-by-Design）、默认的隐私（Privacy-by-Default）等方法论来保护隐私。此外，差别化隐私（Differential Privacy）的范式也为开发者和设计者将隐私保护融入其提供的服务中提供了便利。差别化隐私不等同于数据的匿名化。相反，差别化隐私利用哈希（Hashing）、次级抽样、噪声注入等技术可使个人信息模糊化。

第二，开放的标准和互相操作性对于社会和个体在生态系统之间自由转换至关重要。

第三，通过在个体与外部行为者之间就其个人信息创建一个决策矩阵，个人数据就可以充当两种用途：在一般分析中处理大量匿名化数据；在个性化服务提供中处理少量个人识别信息。社会团体以及研究机构对个人数据的需求将会整合到这个决策矩阵中，同时考虑安全、角色以及权利管理。例如，一个医生为了治疗病人可能需要可辨认的个人数据，但是一个研究者可能只需要匿名的统计数据。此外，还需要综合考虑使用场景的不同，采取不同的管理机制。

第四，数据分析的自动化和智能化，使得分析者及数据使用者都可能不知道在数据的分析过程中哪些数据被使用及如何被使用。所以，不能只关注知情同意本身，也要把关注点放在数据收集和使用上。同时，数据使用的限制也十分重要，而且更加具有可操作性。

第五，一些常见数据的累积可能导致对用户做出敏感结论。为了应对这些复杂性风险，需要灵活应变的知情同意条款。必须采取措施将非敏感个人数据的收集置于监管之下，防止这些信息被用来做出对信息所有者不利的结论。同时，应赋予个人随时终止收集这些信息的权利。

（三）个人数据管理

在算法时代，想要维持个体对其自身数据的控制权，就需要延伸身份保证范式（Identity Assurance Paradigm），将算法工具作为个体在数字和现实世界中的代理人或者守护者。有人认为个体对其自身数据的绝对控制，可能阻碍科技创新与公共福利；然而与此相反，数据分享方式的创新，使得二者可以共存，而并不是非此即彼。算法守护平台可被用来帮助个体分析和管理其个人信息。这样的算法守护者（Algorithmic Guardian）能够根据不同的情况，设定不同的使用权限，同时管理个人同意与不同意分享的信息。

七、重构自主武器系统

自主武器系统（AWS）相比其他自主系统以及传统武器，有着自身额外的道德影响。概括来讲，人类可以有效控制自主武器系统是十分重要的。

具体来说，首先，应该确保自主武器系统的利益相关方都能够对自主武器系统领域的相关定义保持准确的理解。其次，自主武器系统的设计者应使自主武器系统处于人类有效控制之下，或者半自动、半人类控制之下。同时需要审计追踪机制来确保这些控制可以有效运行。再次，该自主武器系统的利益相关者，必须能够全方位了解该系统。最后，需要专业的伦理规则来让设计者知道哪些产品是自主武器系统，以及哪些产品可以被用作自主武器系统，并确保创造出这些武器系统的人了解这些武器的影响。因为有些自动化武器十分难以识别，然而却可能给社会带来极大危害，所以需要专业的伦理规则以确保这种情况不会发生。

八、经济/人道主义问题

（一）自动化和就业

第一，媒体对人工智能和自主系统的误读令公众感到困惑。很多分析和消息（包括虚假消息）存在严重的简单化倾向，无益于开展客观讨论。呼吁建立国际性的、独立的信息交换中心，适当传播客观统计数据、事实调查情况，并向媒体、政策制定者、社会公众和其他利益相关者公布机器人和人工智能对工作、经济增长和就业结构的影响。

第二，不能仅从市场角度探讨自动化问题。机器人和人工智能的影响不仅限于市场和商业模式领域。机器人和人工智能系统的应用，还将对安全、公众健康、社会政治等方面产生影响。这种影响也将扩散至全球社会。因此，有必要从全球整体角度考虑产品和流程创新，及其带来的更为广泛的影响。

第三，应重点分析自动化和人工智能对就业结构造成的变化，而不仅仅关注可能受到影响的工作数量。

第四，目前的技术变化速度将对就业结构的变化产生深刻影响。为使劳动力适应这种变化，应采取更为主动的措施，包括教育培训等。

第五，新兴技术应当受到监管，以使其对社会产生的不利影响最小化。需要采取灵活的治理方式。立法和人工智能政策必须具有充分的灵活性，以便与技术的快速发展保持一致。同时，规则和法规应保护社会价值并促进创新，不应对创新造成不必要的阻碍作用。考虑到这些问题，政府、产业和民间组织之间的密切合作尤为重要。

（二）可责性和平等分配

第一，人工智能和自主技术在世界范围内的可得性不均。需确保 AI/AS 技术的效益在世界范围内的公平分配。应特别为欠发达国家提供机器人和自主系统的培训、教育和机会。

第二，缺乏获取和理解个人信息的渠道。一方面，应关注个人数据中的个体同意、侵犯隐私、损害或歧视等问题，并采取标准化措施。另一方面，人道主义者有责任教育人们，他们的数据

一般将作何用，数据的开放和共享可能带来什么。此外，应开展
关于数字隐私的教育活动，帮助弱势群体成为更懂数字技术
的人。

（三）赋予发展中国家从人工智能获益的能力

围绕 AI/AS 的讨论大部分出现在人们能够获得适当的金融服
务和平均生活水平更高的发达国家中。在这些系统的开发和应用
中，迫切需要避免技术偏见、阶级化和排斥，覆盖更广泛的人口
和社群。一方面，在 IEEE 全球计划中提升发展中国家的参与和
代表，推动形成便于包容发展中国家参与的条件；另一方面，
AI/AS 的出现加剧了发达国家和发展中国家的经济和权力结构差
异。因此，应建立相应机制，提高权力结构的透明度，公平分享
机器人/AI 带来的经济和知识成果。促进发展中国家的机器人/
AI 研究和开发。确保发展中国家的代表参与其中。

九、法律

在发展早期阶段，人工智能和自主系统（AI/AS）带来了许
多复杂的伦理问题。这些伦理问题往往直接转化为具体的法律挑
战，或是引发复杂的连带法律问题。每个伦理问题一般都涉及相
关法律问题。

（一）提升 AI 系统的可责性和可验证性

第一，应将人工智能系统设计为能够向用户显示其行为背后
的记录程序，能够识别不确定性的来源，并能够说明其所依赖的
假设条件。

第二，在某些情况下，人工智能系统应能够主动向用户告知
此类不确定性。

第三，由于潜在的经济和人身损害风险较高，应降低主动告知用户风险的门槛，并扩大主动披露的范围。

第四，设计人员在编写代码时，应充分利用涉及可追责性和可验证方面的计算机科学。

第五，适时考虑并审查引入新的法律法规的必要性，包括在新的 AI/AS 技术推出之前，先进行测试，并经适当国内或国际相关机构批准的规则。

（二）确保人工智能的透明度并尊重个人权利

政府决策的自动化程度日益提高，法律要求政府确保决策过程中的透明度、参与度和准确性。当政府剥夺个人基本权利时，个体应获得通知，并有权利提出异议。关键问题在于，当基于算法的人工智能系统做出针对个人的重要决定时，如何确保法律所承诺的透明度、参与度和准确性得以实现。

第一，政府不能使用无法提供决策和风险评估方面的法律和事实报告的 AI/AS。必须要求 AI/AI 具备常识和解释其逻辑推理的能力。当事人、律师和法院必须能够获取政府和其他国家机关使用 AI/AS 技术生成和使用的全部数据和信息。

第二，人工智能系统的设计应将透明性和可追责性作为首要目标。

第三，应向个体提供向人类申诉的救济机制。

第四，自主系统应生成记载事实和法律决定的审计痕迹（Audit Trails）。审计痕迹应详细记载系统做出每个决策的过程中适用的规则。

（三）AI 系统的设计应保证由系统导致的损害具备法律可追责性

大部分法律法规将人类是最终的决策者作为一个基本假设。

随着自主设备和人工智能的日益复杂化和普及化，情况会发生变化。可以在以下建议中进行选择，目的是为归责原则的未来发展提供尽可能多的建议。

第一，设计人员应考虑采用身份标签标准，没有身份标签将不得准入，以保持法律责任链条的明确性。

第二，立法者和执法者应确保 AI 系统不被滥用，一些企业和组织可能将 AI 系统作为逃避责任的手段。应考虑出台相应法规，建立充足的资本金或保险机制，使 AI 系统可以就其造成的伤害和损失承担责任。

第三，高昂的诉讼成本和过高的举证标准，可能阻碍受害者向 AI 造成的损害进行追偿，因此应考虑引入类似于工伤赔偿的支付体系。可采用较低的必要举证标准：受害者只需证明实际伤害或损失，并合理证明伤害或损失是由 AI 造成的。

第四，应要求使用和制造 AI 的公司制定书面政策，规定 AI 如何使用、谁有资格使用 AI、操作人员需接受何种培训，以及 AI 能够为操作人员和其他主体带来什么，这有助于更准确地理解 AI 能为人类带来什么，并保护 AI 制造企业免受未来可能引起的诉讼纠纷。

第五，不应自动将责任划归给启动 AI 的人。如果在 AI 的操作中需将责任划分给个人，那么 AI 运行中的监督者或管理者应作为承担责任的主体，而非必然由启动 AI 的个人承担责任。

第六，如果应用 AI 的主要目的是提高作业效率或消除人为错误，人类对 AI 活动进行监督则是必要的。如果 AI 应用的主要目的是为人类活动提供便利，如自动驾驶汽车，那么要求人类对 AI 活动进行监督则有悖于 AI 应用的目的。

第七，应对知识产权领域的法规进行审查，以明确是否需对 AI 参与创作的作品保护方面的规定做出修订。其中基本的规则应为，如果 AI 依靠人类的交互而实现新内容或发明创造，那么使用 AI 的人应作为作者或发明者，受到与未借助 AI 进行的创作和发明相同的知识产权保护。

（四）以尊重个人数据完整性的方式设计并应用自主和智能系统

人工智能增加了个人数据完整性方面的风险。除个人隐私之外，消费者也担心数据的完整性问题，包括数据被黑客攻击、滥用，甚至被篡改的风险。虽然这个问题不是人工智能领域独有的，只是人工智能加重了此类风险。一般来说，应鼓励以确保数据完整性为目标的研究/措施/产品，在不同情形中明确不同类型数据的所有权人。

十、结语

在 AI 发展史上，2016 年绝对是光辉与荣耀的一年，见证了太多 AI 光明与光彩的一面，AlphaGo、无人驾驶汽车、语音识别、聊天机器人等等。然而，在这些光彩之下，是 AI 以理性代理人的身份参与人类社会各种事务之后所带来的伦理和法律问题。AI 作为决策者，至少是决策辅助者，在金融、教育、就业、医疗、信赖、刑事执法等诸多领域开始扮演一个显著的角色。人们不禁要问，AI 能够确保公平吗？AI 是否会给当事人带来损害？此外，诸如黑客攻击、剥削、操纵等 AI 滥用问题也开始浮出水面。

数据科学家凯西·欧尼尔在其著作《数学武器：大数据如何加剧不平等、威胁民主》中，将造成歧视、个体损害等不利后果的人工智能称为"杀伤性数学武器"（Weapons of Math Destruction），并因其不透明性、规模效应及损害性而应当引起足够的关注。算法和人工智能作为一个数学武器，如果利用不当，给个体和社会带来的危害将远大于传统武器。因此，关注 AI 的伦理和法律问题，在 AI 研发过程中考虑这些问题，正成为一个趋势。未来，AI 技术将需要以跨学科的方式研发，其不仅仅是技术人员的事，不考虑社会规范、伦理、价值的 AI 设计已不现实。无论是通过跨学科的审查委员会，比如谷歌的 DeepMind 和 Lucid AI 已经设立了伦理审查委员会，还是通过其他方式，AI 开发将更多以融合人文学科、社会学科、科学和工程学等跨学科的方式进行。

所以我们看到，2016 年，联合国、美国、英国、IEEE 等开始关注 AI 伦理和法律问题；2017 年，AI 滥用、AI 透明性、算法公平、AI 伦理、AI 监管和责任、AI 信任等将进入更广泛的公众讨论视野，相关标准和规范将进一步出台。未来需要更多的讨论和对话，一方面需要确保法律和政策不会阻碍创新进程；另一方面，对新出现的诸如伦理、责任、安全、隐私等问题，需要在跨学科的基础上，以及在政府、企业、民间机构、公众密切合作的基础上，共同减小 AI 的不利影响，创建人类-AI 彼此信任的未来。

附件 2　美国国家创新战略

2015 年 10 月底，美国国家经济委员会和科技政策办公室联合发布了新版《美国国家创新战略》（以下简称新版《战略》）。美国创新战略首次发布于 2009 年，用于指导联邦管理局工作，确保美国持续引领全球创新经济、开发未来产业以及协助美国克服经济社会发展中遇到的各种困难。从 2007 年的《美国竞争法》，到 2009 年的"美国复兴与再投资计划"和《美国创新战略：推动可持续增长和高质量就业》，再到 2011 年的《美国创新战略：确保我们的经济增长与繁荣》，美国始终高度重视创新战略的设计。

新版《战略》沿袭了 2011 年提出的维持美国创新生态系统的政策，首次公布了维持创新生态系统的六个关键要素，包括基于联邦政府在投资建设创新基石、推动私营部门创新和授权国家创新者三个方面所扮演的重要角色而制定的三套战略计划，分别是：创造高质量工作和持续的经济增长；催生国家重点领域的突破；为美国人民提供一个创新型政府。新版《战略》在此基础上强调了以下九大战略领域：先进制造、精密医疗、大脑计划、先进汽车、智慧城市、清洁能源和节能技术、教育技术、太空探索和计算机新领域。

本文主要介绍新版《战略》重点领域突破中与人工智能相关的内容。从自动驾驶汽车到精准医疗和智慧城市，集中于创新领域的投资实现国家重点领域创新变革，以应对国家和世界所面临的挑战。

一、精准医疗计划

（一）应用前景

为临床医生提供更好地了解病人健康、疾病、身体条件复杂机制的工具，更好地预测哪些治疗方法最有效。

（二）挑战

大多数医学治疗都是为"普通患者"制定的，这种"一刀切"的方法，并非适用于所有人群。随着精密医学的出现，这种情况会改变，"精准医疗"会考虑到基因、环境和生活方式方面的个体差异，是一种创新的疾病预防和治疗方法。当然，实现这一切都还需要创新技术的推动。

（三）路线图

精密医学已经取得了重大进步，产生了一些新的治疗方法，根据个人特点制定新的治疗方案，如一个人的基因组成，或个人肿瘤基因档案。这种创新方法可以用来治疗癌症。把初步的成功进行大规模运用，需要国家协调一致、持续的努力。为此，奥巴马总统发布"精准医疗计划"，将利用基因组学的发展，创新方法管理、分析大型数据集，以及利用健康信息技术，同时注意保护隐私。还将有上百万的美国人参与该计划，自愿贡献自己的健康数据来改善健康数据结果，促进新疗法的发展，推动基于数据的更精确医疗技术的新时代发展。

二、通过"脑计划"加速发展新型神经技术

（一）应用前景

2013 年 4 月 2 日，奥巴马宣布投入巨资启动"脑计划"，通

过创新的神经技术加强对人脑的认识，能够使研究人员绘制显示脑细胞和复杂神经回路如何快速相互作用的脑部动态图像，有助于研究大脑对大量消息的记录、处理、应用、存储和检索，了解大脑功能和行为的复杂联系。

（二）挑战

研究者一直期望有新的治疗方法来治疗甚至预防脑部疾病。神经疾病和脑部疾病的社会和经济负担是压倒性的，开发新的治疗方法是解决这些负担的关键。例如，当前，照顾 500 名阿尔茨海默症患者的成本每年超过 2 000 亿美元，包括 1 500 亿美元的医疗保险和医疗补助。如果能够绘制出大脑的回路，测量电和化学活性在这些电路中的波动模式，将帮助研究人员了解人们在创建个人独特的认知和行为能力时，大脑如何作用，加深对大脑知识的认知，帮助科学家和医生诊断和治疗疾病，也能更有效地教育孩子，开发新技术和设备来帮助减轻疾病负担。

仅在过去 15 年中，科学家们有了一系列里程碑式的发现，有机会解开大脑的奥秘。例如：发现包括人类基因组的测序；开发新的工具用于映射神经元连接；提高分辨率的成像技术；成熟的纳米科学；生物工程的兴起。这些突破为科学研究铺平了道路。虽然这些技术创新做出了重大贡献，但仍需要新一代的工具，使研究人员能够以更快的速度记录更多大脑细胞信号。

（三）路线图

奥巴马总统的 2016 年预算表明对"人脑计划"的支持，包括来自美国国立卫生研究院、美国国家科学基金会、美国国防高级研究计划局、情报高级研究项目以及美国食品和药物管理局超过 3 亿美元的投资，私营部门也承诺将投资数亿美元支持"人脑计划"。

三、引入先进交通工具减少事故的发生

(一) 应用前景

网联自动驾驶车辆有可能大大提高美国公共道路的安全，传感、计算和数据科学的突破使得车辆间通讯和先进的自主技术投入商业使用，而接近于完全自动的自动驾驶汽车已经在公共道路上进行测试。90％以上的事故涉及人为错误，加速先进车辆技术的开发与部署，应用瞬间反应时间和精密机器智能决策，每年可以拯救成千上万的生命。

(二) 挑战

近年来，网联自动驾驶车辆技术的发展已经卓有成就，但是加速这些技术的开发，同时保证它们进行安全测试、安全上路、与人进行交互互动等方面面临多种挑战。公共机构、私人企业、州和联邦需要加强合作，对先进模式车辆上路进行定义和规范。

(三) 路线图

政府将采取若干举措加快自动驾驶技术的应用：

● 2016 年的预算要求联邦政府在自主汽车技术研究开发上进行加倍投资，开发制定自动、互联和无人驾驶汽车在公共道路上行驶的性能和安全标准；

● 推进网联汽车技术发展，确保每一个轻量级的车辆都能够沟通至关重要的救生信息；

● 召集外部团体来解决最棘手的责任、隐私和保险问题，这些问题阻碍着这些技术的部署，与其他国家进行合作，确保行动

一致，并且认识到这些重要的技术仍处于早期发展阶段；

● 在一系列环境和应用程序中进行公开展示、调试网联自动驾驶车辆，增强它们的可适用性和可接受性。

四、建设智慧城市，及时识别城市隐患

（一）应用前景

智慧城市，即为城市配备工具以解决民众最关心的紧迫问题，如交通拥堵、犯罪、可持续性和重要城市服务的交付。公民领袖、数据科学家、技术人员、公司组成新兴共同体建立"智能城市"。例如，通过协调相邻交通信号优化当地交通吞吐量，在匹兹堡的一个试点项目中，通勤时间平均减少了近25%。

（二）挑战

集中研究创新方法的开发和部署，特别是开发和测试新的"物联网"技术、跨部门合作部署新方法和知识分享社区。此外，还需要警惕电脑黑客，因为，在智慧城市中，个人、企业家和非营利组织都利用计算机技术来解决问题。

（三）路线图

2015年9月，政府宣布了一项新的智能城市项目，投资超过1.6亿美元帮助社区解决关键挑战，如减少交通拥堵，打击犯罪，促进经济增长，应对气候变化的影响，促进城市服务的交付。

五、推动教育技术革命

（一）应用前景

随着宽带、云计算、数字设备和软件的发展与普及，发展先

进教育技术的技术条件已经成熟，可以改变传统的教育与学习方式。仅在过去的五年里，美国国防部高级研究计划局已经表明，在海军训练中，数字设备教导的学生可以胜过98％传统老师训练的学生。

（二）挑战

目前，在技术对教育产生相对较小的影响（尤其是在小学和中学教育阶段）与技术对生活的其他部分产生变革性的影响之间还存在巨大的差距。小学、中学教育的市场性质、严格的教育软件评估和新一代的学习环境限制了企业的投资研发意愿。

（三）路线图

通过总统的互联网教育计划，美国将在2018年之前给99％的学生接入高速宽带。除了在数字化学习主要硬件和基础设施上的投资，政府还致力于在教育软件上进行互补投资，以提高学生关键学科的学习成效。

六、启示

正如美国总统奥巴马在关于"精准医疗计划"的讲话中所说：我们不能仅仅为创新而喝彩，我们必须要为创新事业投资，培植、鼓励创新，确保以最富有成效的方式成就创新。新版《战略》正是对美国未来创新投资战略目标的最好诠释，重点领域如自动驾驶、智慧城市、数字教育等内容都与人工智能息息相关。这也意味着，科技的发展，以人工智能为目标，人类的未来，将离不开人工智能。

附件 3 2016 美国机器人发展路线图

2016 年 10 月 31 日，美国 150 多名研究专家共同完成了《2016 美国机器人发展路线图——从互联网到机器人》。该路线图由国家科学基金会、加州大学圣迭戈分校、俄勒冈州立大学和佐治亚理工学院部分赞助，共包括十个部分，分别介绍了制造业和供应链转型，新一代消费者和专业服务，医疗保健，提高公共安全，地球及地球之外，劳动力开发，基础设施共享，法律、伦理和经济问题，等等。路线图呼吁制定更好的政策框架，以安全地整合新技术进入日常生活，如自动驾驶汽车和商用无人机，鼓励增加人机交互领域的研究工作，使人们在年老的时候可以留在自己家里生活，呼吁增加从小学到成人的关于 STEM 领域的教育内容，呼吁研究创造更灵活的机器人系统，以适应制造业日渐增长的定制需要，包括从汽车到消费类电子产品。路线图的作者提出了一些建议，以确保美国在机器人领域继续领先，无论是在研究创新还是技术和政策方面，确保研究工作能真正解决现实生活的问题并能投入实践。

一、政策出台背景

2015 年，机器人技术庆祝第一台工业机器人用于生产现场 50 周年。从那时起，机器人技术就已经取得了重大进展。机器人已经被应用在制造业、服务业、医疗保健、国防以及空间探索等各个领域。机器人最初是用来完成脏、枯燥以及危险性任务的。今天，机器人技术被应用在更广泛的场景中，一个重要因素是机器人增强了人们在日常生活中如工作、休闲、居家时的能力。三个重要因素推动着机器人的采用方向：（1）在国际环境中日益激烈的生产力竞争；（2）在当前的老龄化社会中提高生活质量；（3）将现场急救员和士兵从危险和具体行动中解放出来。经济增长、生活质量提高、现场急救员的安全一直是机器人技术发展的重要驱动力。

机器人技术是少有的几个能够产生像互联网变革那样影响巨大的技术之一。机器人现在已经成为一些公司开展工作的一项关键技术，为充分评估潜在的机器人应用，一个超过 160 人的小组在五个车间召开研讨会，会议议题包括工业制造业、医疗保健/医疗机器人、服务机器人、国防机器人以及空间机器人，从而形成了这份发展蓝图。该发展蓝图在 2009 年 5 月首次提出，并在 2009 年 5 月 21 日，由国会核心议题小组提交。该发展蓝图发布之后，美国成立了国家机器人技术计划机构（NRI）。该机构由美国国家科学基金会（NSF）、美国农业部（USDA）、美国宇航局（NASA）以及美国国立卫生研究院（NIH）共同赞助。本发展蓝图是 2013 年制造业、医疗保健/医疗、服务机器人领域发展蓝图的一个更新版本。

二、主要内容

本文概述了目前社会在发展中的机遇、亟待解决的问题，同时介绍了美国政府为保持机器人产业领先地位所做的努力。美国将继续支持创新研究，并在法律框架下规范最新技术，以确保这些技术被合理地应用。具体内容方面，这份 100 页的文件对机器人技术的广泛应用场景做了综述，其中重要发现与建议主要有：

（一）无人驾驶汽车及其政策

新一代的自动驾驶系统已经应用于汽车、飞机、水下和空间探测器中。人类驾驶员每1亿英里出现一次致命事故，而自动驾驶汽车距离这样的安全记录还相去甚远。对于航空系统而言，民用空域的重新规划是重要问题，但无人机确实为运输、环境监测等工作创造了新方式。在太空探索领域，主要的挑战是从遥远的行星上获取样品，并把它们带回地球。这些任务要求机器系统能被人类操作者灵活掌控。地方、州和联邦机构需要制定法律法规，确保无人车能够同时与有人驾驶汽车一起安全地在路上行驶。这些规定也应适用于无人机，如此一来无人机就能真正颠覆我们在日常空运、环境监控以及其他各方面的习惯，在自然灾害与恐怖袭击发生时成为现场急救员的好帮手。

（二）医疗保健和家庭陪伴机器人

在家用市场中，销售最多的产品是吸尘和地板清洁机器人。最近我们看到了家庭伴侣机器人的出现，这其中包含递送物品的机器人和辅助教育儿童的机器人。伴侣机器人的风潮即将出现，几乎所有此类系统都只能完成有限的一些任务。如果我们想要让儿童接受真正的教育，让老人在家中能够独立生活，机器人就要对周围环境具备更好的识别能力，可靠性要求也会更高。

（三）制造业

近年来，像汽车这样的产品定制化需求增量迅猛。例如，一辆高端汽车可有无数不同的配置选择，从座位颜色到电子器件配置通通包含。结果就是制造商的产品生产线需要日益复杂的技术来实现上述需求，这样一来许多工厂就又转回到了美国。在过去的 6 年中，美国制造业已经增加了 90 万个工作岗位。"机器人的激增并不一定意味着人类的失业。"但是这种工业机器人系统的扩张必须克服两大障碍。研究者需要开发出即使在少量或者未经训练情况下也能让工人操作的用户界面。换句话说，用户界面得像电子游戏那样容易上手。此外，机器人操作技能也要大幅改进。

(四) 工业互联网和物联网

工业 4.0 和工业互联网中出现的新标准将帮助我们获得便宜普及的通信机制，应用更多分布式计算和智能系统的新架构。物联网将会塑造更加智能化的体验环境，新的机器人系统会在用户体验方面有很大提高。设计这种复杂的系统并保证它的稳定性、可扩展性和高交互性非常重要。我们已经看到新的方法和系统设计进入应用范围，机器人的宏观概念和基本行为都会得到改观。其中，最重要的是对于所有的应用而言，它们面临的核心障碍都在于机器人系统的复杂整合，这些机器人系统需要与操作人员和合作者一同工作。

(五) 教育

新的劳动力培训需要在所有层面上展开，从初高中教育到技校，最后到各类学院。这些训练不能仅仅停留在学校里，也不能仅仅覆盖年轻人，它需要深入社会的每一个角落，是新技术造福人类的前提。

(六) 共享机器人基础设施

研究人员呼吁在美国建立互通共享的机器人研究基础设施。今后研究范围将扩大很多，研究者将主要进行无人驾驶、医疗保健机器人、微型和纳米机器人、农业机器人、无人机和水下机器人的测试，每个预设点大约需要 300 万美元才能改造成功。

（七）法律、伦理和经济问题

虽然该路线图是一个有关技术的文件，但是作者们都清楚，美国，或者是任何其他地域的机器人技术的发展可能会违反社会、文化、政治等一系列方面的问题，如法律、政策、伦理和经济发展等。该部分提出了一些比较紧迫的有关机器人技术、非技术方面的挑战，并列举了现在正在进行的一些解决这些问题的努力的例子。该章并没有全面地涵盖所有的问题，也并不是要表达一个关于机器人应该遵守的法律、政策、伦理等方面的共识，我们的目标仅是提出一些文献中反复出现的重要挑战。此外，承诺我们会参与和支持类似的对话，进行必要的跨学科的探讨，并建议政府和学术界努力消除这些障碍。该章讨论到的主要问题包括安全性、可靠性、劳动力冲击、社会互动、个人隐私和数据安全等。该章在讨论完这几个问题后，提出以下建议：

第一，各级政府均应提高网络化专业水平，以此才能变革机器人技术，最大化其社会用途，最小化其潜在危害。

第二，支持政府和学术界的跨学科交叉研究，任何问题都不能仅通过一个学科的知识来解决，政府和学术界应该积极合作，打破学科间的孤立。

第三，消除研究障碍，独立的研究人员应当确保和验证系统不存在违反现行法律和原则的风险。

三、启示与总结

工业大国提出机器人产业政策，如德国工业 4.0、日本机器人新战略、美国先进制造伙伴计划、中国"十三五"规划与《中国制造 2025》等国家级政策，都将机器人产业发展纳入其中。这不仅将促使工业机器人市场的持续增长，也将带动专业型与个人/家庭型服务机器人市场快速增长。目前，机器人的发展有以下几个主要趋势：

（一）汽车工业仍为工业机器人主要应用领域

现阶段汽车工业制造厂商仍然是工业机器人的最大用户，从 2014 年汽车工业使用机器人密度来看，日、德、美、韩每万名人员中使用超过 1 000 台以上的工业机器人，而中国则为 305 台。由于日本、德国、美国与韩国均是汽车工业大国，未来工业机器人的主要需求仍在于汽车工业。

（二）双臂协力型机器人为工业机器人市场新亮点

随着人力成本的持续增长，包括组装代工大厂与中小企业等的人力成本负担相对沉重，加上人口老化严重，国家劳动力短缺，使得双臂协力型机器人成为降低人力成本、提高生产效率与补足劳动力缺口等的解决方案。在 2015 年东京国际机器人展上，全球机器人大厂便大力推广其协力型机器人产品。

（三）服务机器人市场成长动能潜力巨大

服务机器人方面，现阶段以扫地机器人、娱乐机器人及医疗看护机器人等为主支撑整体市场的发展。人工智能的进步使服务机器人具备与人类沟通的互动功能，促使生活陪伴型服务机器人将成为市场的新生力军。此外，部分国家和地区农业劳动力高龄化日益严重，因此也带动了农业机器人需求的相应增长。

附件 4 美国国家人工智能研究和发展战略计划

　　2015 年，美国政府在人工智能（AI）相关技术方面的研发投入约为 11 亿美元。AI 在制造、物流、金融、通信、交通运输、农业、销售、科技等领域得到了应用。此外，AI 在提高教育机会、更好地改善人类生活质量、提高国土安全等方面具有积极的作用。2016 年 10 月，美国总统奥巴马在白宫前沿峰会上发布报告《国家人工智能研究和发展战略计划》（以下简称《计划》）。奥巴马在接受媒体专访时称，人工智能战略规划将成为美国新的"阿波罗登月计划"。《计划》旨在运用联邦基金的资助不断深化对 AI 的认识和研究，从而使得该技术为社会提供更加积极的影响，减少其消极影响。美国此次发布的《计划》是全球首份国家层面的 AI 发展战略计划，对于全球各国尤其是我国未来 AI 发展战略的制定具有重要的参考和借鉴意义。

　　《计划》主要包括下列七大战略：

- AI 研究的长期投资战略（基础研究战略）
- 开发有效的人类与人工智能合作措施战略（人机交互战略）
- AI 的伦理、法律和社会学研究战略（社会学战略）
- 确保 AI 系统的安全战略（安全战略）
- 开发适用于 AI 培训和测试的公共共享数据集和环境战略（数据和环境战略）
- 通过标准和基准测量和评估 AI 技术战略（标准战略）
- 更好地了解国家 AI 研发人力需求战略（人力战略）

一、AI 研究的长期投资战略

AI 的研究投入需要在有长期潜在回报的领域进行，同时这些有长期回报的领域伴随着高研发风险。以互联网和深度学习为例，在这两个案例中，对其基础的研究开始于 20 世纪 60 年代，经过 30 多年的研究努力，这些概念变成了在很多 AI 领域中运用的技术。在下列领域中 AI 技术将进行持续投入。

（一）基于数据驱动的以知识开发为目的的方法论

在发展机器学习算法中，可以运用大数据来识别所有有用信息。很多开放性问题都围绕着数据的创立和使用，包括 AI 系统学习中的精确性和恰当性。数据的精确性在处理大量数据时是很大的挑战，我们需要继续研究数据清洗技术（Data Cleaning Techniques）以提高数据的利用效率，研发新的技术以发现数据中的矛盾和异常。此外，还需要研发新技术保证数据挖掘和与该数据相关联的元数据的挖掘同时进行。

（二）增进 AI 系统的感知能力

感知是智能系统通往世界的窗户。感知开始于各种形式的传感数据（Sensor Data），感知系统需要从众多的传感器和包括云计算在内的其他来源中整合数据，从而来确定 AI 系统应该做出的反应及对未来的预测。在复杂多变的环境下，AI 对目标的探测、分类、识别仍然面临挑战，感知进程的改进可以不断提高 AI 系统的认知准确性。

（三）了解 AI 的理论能力和限制

AI 算法的最终目标是可以挑战人类解决问题的能力，但是目前我们对于 AI 的理论能力和限制达到何种程度仍然没有很好的理解。我们缺乏对 AI 系统统一的理论模型或框架。我国需要同时研究现有的硬件，从而了解硬件是如何影响这些算法的。

（四）开展广义的 AI 研究

AI 可以划分为"狭义 AI"和"广义 AI"。狭义的 AI 系统只专注于完成某个特别设定的任务，例如语音识别、图像识别和翻译，也包括近年来出现的 IBM 的 Watson 和谷歌的 AlphaGo，这些系统被称为"超级人类"，因为它们的表现可以打败人类。与"狭义 AI"相对的是"广义 AI"，这些 AI 体系包括了学习、语言、认知、推理、创造和计划。广义的 AI 目标是将一个领域内的知识运用到另外一个领域，同时可以与人类开展交互式学习。广义 AI 的目标还没有达成，需要我们进行长期的、持续性的努力和投入。

（五）开发可拓展的 AI 系统

开发和使用多重 AI 系统，对于计划、协调、控制方面带来很多研究性挑战。我们之前的研究集中于中心计划和协调技术，但是，这些方法存在不足。未来，多重的 AI 系统需要运行得足够快速从而适用不断变化的环境。未来应着力研发在计划、控制与合作方面更加有效、更具活力及可拓展的多重 AI 系统技术。

（六）促进类人类 AI 的研究

类人类 AI 旨在让 AI 系统能够像人类一样解释自己从而使得人类明白。例如智能家教系统和智能助手可以帮助人们更好地完成任务。人类可以从有限的学习范例中学习知识，但是 AI 可以从数以千计的范例中不断学习和优化自己，从而达到超越人类的状态。未来在这方面还要不断研究新方法从而达到这一目标。

(七) 研发能力更强更可靠的机器人

机器人在人类的生活中应用广泛。目前，我们正研究如何更好地开展机器人与人类的合作。机器人技术可以更好模仿并提高人类的体能和智能。未来科学家还需要继续研究如何使机器人系统更可信和方便使用。同时，提高机器人的认知和推理能力，使其可以更好地进行自我评价，提高处理复杂问题的能力，更好地与人类开展互信合作。

(八) 改善硬件提高 AI 性能

AI 研究经常与软件研发相关，但是 AI 系统的性能很大程度上取决于其硬件的运行。提升 AI 系统硬件运行功能需要通过可控的方式关闭和打开数据通道。未来的研究需要使得机器学习算法可以有效地从大量的数据中进行有效的学习。基于机器学习反馈的方法可以使 AI 技术更好地进行数据取样和分析，运用在诸如智能建筑和物联网等领域。

(九) 研发适用于先进硬件的 AI

更先进的硬件可以提高 AI 系统的运行能力，同时更好的 AI 系统可以反过来提高硬件的性能。更好的 AI 算法可以提升多核系统的性能，这对于高性能计算（High Performance Computing，HPC）运行的提升尤为重要。

二、开发有效的人类与人工智能合作措施战略

(一) 寻找具有人类感知的 AI 新算法

近年，AI 算法已经可以解决越来越复杂的问题。人类可以感

知的智能体系需要与用户进行互动从而开展人机互动。我们需要开发中断模式从而在合适的时候打断人类。AI 体系需要具有提升人类认知的能力，在用户不能准确描述自身需求时，可以了解用户需求。未来的 AI 可以拥有情感智能，可以了解用户的情绪并做出恰当的反馈。另一个目标是建立"系统-系统"的互动，即多个机器可以与多人同时进行互动。

（二）开发增强人类能力的 AI 技术

人类增强研究包括算法在不同情形下的运用，例如在固定设备中、可穿戴设备中、植入设备中以及具体的用户环境中。以医学助手为例，人类增强意识可以帮助识别在手术中出现的微小错误，或将之前的实验经验运用于用户的现有情况。另一个领域是在自主学习方面。目前的自主学习还仅仅是在人类的监督下进行的，未来的研究将会集中于无人监督下的自主学习。

（三）开发可视化和人类与 AI 交互界面技术

可视化和用户界面必须以一种越来越清晰并且可以被人类理解的方式呈现，这需要提供实时运行的结果和反馈。人类与 AI 的合作可以被广泛地运用于各个领域，例如人类和 AI 系统在太空中的远程交流，在交流过程中需要评估自主运行状态，其中的运行要求和限制是用户界面研发者需要研究的问题。

（四）开发更加有效的语言处理系统

让人类与 AI 系统通过书面和口头的语言形式进行交流是 AI 研究者的一个长期研究目标。目前我们已经可以实现在安静的环境中 AI 对于流利英语的识别，但这只是第一步。AI 目前还无法对在嘈杂的环境中的、有浓重口音的以及小孩的语言进行识别。

未来我们需要将该系统应用在不同语言中，从而达到可以实现 AI 在实时状态下与人类的对话。

三、AI 的伦理、法律和社会学研究战略

该领域的主要研究目的在于了解 AI 技术的伦理、法律和社会意义；同时，研发新的方法来实现 AI 与人类预先设定的伦理、法律和社会准则相一致。隐私是需要考虑的重要因素，关于隐私方面的问题可以参见"国家隐私研究战略"（National Privacy Research Strategy）。

（一）通过设计提高公平性、透明度和可责性

在 AI 系统设计时需要考虑本身的公平、合理、透明和可信赖性。研究者必须了解如何设计 AI 系统从而使得保证其决策的透明和容易被人类理解。

（二）构建 AI 伦理

伦理问题本身是哲学问题。研究者需要研究出新的算法确保 AI 做出的决策与现有的法律、社会伦理一致，这是一项具有挑战性的任务。伦理难题需要首先解决的是如何将伦理难题准确地翻译为 AI 可以识别的语言；同时，当面临新的道德困境时，AI 如何进行决策。伦理问题因各国文化、宗教和信仰等的不同而存在差别。我们需要构建一个可以被广泛接受的伦理框架来指导 AI 系统进行推理和决策。

（三）设计 AI 伦理的架构

另外一项基础性的研究集中于如何在 AI 系统设计中包含伦理推理。在这方面我们尝试了多种方法。未来，AI 伦理框架的构

建，可能包括下属的多体系、多层次的判断，例如匹配规则的迅速回应、接收用户信任的社会信号、遵守文化准则等。研究者需要集中于如何描述和设计 AI 系统，使其符合道德的、法律的和社会的目标。

四、确保 AI 系统的安全战略

AI 系统在全球性范围内投入使用之前，需要以可控的方式确保该系统的安全性。受应用环境的复杂性和不确定性、突发行为、执行目标的不明确性、人机交互等因素的影响，AI 系统可能面临着重大的安全挑战。

（一）提高可解释性和透明度

基于深度学习的许多算法对于使用者来说是不透明的。在很多领域例如健康护理，医生需要对在治疗过程中的特殊治疗方法进行合理性解释。AI 技术为很多决策提供了合理性解释但是不够准确。研究者需要研发更加透明的决策体系，从而为用户提供决策推理的合理解释。

（二）建立互信

为了获取信任，AI 系统的设计者需要建立用户友好型的交互式界面，同时确保 AI 系统的准确性和可信赖性。目前对于 AI 系统的一个重要挑战是软件制造技术品质的不一致性。随着人类与 AI 系统的联系越来越紧密，在该领域的互信挑战也面临越来越大的挑战。

（三）增强核实（Verification）和验证（Validation）

在 AI 体系的核实和验证方面需要建立新的方法。"核实"是确立一个满足形式要求的系统；"验证"是确立一个满足用户操作需求的系统。对于已经自动运行了一段时间的系统，系统设计者或许没有考虑到在各种环境中可能遇到的情况，因此需要系统拥有自我检测、自我诊断和自我修复的功能以确保其可信赖性。

（四）对抗攻击的安全战略

AI 体系为了应对各种事故，需要具备预防恶意网络攻击的措施。安全工程需要了解该体系的脆弱性以及有可能进行攻击的人。AI 在网络安全体系中的运用需要高度的自治能力，这需要未来进一步的研究。

（五）实现长期的 AI 安全和价值一致

AI 系统最终的目的是实现"循环的自我提高"。软件的改进是通过软件自身修复完成的而非由人类完成的。为了达成这一目标，我们需要进一步研究可以用来检测人类设计的目标与 AI 系统行为是否一致的自我监测技术及使用者的目标等。

五、开发适于 AI 培训和测试的公共共享的数据集和环境战略

（一）为不同种类的 AI 兴趣及应用开发和制作种类广泛的数据集

完整和可利用的 AI 培训和测试数据集，对于确保结果的可信赖性来说至关重要。机器学习领域的 AI 挑战经常与大数据分析相关。在现实世界中，数据集经常因其不一致性、不完整性而受到质疑。在建立 AI 应用的数据集之前需要一系列的数据预先处理技术，例如数据清洗、整合、转化、还原和展示。

（二）使训练和测试资源能够对商业和公共利益做出回应

随着数据的不断增多，数据资源和信息技术都在不断增加。数据分析技术已跟不上原始信息资源的产生数量。虽然我们现在拥有数据存储器，但是仍然难以满足成比例增长的数据，我们需要建立动态的和灵敏的数据存储器。

（三）开发开源软件库和工具集

不断增加的开源软件库和工具集为开发者提供了便捷的入口。例如 Weka 工具集、MALLET 和 OpenNLP，它们都加速了 AI 技术的发展和应用。为了支持该领域的持续性创新，美国政府促进在研发、支持和使用开放 AI 技术方面的努力，尤其是使用开放格式或开放标准的开放资源。美国政府同样鼓励在政府内部更广泛地采用开放 AI 资源以降低创新者的准入门槛。政府应致力于将算法和软件纳入开放资源项目。同时，政府对某些领域给予特别的关注，例如数据的隐私与安全。

六、通过标准和基准测量和评估 AI 技术战略

标准、基准、测试平台是指导 AI 研发战略中的核心要素。具体来说应在以下几个方面做出努力：

（一）开发范围广泛的 AI 标准

AI 技术必须满足客观的标准从而保持其安全性和可信赖性。目前一项与 AI 相关的标准是 P187202015（机器人与自动机器标准）。该标准提供了在现有的知识体系下系统性的标准条款和内容，为 AI 技术在机器人领域的应用提供了基础。此外，AI 标准需要满足安全性、可用性、可追溯性、隐私保护等要求。

（二）创建 AI 技术基准（Benchmarks）

技术基准包括测试和评价，为标准的制定提供定量测量，同时评估标准的遵守情况。为了更有效地评估 AI 技术，相关的测试方法必须标准化。标准的测试方法应该描述 AI 技术评估、比较、管理的方法和程序，包括但不限于：准确性、复杂性、信任和能力、风险和不确定性、可解释性、与人类行为的比较以及经济影响等。

（三）增加 AI 测试平台（Testbeds）的可用性

测试平台对于研究者至关重要，因为研究者可以利用实际的研究数据在真实的世界中进行建模和实验。在 AI 的所有领域中都需要有足够多的测试平台。例如政府有大量的敏感数据，这些数据不能对研究机构之外的机构公开。我们可以为科研人员在安全的测试平台中创设合适的项目进行相关的测试。这些 AI 的实验数据和实验方法仅对 AI 科学家、工程师和学生在测试场景下公开。

（四）组建 AI 标准和基准共同体（Community）

AI 共同体由使用者、产业人员、学术人员和政府人员组成，这些人员需要参与 AI 标准和基准制定的项目。基于共同体发起的基准可以通过提供测试数据来降低准入门槛、强化激励，促进技术开发商之间的良性竞争。

七、更好地了解国家 AI 研发人力需求战略

在研发领域拥有强大实力的国家在未来的发展中也必将占据领先地位，而技术专家在其中发挥着重要作用。虽然现在还没有

AI 研发人员的数据，但是根据商业和学术机构的报告显示，AI 领域的专业人才存在不断增长的缺口。高科技公司不断增加雇用 AI 方面人才的投入。大学和研究机构也在不断招募 AI 方面的专业人才。未来我们需要更好地了解国家 AI 研发人才的需求数据，包括科研机构、政府和产业方面的需求。我们需要对 AI 人才的供应和需求量做出测算，从而帮助预测未来的人力需求，并制定合理的计划。

附件 5　欧盟机器人研发计划

2014 年 6 月，欧盟启动了"欧盟机器人研发计划"（SPARC），目标是在工厂、空中、陆地、水下、农业、健康、救援服务以及欧洲许多其他应用中提供机器人。

一、政策出台背景

机器人技术正在对经济和社会产生巨大的影响，不仅能够节省成本，改善质量和工作条件，还能够尽可能地减少资源和浪费。欧盟预测，到 2020 年，机器人产业的年销售额将达到 500 亿～620 亿欧元之间。麦肯锡最近的一项研究估计，到 2025 年，高级机器人在医疗保健、制造和服务中的应用价值在全球范围内的年经济影响可能在 1.7 万亿～4.5 万亿美元之间。目前全球工业机器人以 8％的速度增长，欧洲在世界市场中的份额约为 32％，而在世界服务机器人市场的份额为 63％。

为了保持和扩大欧洲的领导地位并确保欧洲的经济和社会影响，欧盟委员会与欧洲机器人协会（EuRobotics）合作完成了"SPARC"计划。在运行模式方面，该计划采取公司合作伙伴关系（PPP）方式，由欧盟委员会副主席 Neelie Kroes 和欧洲机器人协会主席 Bernd Liepert 于 2013 年 12 月 17 日签署合作协议。欧委会是在"地平线 2020 计划"下资助 SPARC 计划，根据协议，欧委会出资 7 亿欧元，欧洲机器人协会出资 21 亿欧元，使得 SPARC 成为世界上最大的民间资助机器人创新计划。来自私人方 EURobotics AISBL 的专家成员组织通过"专题组"的方式开展工作，通过战略研究议程（SRA）为机器人协会提供高级别的战略概述，根据市场和行业情况更新文件，传播私人方的想法和意图。

此外，SRA 的随附文件还包括一份更详细的技术指南——多年度路线图（Multi-Annual Roadmap，MAR），用于确定团体内的预期进展、欧洲环境中应优先考虑的关键技术、影响竞争力的关键市场和应用领域、与关键社会优先事项的一致性、研究机会及背景，以及对中期研究和创新目标展开详细分析。下文对SRA2014—2020 年的主要内容进行介绍。

二、SRA2014—2020 主要内容

SRA2014—2020 是对 SRA2009 的更新。SPARC 旨在促进行业和供应链的建设，到 2020 年能够占到世界机器人技术市场的42％以上。

（一）愿景

- 为了确保欧洲在机器人浪潮来临之前发展先进的技术；
- 利用新兴机器人市场；
- 参与并拥抱颠覆性机器人技术和系统，重新定义应用的经济性；
- 提高社会对于机器人系统的认识。

（二）目标

- 促进整个欧洲机器人团体发展；
- 突出研究和创新的机会；
- 识别技术的当前状态及未来的需求；
- 向新利益相关者介绍欧洲机器人共同体。

（三）背景：机器人的重要性

传统的工业机器人在维持欧洲制造业的竞争力方面发挥了至关重要的作用。虽然这个角色将继续和扩大，但是在这些传统的角色之外的机器人技术将越来越重要，并为快速的市场增长提供机会。短期到中期的机会可能集中在农业、医疗保健、安全和运输等领域；而更长期的机器人技术将进入几乎所有人类参与领域，包括家庭等。目前在大型制造公司中使用工业机器人已经被普遍接受，为了扩大市场，小规模和中小型企业需要采用智能机器人技术来保持效率和创造就业机会，并将在欧洲制造和就业能力方面产生重大影响。

（四）伦理、法律和社会问题的影响

商业利益、消费者利益和技术进步将导致机器人技术广泛扩散到我们的日常生活中，从协作制造到提供民用安全，从自主运输到提供机器人伴侣。建立对伦理、法律和社会（ELS）问题的早期认识，有助于采取及时的立法行动和社会互动。确保机器人系统的设计者了解平等的重要性，并在创建合规和道德的系统方面提供指导，将是解决这些重要问题的关键，并有助于建立信任，支持新市场的发展。ELS问题将显著影响机器人和机器人设备能否作为我们日常生活的一个组成部分，在某种程度上，相比机器人技术的准备水平，ELS问题会对系统在市场的交付产生更大的影响。

涉及上述问题时，不仅应考虑现有的国家法律和国际法，还要顾及不同的伦理和文化观点，以及欧洲不同国家的权利和社会期望等因素。为了让机器人产业意识到这些问题，需要在行业发展的基础上加强跨学科教育和法律与道德基础建设。人们日益认

识到，标准、规范和立法的保障措施和颁布将成为创建机器人设备和技术系统设计过程的一部分。

（五）"地平线 2020"的影响

地平线 2020 计划将引入一些专门的工具来推动创新：更接近市场，同时刺激学术界、机器人技术的生产者和用户之间的对话。为了帮助中小企业参与"地平线 2020"，未来将实施一个专门的中小企业工具，重点关注其在研究开发和创新过程中的优势，而中小企业的成功和发展对于欧洲实现其关键目标至关重要。

（六）机器人市场

机器人技术市场传统上分为两个领域，工业机器人和服务机器人。但是，当展望 2020 年时，这些界限将变得模糊，并且需要以不同的视角来看待机器人市场。更智能和更合作工业机器人的发展，意味着技术从所谓的服务部门转移到工业。

欧委会认为，以核心研究和创新的投资为目标，加强和建设机器人团体和市场是至关重要的，机器人市场的多样化需要一种分析市场空间的新方法。SRA 作用的关键是将终端用户产品、服务和商业模式与创建全新市场所需的底层技术相联系的能力，这对于研究资源的分配和对市场投资影响最大化来说至关重要。

（七）价值链

在机器人市场有许多不同的价值链。识别它们并确保它们得到承认和支持将是 SPARC 的关键任务。所有这些价值链的发展中，至关重要的是中小企业的作用及其创造技术转让机会的能力。这种技术转让，无论是在许可证还是模块化交付方面，将是整个价值链中的一个关键因素。

机器人产业链利益相关者可以分为以下几类：产业和服务组织、研究组织、最终用户、商业和消费者、政府和决策者、民间社会的主要代表和意见领袖、金融机构等。SPARC 将与这些不同的利益相关者团体合作，以了解他们对机器人技术的看法，从而减少市场障碍，建立适当的沟通，以实现建设性对话。

（八）应用场景

受机器人技术影响最大的领域包括：制造业、医疗、农业、民用、商业、物流和运输、个体消费者等。SRA 介绍了这几个领域 2020 年可能实现的目标。

（九）技术

SRA 中介绍了机器人相关技术以及如何识别它们。欧盟认为，高科技领域的竞争优势很难赢得。欧洲不仅必须保持领导地位，而且要率先在第一波技术中获得核心知识产权和首先出现在市场上的优势。

三、SPARC 目标

（一）研发和创新战略

研发和创新战略的范围由支撑机器人系统发展的技术范围和受机器人技术影响的市场构成。该战略必须最大限度地满足关键欧洲经济体对机器人技术的需求，创造和发展强大的欧洲研发和基础设施，包括支持较长时间的研究和开发等。

（二）影响评估

评估机器人技术的影响将随着应用领域的不同而不同。在一些领域中，机器人是特定问题唯一可行的解决方案，机器人的影响相对更容易评估，因为机器人更可能有可见的变革效应。而在许多其他领域，只有当机器人应用成本降低或服务水平提高时，其影响才会被感受到，大多数的领域都是这种情况。在其他领域中，机器人还可以是人们的备选项，即以额外的成本提供额外的好处。对机器人影响的任何总体分析都需要考虑这些不同的影响模式。

（三）关键行为指标

衡量研发活动的影响和行业的绩效是这一战略的重要组成部分。应确定可衡量的指标，并持续跟踪它们在实现战略目标方面取得的进展，SRA 共提出了十几个关键性能指标用于衡量进度和影响。

（四）市场目标

- 促进欧洲 2020 年将增值制造业的百分比恢复到 20％；
- 有效利用知识产权来获得自身优势；
- 保持其在工业机器人技术中的全球地位，并将其扩展到覆盖新兴的智能制造部门；
- 赢得新的市场；
- 促进欧洲机器人行业的发展及创新；
- 在工业和服务机器人制造领域提供超过 75 000 个新岗位；
- 在机器人组件和软件制造方面提供超过 30 000 个新增高科技岗位；
- 超过 140 家新的欧洲公司成为研究机构和大学的附属公司；
- 为欧洲服务行业提供超过 14 万个新岗位，以使用各种服务机器人，有效利用提高的生产力；

　　● 预计利用机器人技术将推动欧盟 27 国 GDP 增长约 800 亿
欧元。

附件6　英国人工智能的未来监管措施与目标概述

人工智能以及机器人技术的发展带来了新的科学技术革命。然而科技的进步带来的不仅仅是生产力水平的提高，随之而来的还有新的伦理、法律与社会问题，需要公众与政府共同应对。作为在人工智能道德标准及政府监管研究领域的领先者，英国发布的《机器人技术和人工智能》报告，侧重阐述了英国将会如何规范机器人技术与人工智能系统的发展，以及如何应对其发展带来的伦理道德、法律及社会问题。这对于我们共同探讨和思考如何破解人工智能的伦理道德及法律难题无疑是冬夜里的"天狼星"。

一、概述

（一）简介

为脱离欧盟做准备，英国政府正在着手构建和巩固本国独特的科技监管体制，并且将人工智能系统和机器人的发展、部署和使用作为重点领域。这个行业对于英国加强其在全球社会经济、科技以及知识领域的领先地位至关重要，同时与英国政府的工业发展战略相一致，即英国在2013年挑选出"机器人技术及自治化系统"（Robotics and Autonomous Systems，RAS）作为其"八项伟大的科技"计划的一部分，并且宣布英国要力争成为第四次工业革命的全球领导者。

（二）监管重点

为了应对人工智能科技越来越多地融入其他科技应用的大趋势，英国下议院科学和技术委员会（The House of Commons'

Science and Technology Committee）在 2016 年 10 月发布了一份关于机器人技术和人工智能的报告。报告作者认为英国视自己为机器人技术和人工智能系统道德标准研究领域的全球领导者，并且认为英国应该将这一领域的领导者地位扩展至人工智能监管领域。英国这一目标不是毫无根据的，尽管现在大部分的机器人还停留在机械自动化而非智能自动化阶段，自动化系统已经吸引了越来越多的商业、学术以及公共领域的注意力。

报告召集各种各样的机器人技术与人工智能系统领域的专家和从业者，探讨了拥有先进学习能力的自动化系统的发展与应用，及其所带来的一系列特殊的道德上、实践上以及监管上的挑战。鉴于科技进步以及随之而来的挑战，报告呼吁政府监管的介入和领导体制的建立，保证这些先进科技能够融入社会并且有益于经济。在报告看来，通过积极响应并且负责任的监管措施，可以而且能够达到这一目标。

在英国决心成为一个在机器人技术与智能自动化领域的全球领导者以及重要的科技研发中心的道路上，英国政府希望采用一种适应性更强的监管办法，以彰显跨部门合作、合理指引和制度化的公共讨论的重要性。这一点在英国政府科学办公室（Government's Office of Science）关于人工智能给决策带来的机会与挑战的报告中，更加明显。考虑到政府总是落后于工业进步、学术研究和不断增长的公共关注，在政府决策机制中引入人工智能的做法看起来是十分恰当的。将人工智能科技引入到对其自身的监管之中的做法，制造了非常有趣的关注点，在为社会创造利益的同时，也带来了新的伦理、法律、社会问题。

（三）未来展望

随着未来英国针对机器人技术与自动化系统的专门委员会的建立和人工智能在决策系统中应用的增长，英国期望支撑其在机器人技术和自动化系统发展与应用方面的投资，保持并加强在人工智能知识与监管领域的领导者地位，并积极寻求相关领域的领导者地位。尽管提议的监管办法距离最终完成还有很长的路要走，但是对于那些怀有相似或者相关意见的人来说，仍然是非常有价值的资源。

二、英国下议院科学和技术委员会关于机器人技术和人工智能的报告概述

（一）伦理道德和法律方面的重要关注点

报告的这一部分阐述了人工智能的创新发展及其监管带来的潜在的伦理道德与法律挑战，并且尝试寻找能够最大化这些科技进步的社会经济效益，同时最小化其潜在威胁的解决途径。报告强调这一解决途径，在人工智能科技越来越融入社会的情况下，对于建立和保持公众对于政府的信任至关重要。

（二）人工智能的安全与管控

这份报告关于伦理道德的考虑主要围绕人工智能的安全与管控。特别地，报告主要强调了以下问题：

● 检验和确认：检验和确认需要方法的制度化，保证人工智能按照既定的计算机算法运行，而不出现不必要的行为或者功能上的改变。报告讨论了由于人工智能系统的机器学习能力、适应能力及性能的提高，给测试和量化人工智能系统运作带来的多方

面挑战。报告的作者们认为，这些问题目前还没有有效的补救措施，因为现有的传统方法无法统一适用于不断进化发展的人工智能系统的检验和确认。但是，报告提及了谷歌深度思维公司（Google DeepMind）和牛津大学联合发起的人工智能系统的"自我毁灭装置"（Kill Switch）的研究项目，这个装置能够让人工智能系统处于不间断的人类监管干预之下，而且人工智能机器本身无法逃脱这一监管干预。

● 决策系统的透明化：目前为止，尚不存在一种非常人性化的方式来追踪一个智能机器的决策过程。这一缺失限制了人类给予智能机器做出选择的自由，因为没有完全透明的决策过程来让人类学习或者控制这些人工制造物的思考过程。在有关人类生命安全领域的关键决策中，决策透明化的缺失变得更具挑战性，如自动驾驶汽车。而这反过来可能会导致公众的不信任和消极偏见，造成人工智能系统的应用与实施停滞不前。对于这一点，报告提到了微软公司承诺将提高计算机算法的透明度来满足人类理解和监管的需求。微软公司认为，算法透明能够提高公众对于人工智能的信赖程度，允许人类对人工智能的机器逻辑进行严格的测试。然而，这一制度化测试应当采用的明确和有效的方法，现在仍然不得而知。

● 偏见最小化：报告的作者们引用谷歌公司的数码相册软件将深色皮肤的人群标记为大猩猩的例子，表达了对于人工智能系统内置的偏见与歧视的关切。这个例子展示了科技错误如何转变成伤害，进而导致社会不安与仇恨。人工智能机器完全受到其人工设计的结构和学习进程中接收的数据的世界观的影响。在约翰·诺顿（John Naughton）看来，对于笃信科技的中立性并全神贯注于科技功能而非累积的学习材料的设计者来说，这些潜在的歧视还没有被发现。微软公司的戴维·科普林（Dave Coplin）的言论验证了这一结论，即所有人造的或者基于人类设计的计算机算法都存在这样的偏见。他认为，程序员们在编辑代码指引每个人的生活时，应该充分认识到其对伦理道德与社会敏感性的影响。最后，报告提到，在即将到来的欧盟《一般数据保护条例》（General Data Protection Regulation）（现已公布）中，将会有针对计算机算法歧视的应对措施，然而该法案的真正实施可能会面临困难。

● 隐私与知情权：在关于谷歌深度思维公司（Google Deep-Mind）与英国国家健康服务中心（UK National Health Service）开展的广泛合作的新闻报道中，英国民众表达了对于人工智能机器以何种方式进入、存储和使用保密的病人数据的关切。机器学习的核心部件如何处理病人数据需要考虑其诸多道德影响，并依赖于智能机器每天正常运转。这就意味着人类分享给人工智能系统的数据变得不再私密，同时数据的所有权也成为了一个问题。正因为这些挑战的存在，才需要有效的措施来保证人工智能系统使用的数据被合理地限制、管理和控制，以此来保护隐私权。同时政府应该努力找到一个平衡点，在保护数据安全的情况下又不禁止通过系统化使用这些数据来造福公众。报告指出，为了应对这些问题，英国政府正在和阿兰·图灵研究所（Alan Turing Institute）合作建立一个旨在研究数据科学的"数据伦理委员会"（Council of Data Ethics）。

● 归责制度与责任承担：关于人工智能责任制度的讨论，主要集中在自动驾驶汽车以及谁应当为自动驾驶汽车发生的故障和事故负责的问题。微软公司的戴维·科普林强调政府监管和干预的重要性，认为应当建立明确的要求来说明为什么以及如何让人工智能系统的设计者和部署者承担其应有的责任。而这个问题在自动驾驶汽车做出独立智能决策导致损害发生的情况下，将会面临更多的法律难题。在这种情况下，我们无法准确分配司机、自动汽车生产者以及人工智能系统设计公司的法律责任。此外，如何采用立法手段既能阻止损害发生，又能让个案的不幸结果得到救济，同时保证法律的统一与灵活，仍然是一个值得思考的问题。为了应对这些挑战，英国政府发起了一项提案试图解决自动驾驶汽车的法律责任问题。提案内容如下：我们的提案旨在将汽车强制险的适用扩大到产品责任，在驾驶者将汽车控制权完全交给自动驾驶汽车的智能系统时为他们提供保障。而这些驾驶者（或者投保人）需要依靠法院根据现行《消费者保护法》（Consumer Protection Act）的产品责任和普通法下的过失原则的裁判，来确定哪一方应该对事故的发生负有责任。

（三）管理：标准与规则

为了妥善应对和监管人工智能进步所带来的各种道德和法律问题，如深度学习机器、自动驾驶汽车的设计与应用，政府应该建立持续的监管制度。报告提到，公司以及研究机构不断要求政府为其提供监管的指导方针和标准，尤其是在广泛传播的创新科技上，让其可以调整本身的行为及未来的理论与实践走向。ABB公司的代表麦克·威尔逊（Mike Wilson）表达了ABB公司对于政府的监管框架无法跟科技进步相协调的担忧。清晰严格的政府监管规则的缺失，造就了越来越明显的监管空白地带，可能会加深公众的信任危机以及阻碍关键的创新技术在不同行业领域的发展与应用。

然而，政府的监管方式应该认真仔细地构造，以防一刀切式的监管方式阻碍科技创新以及未来的发展与应用。这一点对于自动驾驶汽车尤其适用，监管的透明化让公众和厂商都能做出更明智的决策，也能在此基础上共同影响自动驾驶汽车的未来发展前景。只有这样，英国市场才能更加适合新兴科技的发展，并且在全球范围内保持英国在经济、科技及人文等方面的领导地位。

在公众、学术界、产业界、国家以及国际层面，同样存在着致力于制定出人工智能道德指导方针的积极努力。但是，报告明确提到，各个层面之间的信息交流和参与程度，仍然不是很令人满意。同样，令报告的作者感到担忧的是，由谁来监管机器人技术以及自动化系统发展带来的道德和法律影响，现阶段仍不明朗。来自微软公司的意见是呼吁建立一种共享的监管机制，这一机制由联合政府部门、科技行业代表、非政府的学术机构的研究者以及代表最大部分服务消费者的公共利益团体共同组建。

(四) 鼓励公众对话

这份报告中所收集的证据都在强调鼓励公众参与的重要性，因为只有这样才最有利于促进以人工智能为基础的科技发展。而通过鼓励公众参与可以让公众更好地与人工智能科技互动，了解更多相关信息，从而对于人工智能科技的未来更加充满信心。人工智能这样的管理方式可以跟政府监管转基因食品的方式相比较，后者显然没有能够让公众充分地参与和了解更多信息。加强公众参与另一方面的好处就是更好地理解和处理人工智能带来的社会问题，例如可以通过辅助智能机器人技术减少紧迫性的问题。

很多专家都认为在科技领域的政策制定过程中应该有更多的披露措施，这将有利于促进公众的参与，同时了解和关注科技发展带来的社会、道德和法律问题。积极的、负责的政策法规和监管不应该局限于少数专家和利益相关者，而应该听取所有利益相关者的意见。

报告得出结论认为，现在部门式的监管立法为时尚早，但是应该及时采取措施应对机器人技术与自动化系统的兴起和使用对社会各个方面的影响。这些措施的实施，将有利于英国建立公众对于政府的信任，同时促进先进科学技术的更广泛采用。因此，报告重申了建立专门的机器人技术与自动化系统委员会的建议。该委员会对政府在制定鼓励人工智能发展和应用的监管标准以及如何控制人工智能方面建言献策。委员会的人员构成，将会来自不同的领域和部门，通过开展透明和有益的对话来使多方受益。

（五）研究、资金支持和创新

这一部分规定了英国政府制定的总体战略框架，包括：承认与考察英国迄今为止的科技、人文知识、监管领导方面的成就；英国政府的未来目标；实现这些目标的具体途径。在考察如何实施该战略时，报告作者指出了机器人技术及自治化系统（RAS）的科技创新所面临的三大障碍：资金、领导者、技术不足。

● RAS 的 2020 年国家发展战略：报告指出，为了提高在机器人技术及自治化系统研究方面的合作和创新，2013 年在创新英国（Innovate UK）项目的支持下，成立了一个由学术研究者和产业代表组成的"特殊利益团体"（Special Interest Group，SIG）。该团体

在 2014 年 7 月发布的一份机器人技术及自治化系统的 2020 年国家
发展战略（RAS 2020 National Strategy），规定了英国的 RAS 发展
目标，即通过英国国内各产业的合作发展为其在机器人技术及自动
化系统创新发展上的跨部门合作提供路径支持。而为实现该目标所
提出的八项建议，对于这份报告来说，值得关注的有：建立集中化
的领导制度去引导和监管创新活动；提升各国政府、产业部门和机
构之间的国际合作，以此鼓励更进一步的创新并且加强纽带；为公
众披露更多的信息以及提升透明度；将英国作为一个全球科技创新
和发展的优良投资市场的地位制度化。

　　● RAS 的资金：这份报告认识到，从全球来看，英国机器人
技术的发展与应用仍然十分有限，其 2015 年安装运输的机器人
数量只有中国的 3％。与英国政府相比，韩国政府在过去十年间
对于机器人技术的研发投入每年高达 1 亿美元，而日本政府今年
为其辅助机器人技术的研究计划提供了 3.5 亿美元的资助。从这
一点来看，英国机器人技术的发展十分依赖国外资本的投资，正
如首相的科学和技术委员会（Prime Minister's Council for Sci-
ence and Technology）披露的那样，英国机器人技术研究 80％的
资金来源于欧盟国家，而英国已经不再是欧盟的一员。但是，这
一披露却完全忽视了英国国内每年超过 5 000 万美元的机器人技
术研究的基础设施投资，以及每年 2 500 万美元的机器人学术研
究资金。

　　● RAS 的领导者：报告作者对于英国缺少一个集中化的领导
实体来促进机器人技术及自治化系统在英国的发展和应用这一现
实，表达了他们的失望，尽管 SIG 曾经建议设立这样一个领导实
体。领导者的缺位，不仅使得英国难以在 RAS 上实现连贯与统

一的跨部门合作，而且会阻碍科技创新与发展，还将使得政策制定者无法正确理解蓬勃发展的科技带来的机会与挑战，进而导致监管空白、市场失灵与公众不安。

● RAS 的技术不足：尽管在 RAS 及相关领域内对于技术工人的需求正在增长，但是英国却并没有足够受过培训的人力资源来实现其宏大的发展目标。政府在高等教育层面中提倡科技教育的全额奖学金计划，在某种程度上减轻了这一现象。报告作者认为，这一点对于推动人工智能与相关科技的发展和利用国外资金发展本国市场至关重要。尽管如此，英国的大学可能因此受到损害，因为人才被高利润的行业吸走，而且大学可能会被迫改变其研究方向，将自己的关注点从必要的探险式研究转换到更加商业化和有利可图的领域。

（六）结论与建议

报告的作者在三个不同的领域提出八项关键结论与建议：

● 教育与技能：政府必须加强在职业培训领域的投资，这样才能让工人获得全新的相关技能，减轻自动化技术以及自动化机器的大规模应用对劳动者就业带来的负面影响，稳定就业市场。这一项同样包括建立适应性的及时培训方案，能够让劳动者跟上最新的科技发展潮流，同时在被迫的职业转换过程中，为他们提供终身学习的机会。报告作者表达了对于政府在这一领域缺乏领导力的失望，同时呼吁尽快颁布国家数字战略，以帮助劳动者更好应对越来越自动化和自主化的市场，同时防止排斥数字化的现象发生。

● 管理的标准与规则：英国政府必须建立适当的机制，准确衡量 RAS 的发展将会带来的伦理道德、法律以及社会影响，同时保证 RAS 的发展在商业上的利益，谋求社会效益以及公众的信任和持久的支持。这份报告中提到的道德挑战，需要政府不间断的监管努力。所以报告的作者建议，在伦敦阿兰·图灵研究所的基础上，建立一个更加多元化的人工智能领导委员会，来监管不断变化的科技实践，以及其所带来的伦理道德、法律和社会影响，并对如何监管它们向英国政府提供建议。报告建议设立的委员会，应该将具有广泛代表性的专家、从业人员、非政府代表和业余人员纳入这一制度化的公共对话平台之中。而且，该委员会还应该与未来成立的数据伦理委员会展开合作。

● 研究、资金和创新：到目前为止，英国还缺乏连贯一致的推动 RAS 发展的政府主动性。英国既没有培训技术工人的计划，也没有对于 RAS 领域发展给予资金支持以激励其进一步发展，英国政府对于其作出的若干承诺已经无法兑现。其中一项英国政府无法兑现、但是值得引起关注的承诺，是致力于整合各机构部门的 RAS 领导委员会的推迟成立以及未制定明确的未来发展战略。报告的作者们认为，没有这样一个战略计划，英国不能够实现其作为一个全球人工智能道德研究领域领导者的目标，同样也难以在与其相关的领域内寻求领导地位。为防止这样的结果发生，报告作者请求英国政府建立一个能够将学术研究者、行业从业者，以及最重要的政府机构代表与政策制定者组织起来的 RAS 领导委员会。这一委员会将会纳入国家 RAS 机构内，并且与政府和其他研究委员会通力合作，制定英国的 RAS 国家发展战略，阐明其发展目标并且列举实现这些目标的具体途径。

三、英国科学办公室的报告：人工智能对未来决策的机会和影响

（一）人工智能对于创新和生产力的影响

报告的这一部分重点阐述了将人工智能科技广泛应用在个人及公众生活中，可能带来的积极或消极影响。报告的作者通过考察人工智能对于工业生产力的提高，指出人工智能在政府层面大规模使用的潜在可能性。在政府认识到其在公共组织中的责任以及限制的前提下，这些人工智能的使用才会产生积极的效果。

（二）政府对人工智能技术的应用

近年来，政府使用先进的学习机器使得机构和个人的工作效率得到大幅提高。在这样的背景下，报告作者认为，政府使用人工智能科技能够更大程度地提高公共服务的效率、政府决策的透明度，以及各部门之间的互动程度。为达到这些目标，政府必须清楚其公共地位及其负担的义务，并且遵守内阁会议在 2016 年所制定的伦理道德指导方针，尤其是在以下两项人工智能的应用中：

● 人工智能建议功能的使用：人工智能的使用方式包括作为政府工作的建议者收集与政府相关的大量信息、指出其中的重要问题和监管难点，以及提供书面的建议或者分析报告。尽管政府对于人工智能的依赖在加深，但是报告依然强调，有些复杂和重大的事项依然需要人类来做出决策。事实上，报告的作者认为人类永远不能够脱离决策圈，因为人类所扮演的角色是机器永远无法完全取代的。一方面，人类需要对人工智能机器所做出的结论提出问题，而不能让决策变成完全的自动化；另一方面，如果人

类不断质疑和批评机器的决策结果，会显得过于轻率和无知。所以，报告建议政府所有部门应该尽可能保证其决策过程的透明化，才能让自动化的人工智能系统融入其中并且提供帮助。

● 人工智能应用可能带来的法律问题：这种使用模式关注的是，政府在为了分析的目的而使用公民的数据时，能否保护公民的数据及隐私、能否一视同仁地对待每个公民的数据，以及能否保证公民个人信息的完整。报告强调，能否做到上述这几点，对于政府赢得公众的信任和保护好本国公民来说至关重要。所以，人工智能系统对于个人数据的使用必须遵循现有的法规，如 1998 年英国的《数据保护法》（Data Protection Act）和 2016 年欧盟的《一般数据保护条例》（General Data Protection Regulation），禁止一切未经同意的非法使用公民个人数据的行为。尽管报告作者认为，这些法律规则非常实用和有价值，但是同样强调尝试错误法（Trial and Error）对于探索人工智能发展潜力的重要性，并且提议建立沙箱区域（Sandbox Areas），在控制所有可能的变量的前提下，安全地控制和引导这些错误。此外，报告认为，如果政府各个部门之间能够实现资源和方案共享，这个错误尝试法的学习过程能够极大缩短。

（三）人工智能对劳动就业市场的影响

机械自动化和智能自动化的机器的大规模应用，将会给劳动力市场和国家经济带来巨大影响。报告提到，人工智能科技的大规模应用将会提高工业生产力和国家总体的经济增长，但是具体在多大程度上提高，仍然难以准确估量。这些最新科技的大规模应用，将会从根本上改变英国的个人服务领域，而这一领域贡献了英国最多的工作岗位。尽管对于新兴科技发展所波及的工作岗位数量在统计数据上略有不同，但是报告却认为应该忽略这些估计的影响，因为新兴行业将会带来新的工作机会，来替代那些本来就可能消失的行业。

自动化以及智能自治机器的应用，将会带来对高技能工作者需求的增长，因为在直觉思维和社会意识为必需的工作领域，需要他们去弥补科技的不足。报告所做的另一个预测是，未来的劳动者可能将会更加频繁地更换工作，而这需要他们掌握可以随时转换的工作技能。报告总结认为，这些预测应该成为英国未来工人培训计划的核心关注点，以保障公众稳定的就业前景，同时培养公众对于科技进步的积极态度。

（四）新的挑战

人工智能系统和智能机器的发展与应用产生了一系列的法律与伦理道德问题。报告认为，对于任何想要解决这些问题的尝试，都应当将以下两点考虑在内：第一，应该考虑并理解网络上不断快速增长的个人信息总量和有效的机器学习需要两者结合所带来的潜在影响，这可能会对个人的数据安全、隐私等基本的个人自由权利产生威胁。第二，需要建立明确的规则确保人工智能机器决策过程的透明和可归责性，尤其是为人工智能系统植入带有制度化典型歧视的分析方法所带来的社会政治风险。此外，报告同时提到，通过追踪个人用户的数据记录而收集未经用户许可的信息，并将这些匿名信息聚集起来的行为可能带来的风险。

报告重申对于人工编制的算法和机器自主学习的算法中存在歧视问题的关注，呼吁建立有效的机制辨别和控制这些歧视。对此，报告提供了未来的政策建议：对于人工智能及其应用的发展、安装、使用提出明确的指导方针；要求发明者提供证书；对于人工智能科技的应用所造成的伤害需要有更加明确的法律规范；为公众科技与人工智能的融合提供更多支持。

为了在人工智能科技造成损害的情况下更好地分配责任，而比较人类的行为逻辑与机器的决策过程的不同的方法，即使作为一个可能的解决该问题的方案，也问题颇多。尽管随着机器逻辑对人类逻辑模仿程度的提高，二者可能会出现一些相似之处，但是由于这种比较方法建立在积累的先例和随之而来的立法上，因此只会让二者出现更多的不同之处。

尽管关于人工智能机器人的责任问题还没有令人满意的答案，但是人工智能要想积极有效地融入公共和私人领域，它的可归责性和透明度不可或缺；同时，这也是政府采用人工智能科技时为获取公众信任的必要条件。而对于如何确保可归责性和透明度，报告建议，政府应该时刻清楚新兴科技正在使用的算法、参数、数据及其使用目的，这样才能判断这项科技是否被负责任地使用。然而，这可能会给确定和评价这些使用带来监管上的难题，同时还有商业和安全上的考虑所带来的限制。可归责性和透明度可能不能很好地解答这个问题，因为共享的代码可能并没有在一个具体的决策过程中被使用。此外，考虑到人工智能自主学习的可能性，归责问题将变得更加复杂。

目前正在讨论解决以上困境的可行措施，包括但不限于以下列举的措施：人类运用智能机器的学习功能去评估某项预设的功能，确定和分析这一过程中的非常规变化与不连续性，然后追踪和记录其使用和输出的某些计算机算法。这样的做法引起了极大的争议，因为在这样的监管过程中，没有了人的存在，完全是一个机器监管另一个机器。同时还要考虑到，使用计算机算法或者常规的数据输入所产生的交互效果跟人与计算机的真实交互还存在着很大的区别。报告认为，所有的解决措施都应该尽可能地扩大其社会背景因素的考察范围，尤其是在评估潜在风险的问题上。最后，报告质疑，对于解密机器人某些具体决策过程的过分关注，可能会让人们忽视机器人的制造过程及其产生结果的重视。

（五）公共对话

报告的这一部分认为，公众的信任是人工智能能够大规模工业化生产和应用的前提条件。为了提高和保持公众的信任，需要政府的监管。所以，报告建议，政府应该为公众提供更加便利的信息，让他们了解人工智能的发展所带来的机会与挑战；为公众与人工智能的融合提供帮助；建立规则和机制解决公众对于人工智能的不满与怨恨；寻找能够让发明者、经销商和最终用户都对其使用人工智能科技的行为负责的方式。而作为公众，应该参与到关于人工智能决策是否可信的讨论中来；同时，也应该经常性地参与对人工智能决策或者依靠人工智能给出的建议所做的决策的正确性概率评估中来，并且讨论和识别人工智能在决策前、决策中以及决策后可能存在的错误。

（六）结论

为了促进负责任的创新和获得公众的信任，同时为投资者和发明者创造一个好的环境以及为科技发展争取合理的数据使用，英国政府必须采用一种负责任并积极应对的监管方式。以这样的监管方式监管人工智能，才能灵活地适用于现有的科技及其应用，以及未来各种潜在的科技可能性。而为了更好地监管这一不断变化的科技领域，英国政府首先应该明确为什么要监管以及如何监管。报告作者期待英国皇家学会和英国学院（Royal Society and British Academy）的一份研究报告的发布，因为这份报告研究了现存的以及将有的应对人工智能应用所带来的伦理道德、法律和社会问题的最好办法。在报告结尾，报告的作者们认为英国向来具有积极开展公众对话和监管新兴科技的优良传统，所以，英国能够很好地将人工智能大规模应用所带来的潜在效益加以最大化的实现。

四、评论与结语

这两个报告让我们了解了英国在人工智能监管上所面临的机会与挑战，以及人工智能的发展带来的伦理道德、法律和社会影响。尽管这两个报告在内容上稍有重合，但是对于同样的问题，两个报告有着不同的态度和侧重点，同时提供了不尽相同的解决措施。所以，为了更好地理解各国政府不同的监管方式，以及了解英国在政策制定过程中的复杂程序，对于更多的相关报告的分析研究是必要的。

总的来说，各个国家的政府都在推行一种审慎的监管方式，在承认和弥补监管不足的同时，预估未来的监管需要。具体来说，这种监管方式着重强调在道德和知识层面的领导权，同时定位于一个监管上的跨部门合作以提升透明度。这需要政府在保护本国公民权利的责任与促进未来经济增长和谋求全球领导者地位的野心之间，进行微妙的权衡。人工智能的发展及其应用，对于所有与其相关的公司、非政府实体以及公众来说，都意味着巨大的机会与挑战。至于如此多的利益群体如何影响政府的决策，以及人工智能将在此决策过程中扮演什么样的角色，让我们拭目以待。

英国在宣布脱离欧盟，失去了一个重要的科技发展资金支持的情况下，试图成为全球科技发明者和投资者的乐土，未来仍然会有更多富有见解的研究报告出台。一个十分有趣的现象是，英国政府为了提高全球地位而需要确立的伙伴关系，并没有在将要出台的监管方式中予以体现，完全忽视了二者在某些方面可能产生的冲突。在英国政府实现其负责且积极响应的 RAS 式监管体制之前，仍然有许多问题需要得到承认，许多关注需要被讨论，许多解决问题的方法需要被测试，新的委员会需要建立，新的法律法规需要出台。尽管如此，现在看来，英国正走在一条确定和稳健的实现道路上。截至目前，英国已经参与了国际大国在科技领域的全球竞争，想要在人工智能方面，即象征着第四次工业革命的科技竞赛中提供更多的需求性指导。

附件 7　日本机器人战略

一、政策出台背景

目前国际社会普遍在推进机器人产业的发展。美国政府于 2011 年正式启动"先进制造业伙伴计划 1.0"，重点发展工业、医疗、宇航机器人等。2014 年美国又启动"先进制造业伙伴计划 2.0"，瞄准 1.0 计划制定的目标提出了三大战略措施。韩国于 2014 年发布了第二个智能机器人开发五年计划。2014 年欧委会和欧洲机器人协会下属的 180 个公司及研发机构共同启动全球最大的民用机器人研发计划"SPARC"。

日本机器人产业占国家经济增长的比重远远超过世界上其他国家。在过去 30 年里，日本被称为"机器人超级大国"，其拥有世界上数量最大的机器人用户及机器人设备、服务生产商。随着近年来日本社会出生率下降、人口老龄化加剧、育龄人口减缩等社会问题的日益严峻，机器人技术受到了更多的关注。日本政府希望通过开发、推广机器人技术，有效缓解劳动力短缺的问题，将人类从过度劳动中解放出来，并有效提高制造业、医疗服务与护理业以及农业、建筑业、基础设施维护等行业的生产效率。

基于当前日本社会存在的上述问题，日本政府对内阁在 2014 年 6 月通过的"日本振兴战略"进行了修订，其中提出了要推动"机器人驱动的新工业革命"（以下简称"机器人革命"）。为实现"机器人革命"的目标，日本政府于 2014 年 9 月成立了"机器人革命实现委员会"（以下简称"委员会"），由专业知识背景丰富的多位专家组成。委员会共召开了六次会议，主要讨论与"机器人革命"相关的技术进步、监管改革以及机器人技术的全球化标准等具体举措。日本经济产业省将委员会讨论的成果进行汇总，编制了《日本机器人战略：愿景、战略、行动计划》，于 2015 年 1 月发布。

二、主要内容

《日本机器人战略》（以下简称《战略》）的具体内容分为两个部分：第一部分为概述，共分两个章节。第一节介绍了国际社会发展机器人产业的背景和日本"机器人革命"的目标；第二节介绍了实现"机器人革命"的三大策略。第二部分为日本机器人发展的"五年规划"，共分为两个章节。第一章阐述了八个跨领域问题，包括建立机器人革命激励机制、技术发展、机器人国际标准、机器人实地检测等。第二章阐释了具体领域的机器人发展，包括制造业、服务业、医疗与护理业等。

（一）三大支柱性工作

《战略》提出，要实现"机器人革命"的目标，应当主要推进以下三个方面的基础性工作：

1. 从根本上提高日本机器人生产能力，使日本成为世界机器人创新中心。

2. 在日本全国促进机器人的使用和推广，向世界展示日本在机器人发展中所作出的各项努力，以求建立世界机器人使用水平最高的国家，实现机器人覆盖日本全境日常生活的各个方面。

3. 日本政府期望将"机器人革命"的影响普及到世界范围，并希望在机器人业务互联中形成全球商业规则，并实现自主积累、使用与机器人相关的数据。实现日本的机器人技术国际化标准，并通过采用这些方法将日本的机器人技术传播到更加广泛的领域。

（二）三大转变

《战略》指出，要实现日本机器人的转变和变革，主要包括三个方面：

1. 通过传感器和 AI 技术改造原来未使用过机器人的领域；

2. 在制造业等日常生活的多样化场景中推广机器人的使用；

3. 通过加强制造业、服务业等领域的国际竞争、解决社会问题来为整个社会新增价值、便利和财富。

（三）三大核心战略

《战略》指出，实现机器人革命，主要有三大核心战略：一是世界机器人创新基地——彻底巩固机器人产业的培育能力。增加产、学、研合作，增加用户与厂商的对接机会，诱发创新，同时推进人才培养、下一代技术研发、开展国际标准化等工作。二是世界第一的机器人应用社会——使机器人随处可见。为了在制造、服务、医疗护理、基础设施、自然灾害应对、工程建设、农业等领域广泛使用机器人，在战略性推进机器人开发与应用的同时，要打造应用机器人所需的环境。三是迈向领先世界的机器人新时代。物联网时代，数据的高级应用，形成了数据驱动型社会。所有物体都将通过网络互联，日常生活中将产生无数的大数据。进一步而言，数据本身也将是附加值的来源。随着这样社会的到来，要制定着眼于机器人新时代的战略。为此，要推进机器人自律性存储数据应用等的规则，并积极申请国际标准。同时，平台安全以及标准化也是不可或缺的。

（四）三大实施举措

1. 机器人创新——全面强化日本机器人发展。包括构建机器人创新机制，加强人力资源发展与管理，为下一代技术进步做好准备。

2. 机器人利用与推广——实现日本"机器人常态化"全覆盖。包括根据各部分的发展目标在不同领域推广机器人的使用，跨部门灵活使用机器人等。

3. 在全球范围内推进机器人革命——面向未来先进 IT 社会。包括实施在数据驱动社会中的制胜战略等。

（五）机器人"五年计划"

1. 八大跨领域问题。

日本在未来五年需要解决或发展的跨领域问题包括：建立"机器人革命"激励机制；下一代技术发展趋势；机器人国际化标准政策；机器人实地检测；人力资源发展；机器人监管机制改革的实施；机器人奖励的扩大；机器人奥林匹克大赛。

2. 五大关键领域。

日本未来推进"机器人革命"的五大关键领域包括：制造业；服务业；医疗和护理业；基础设施、灾难响应和建筑行业；农业、林业、渔业和食品工业。

三、经验和启示

（一）加大政府重视程度，加快制定机器人战略

从日本《战略》的制定及具体内容可知，日本政府将机器人的发展与推进作为未来经济发展的重要增长点，并努力推进日本机器人技术和产业走向国际社会。而我国虽然已经制定多项科研项目、发展专项和指导意见等涉及机器人领域，但这些计划总体上显得零散，重视程度不够。因此，我国政府应当顺应国际社会发展的普遍趋势，加大对于机器人产业的重视程度。通过制定全面、完善的机器人发展战略，推进我国机器人产业的深度发展。

（二）推进创新技术发展，对接国际化标准

日本《战略》中重点强调推进机器人技术的创新发展，努力实现日本机器人技术的国家标准化。由此，我国在发展人工智能、机器人产业等方面，应当积极参与国际交流与合作，提升在国际标准制定中的话语权。同时应当积极采取激励措施，全力推进创新技术发展，重点发展制造业、服务业、医疗业、农业等行业领域的机器人技术发展与应用。

（三）培养专业人才队伍，深化监管机制变革

人力资源是日本在《战略》中强调的关键资源，是全面实现机器人战略的人力保障。我国也应当加大对于相关领域专业人才的培养，构建机器人产业领域高端人才队伍，同步加强相关基础领域教育，为我国机器人产业发展提供基础人员保障。同时，应当进一步推进相关行业监管机制变革，在制造业、服务业、医疗卫生行业等重点领域加强政策激励，全面推进机器人产业水平提升。

附件8　联合国的人工智能政策

　　人工智能是人类进入信息产业革命时代达到的认识和改造客观世界能力的高峰。人工智能的大规模应用与机器人技术发展的日新月异，将在未来带给人类社会前所未有的巨大冲击。联合国作为全球最重要的国际组织，在2016年最新发布的人工智能报告中，表达了其对于人工智能的关注；同时为应对人工智能及机器人技术的发展带来的各种问题，提出了全新的思考方式与解决路径，这对世界各国的人工智能监管具有重要的参考意义。

　　近年来，自动化和智能化的机器人在现代社会的应用越来越广泛。先进机器人的全球研发、部署安装与使用，在引发公众讨论的同时，也在鼓励政府监管的创新。例如，无人机不仅成为大众消遣的工具，同时也在反恐战争中发挥着重要作用。自动化机器正在取代工厂中的体力劳动者，同时带来了劳动力市场的革命。人形机器人不但被引进了学校，还被用来在日托机构中照顾老年人；辅助机器人技术还广泛应用在医疗方案中，不管是在对自闭症患者的心理治疗还是在复杂重要的外科手术中，都能发现智能机器人的身影。机器人在家庭、工作、社会公共层面的广泛存在，不仅带给人类新的机会与挑战，同时还改变着人类的行为方式。

　　在联合国内，虽然大部分关于自动化系统与人工智能的讨论主要围绕自动化武器系统，但是，我们看到联合国正在对大众化的人工智能系统应用产生浓厚的兴趣。联合国关于人工智能的若干报告呼吁世界各国采用全新的视角看待人工智能系统的未来监管以及它们在机器人和机器人技术上的应用。联合国提供了一种考察基于机器人物理形态下的人工智能系统全新路径，作为世界各国"国家中心"视角的有效补充。

一、世界科学知识与技术伦理委员会关于机器人伦理的初步草案报告

联合国教科文组织（The United Nations Education, Scientific and Cultural Organization, UNESCO）与世界科学知识与技术伦理委员会（World Commission on the Ethics of Scientific Knowledge and Technology, COMEST）最新联合发布的报告（2016）主要讨论了机器人的制造和使用促进了人工智能的进步，以及这些进步所带来的社会与伦理道德问题。尽管人工智能机器人通常被认为是人工智能系统的载体，事实上，人工智能机器人具有的身体移动功能和应用以及机器学习能力使得它们成为了自动化、智能化的电子实体。同样地，自动化、智能化机器人不仅能够胜任复杂的决策过程，而且还能通过复杂的算法进行实实在在的执行活动。这些进化出来的新能力，反过来，导致出现了新的伦理和法律问题。具体来说，主要包括以下四个方面：

（一）自动化机器人的使用带来的挑战

2016年欧洲议会发布的关于人工智能和机器人的报告，表达了其对于机器人将给人类带来的风险的关注，包括：安全，隐私，诚信，尊严，自主。为了应对这些风险，欧洲议会讨论了未来可能面对的道德挑战以及应对的监管措施。联合国教科文组织与世界科学知识与技术伦理委员会的报告（2015）列举了以下可行的应对措施，包括：数据和隐私保护；创新关于机器人与机器

人制造者之间的责任分担机制；预警机制的建立；对机器人在实际生活场景中的测试；在涉及人类的机器人研究中的知情同意权；智能机器人的退出机制；为应对自动机器人的广泛应用将给人类教育和就业带来的巨大影响而建立的全新的保险制度。

（二）机器人技术与机械伦理学

关于机器人制造和部署的伦理道德问题，被视为"机械伦理学"（Roboethics），用来处理人们发明和分配机器人的伦理道德问题，而不仅仅是机器的伦理学。联合国教科文组织与世界科学知识与技术伦理委员会的报告（2015）认为，"机械伦理学"的大部分领域仍然处于没有规范的状态，一方面是因为政府无法跟飞速的科技发展同步；另一方面是因为"机械伦理学"的复杂性和其无法预知的本质。这一问题对于常常与公众直接接触的机器人商业开发者和制造者来说尤其麻烦，因为他们同样没有既定的伦理准则去遵守和执行。联合国在报告中记录了各个国家在寻找机器人伦理道德准则的实践中所采用的不同做法。例如，韩国政府强制实施的机器人特许状制度；日本对于机器人应用部署问题制定的管理方针，包括建立中心数据基地来储存机器人对于人类造成伤害的事故报告。

（三）迈向新的责任分担机制？

联合国联合国教科文组织与世界科学知识与技术伦理委员会的报告（2015）探讨了一个复杂的问题，即在制造一个机器人需要不同的专家和部门合作的情况下，谁该为机器人的某次操作失灵负有责任。在科学技术不断进步和市场需求不断增长，机器人的自由和自主性不断增强的情况下，这个问题显得尤为重要。报告认为，关于机器人伦理的考虑，不应该局限于某次事故或者失灵造成的人身伤害，更应该包括智能机器人带来的心理伤害，如机器人侵犯人的隐私、人因为机器人的类人行为而对其过分依赖等。报告提出了一个可行的解决办法，即采取责任分担的解决途径，让所有参与到机器人的发明、授权和分配过程中的人来分担责任。另一个解决办法，就是让智能机器人承担责任，因为智能机器人确实拥有前所未有的自主性，并且拥有能够独立做出决策的能力。这两种责任分担方式展现了两种极端，既无视人类在科技发展过程中的固有偏见，也忽略了科技被居心叵测的使用者用做他途的可能性。因此，报告并没有对机器人使用者应该承担的责任给予充分的考虑。

为了寻找可能的法律解决途径，联合国的报告援引了阿萨罗（Asaro）提出的结论，即机器人以及机器人技术造成的伤害，很大一部分由民法中产品责任的相关法律调整，因为机器人一般被视为通常意义上的科技产品。从这个角度看，机器人造成的伤害很大一部分被归责于机器人制造者和零售商的"过失""产品警告的缺失""没有尽到合理的注意义务"。这种归责制度，在阿萨罗看来，会随着机器人越来越自动化及智能化而逐渐被废弃，然后一个新的平衡机器人制造者、销售者和最终使用者的责任分担机制会被逐渐创造出来。

（四）决策可追溯的重要性

联合国的报告认为，在对机器人及机器人技术的伦理与法律监管中，一个至关重要的要素是可追溯性，只有可追溯性的确立才能让机器人的行为及决策全程处于监管之下。可追溯性的重要性表现在，它让人类的监管机构不仅能够理解智能机器人的思考决策过程以及做出必要的修正，而且能够在特定的调查和法律行动中发挥它本来应有的作用。只有保证人类能够全面追踪机器人思考及决策的过程，我们才有可能在监管机器人的过程中占据主动权或者事后进行全面的追踪调查。

三、决策制定者考虑的问题

联合国报告在探讨政府监管政策的制定方法时，引用了来自联合国经济与社会事务部（United Nations Department of Economic and Social Affairs）的索尔陶·弗里德里希（Soltau Friedrich）的说法，认为国家应该关注社会生活中不断增长的半自动化与全自动化服务。索尔陶认为人类更热衷于人与人之间的交流互动，即使计算机或者人工智能化的机器能够更好地胜任这项交流互动，而且在某项交流需要敏感的社会感知力与同情心的情况下尤其如此。所以，监管者必须考虑科技发展的社会性限制因素。因为即使科技被发明出来并且得到应用，也并不一定意味着它就会被广大的普通消费者所接受。

因此，索尔陶建议每个国家的政策制定者在将一般的机械自动化推进至智能自主化时，需要考虑诸多问题的应对措施，包括：加强社会保障系统；采取教育政策促进计算机人才的培养满足市场需求；制定政策促使劳动者从低技能行业向高技能行业流动；强化失业安全保障网应对国际贸易条约对劳动者带来的不利影响；制定政策提高在研究和开发领域的投资，促进发展中国家的市场竞争与发达国家的创新。

联合国的报告指出了智能机器人的核心问题，由于它们能够执行复杂的任务，无疑将影响就业市场和人类消费与接受服务的方式。除了法律与伦理道德的政府监管，公众对于智能化机器人的某一项功能的接受与拒绝所带来的社会、经济以及科技影响，也可能促进或阻碍智能机器人未来的发展、扩张及大规模应用。正因如此，政府必须考虑公众对于科技的需求和接受程度，才能在新兴科技迅猛发展引起社会结构剧烈变迁的过程中找准自己的角色。

附件9　国外部分智能投顾平台

Vanguard Personal Advisor Services

业务模式：在先锋基金原有平台拓展智能投顾功能

上线时间：1975 年（先锋基金），2015 年智能投顾上线

资产管理规模：1.01 亿美元（BI）/650 亿美元（Investor-junkie）

资金门槛：5 万美元

管理费率：0.3%/年

账户类型：个人账户、联合账户、传统个人退休金（IRA）账户、Roth IRA 账户、SEP IRA 账户、SIMPLE IRA 账户、信托账户

基本功能：投资组合再平衡、人工顾问、自动存款

投资标的：先锋投资顾问根据客户的具体投资目标，从近 100 种先锋共同基金和 ETF 基金中挑选适合的投资产品，倾向于推荐低成本先锋指数基金。VPAS 客户投资组合中投资较多的基金包括：先锋股票市场指数基金（VTSAX）、先锋国际股票市场指数基金（VTIAX）、先锋债券市场指数基金（VBTLX），费率为 0.05%~0.14% 不等，其他投资较多的品种还包括先锋国际债券市场指数基金（VTABX）、先锋中期投资级基金（VFIDX）、先锋短期投资级基金（VFSUX）、先锋中期免税基金（VWI-UX）。

优势：有人工顾问参与；与传统投顾相比费率较低；VPAS 客户能够以较低费率投资先锋的共同基金和 ETF 产品，且不受

基金本身最低额度的限制。

劣势：资金门槛较高；与其他智能投顾平台相比费率非最低；没有税收损失收割功能（TLH）；通过电话、邮件、视频聊天方式非面对面沟通。

官方网站：https：//investor. vanguard. com/advice/personal-advisor

Charles Schwab Intelligent Portfolios

业务模式：在嘉信理财原有平台拓展智能投顾功能

上线时间：1973 年（嘉信理财），2015 年智能投顾上线

资产管理规模：102 亿美元（2016 年第三季度）（BI）/159 亿美元（Investorjunkie）

资金门槛：5 000 美元

管理费率：0（根据投资组合类型收取 0.08%～0.24% 的服务费）

账户类型：个人账户、联合账户、传统 IRA 账户、Roth IRA 账户、Rollover IRA 账户、担保和信托账户

基本功能：自动化再平衡、税收损失收割（TLH）

投资标的：Intelligent Portfolios 在 ETF 上的选择和数量较多，投资基金数量上限为 20 只，涵盖股票、债券、房地产、贵金属等领域，现金也是投资组合配置中的组成部分。大部分一级 ETF 基金为 Schwab 旗下基金，二级 ETF 产品根据不特定条件进行选择。在投资组合的选择上，更倾向大比例配置小盘股产品。

资产类型	领域	一级 ETF	二级 ETF
股票	美国股票—大盘股	Schwab 美国大盘股 ETF（SCHX）	先锋标普 500ETF（VOO）
	美国股票—基本大盘股	Schwab 美国基本大盘股指数 ETF（FNDX）	PowerShares FTSE RAFI 美国 1 000 投资组合（PRF）
	美国股票—小盘股	Schwab 美国小盘股 ETF（SCHA）	先锋小盘股 ETF（VB）
	美国股票—基本小盘股	Schwab 美国基本小盘股指数 ETF（FNDA）	PowerShares FTSE RAFI 美国 1 500 中小投资组合（PRFZ）
	国际大盘股	Schwab 国际股票 ETF（SCHF）	先锋 FTSE 发达市场 ETF（VEA）
	国际基本大盘股	Schwab 国际基本大盘股指数 ETF（FNDF）	PowerShares FTSE RAFI 非美国地区发达市场投资组合（PXF）
	国际小盘股	Schwab 国际小盘股 ETF（SCHC）	先锋非美国地区国际小盘股 ETF（VSS）
	国际基本小盘股	Schwab 国际基本小盘股指数 ETF（FNDC）	PowerShares FTSE RAFI 非美国地区发达市场中小投资组合（PDN）
	新兴市场股	Schwab 新兴股票市场 ETF（SCHE）	iShares 核心 MSCI 新兴市场 ETF（IEMG）
	新兴市场基本股	Schwab 新兴市场基本大盘股指数 ETF（FNDE）	PowerShares FTSE RAFI 新兴市场投资组合（PXH）

续前表

资产类型	领域	一级 ETF	二级 ETF
债券	美国国债	Schwab 中期美国国债 ETF（SCHR）	先锋中期政府债 ETF（VGIT）
	美国公司债	SPDR Bloomberg Barclays 中期企业债 ETF（ITR）	VXIT
	美国证券化债券	先锋 MBS ETF（VMBS）	iShares MBS ETF（MBB）
	美国通胀保值债券（TIPS）	Schwab 美国 TIPs ETF（SCHP）	iShares 0～5 年 TIPs 债券 ETF（STIP）
	国际债券	先锋国际债券市场 ETF（BNDX）	iShares 国际主权债 ETF（IGOV）
	美国高收益企业债	iShares 0～5 年高收益企业债 ETF（SHYG）	SPDR Bloomberg Barclays 高收益债券 ETF（JNK）
	国际新兴市场债券	VanEck Vectors J. P. Morgan EM 地方货币债券 ETF（EMLC）	先锋新兴市场政府债 ETF（VWOB）
其他	美国房地产投资信托基金（REIT）	Schwab 美国 REIT ETF（SCHH）	先锋 REIT ETF（VNQ）
	国际房地产投资信托基金	先锋全球非美国市场房地产 ETF（VNQI）	FlexShares 全球高质量房地产指数基金（GQRE）
	黄金/贵金属	iShares 黄金信托（IAU）	ETFS 实物贵金属一揽子股票（GLTR）

优势：免收管理费；对超过 5 万美元的账户提供税收损失收割功能；可在自动生成的投资组合中移除 3 只 ETF；大部分 ETF 为嘉信旗下产品。

劣势：大比例现金资产配置；倾向于小盘股投资产品；份额不可分割，投资金额不足时自动降低为整数份额。

官方网站：https：//intelligent. schwab. com

Betterment

上线时间：2008 年（公司成立），2010 年智能投顾产品上线

资产管理规模：60 亿美元（BI）/90 亿美元（Investorjunkie）

资金门槛：0

管理费率：0. 25％～0. 5％/年（根据投资计划类型）

账户类型：个人账户、联合账户、传统 IRA 账户、Roth IRA 账户、Rollover IRA 账户、SEP IRA 账户、非营利账户、信托账户

基本功能：自动化再平衡、税收损失收割、单只股票分散投资、人工顾问（超过 50 万美元）、份额可分割、自动存款、退休计算器、个性化资产配置、双因素验证等

投资标的：Betterment 的投资标的包括 6 种股票 ETF 和 7 种债券 ETF，ETF 的配置比例不是长期固定的，根据资产配置情况，优化调整每种 ETF 的配置比例，满足投资需求。

资产类型	领域	ETF 名称	代码
股票	美国股票	先锋美国全股市 ETF	VTI
	美国股票—大盘股	先锋美国大盘价值股 ETF	VTV
	美国股票—中盘股	先锋美国中盘价值股 ETF	VOE
	美国股票—小盘股	先锋美国小盘价值股 ETF	VBR
	国外股票	先锋 FTSE 发达市场 ETF	VEA
	新兴市场股票	先锋 FTSE 新兴市场 ETF	VWO

续前表

资产类型	领域	ETF 名称	代码
债券	美国通胀保值债券（TIPS)	先锋短期通胀保值国债指数基金	VTIP
	市政债券	iShares 美国市政债 ETF	MUB
	公司债券	iShares 投资级公司债 ETF	LQD
	新兴市场债券	先锋新兴市场政府债 ETF	VWOB
	国外债券	先锋国际债券市场 ETF	BNDX
	美国短期债	iShares 短期国债 ETF	SHV
	美国全债券市场	先锋美国债券市场 ETF	BND

优势：资产配置过程简单；管理费率较低；对年轻投资者吸引力较大；税收优化功能；退休规划工具。

劣势：对高净值用户而言并非最佳选择；资产不能在 Betterment 以外的账户配置（大部分独立智能投顾平台的共性问题）；没有房地产投资信托和商品类投资产品。

官方网站：https：//www.betterment.com

Wealthfront

上线时间：公司前身 Kaching 成立于 2008 年，2011 年更名 Wealthfront

资产管理规模：50 亿美元（BI）/65 亿美元（Investorjunkie）

资金门槛：500 美元

费率标准：0.25％/年（初始 1 000 美元投资免收管理费）

账户类型：普通投资账户（纳税账户）、传统 IRA 账户、Roth IRA 账户、SEP IRA 账户、529 账户（大学储蓄）、信托账户基本功能：Direct Indexing 策略、税收损失收割、单只股票分散投资、推荐奖励、投资组合审核、第三方账户支持、大学储蓄计划、退休规划工具

投资标的：根据账户类型不同（纳税账户或 IRA 等递延纳税账户），Wealthfront 的资产配置方案和基金选择会有所差异。Wealthfront 的投资组合中包含以下类别产品：

资产类型	领域	ETF 名称	代码
股票	美国股票	先锋美国全股市 ETF	VTI
	国外股票	先锋 FTSE 发达市场 ETF	VEA
	新兴市场股票	先锋 FTSE 新兴市场 ETF	VWO
	红利	先锋红利增值 ETF	VIG
债券	美国通胀保值债券（TIPS）	Schwab 美国 TIPs ETF	SCHP
	市政债券	iShares 美国市政债 ETF	MUB
	公司债券	iShares 投资级公司债 ETF	LQD
	新兴市场债券	IShares JPMorgan 新兴市场债 ETF	EMB
其他	房地产	先锋 REIT ETF	VNQ
	自然资源	能源行业 SPDR ETF	XLE

优势：对超过一定投资金额免收管理费；所有账户具备税收损失收割功能；通过 Direct Indexing 策略进一步降低税收成本；529 账户（大学储蓄）规划工具；免费投资组合整体评估，可将外部账户纳入评估范围；通过短信或应用程序实现双因素验证，降低账户被盗风险。

劣势：份额不可分割；投资组合评估全面性不足。

官方网站：https://www.wealthfront.com

人工智能

FutureAdvisor

上线时间：2012 年，2015 年被贝莱德（BlackRock）收购

资产管理规模：2.32 亿美元（BI）/9.69 亿美元（Investor-junkie）

资金门槛：1 万美元

管理费率：0.5%/年

账户类型：普通投资账户（纳税账户）、401k 账户（退休基金）、传统 IRA 账户、Roth IRA 账户、信托账户、529 账户

基本功能：税收损失收割、大学储蓄规划工具

投资标的：FutureAdvisor 的投资组合由低成本指数型 ETF 基金构成，包括股票和债券，根据投资者年龄、风险承受能力等情况进行配置，投资产品包括：

资产类型	领域	ETF 名称	代码
股票	美国股票	先锋美国全股市 ETF	VTI
	美国股票	iShares 标普 500ETF	IVV
	国外股票	IShares MSCI EAFE 价值 ETF	EFV
	国外股票	Schwab 国际基本大盘股指数 ETF	FNDF
债券	美国债券	iShares 美国核心综合债券 ETF	AGG
	美国债券	Schwab 美国核心综合债券 ETF	SCHZ
	国外政府债券	iShares 国际主权债 ETF	IGOV
	国外债券	先锋国际债券市场 ETF	BNDX
	美国通胀保值短期债券（TIPS）	IShares 0～5 年 TIPS 债券 ETF	STIP
	美国通胀保值短期债券（TIPS）	PIMCO 1～5 年 TIPS 指数 ETF	STPZ

续前表

资产类型	领域	ETF 名称	代码
其他	房地产	先锋 REIT ETF	VNQ
	房地产	SPDR 道琼斯全球房地产指数 ETF	RWX

优势：可连接外部账户（Fidelity、TD Ameritrade），自动执行交易功能；灵活性较强，FutureAdvisor 可根据现有投资组合提供建议；用户界面友好；税收损失收割功能；529 账户管理功能。

劣势：管理费率较高；资产配置范围有限；无法进行日常财务和预算管理，难以满足整体财务规划需求。

官方网站：https://www.futureadvisor.com

WiseBanyan

上线时间：2013 年

资产管理规模：1 亿美元（BI）/9 400 万美元（Investorjunkie）

资金门槛：1 美元

管理费率：0

账户类型：个人账户、传统 IRA 账户、Roth IRA 账户、SEP IRA 账户、Rollover 401k 账户

基本功能：税收损失收割、份额分割、投资组合再平衡、自动存款

投资标的：WiseBanyan 的投资组合中包含较多 Schwab ETF 基金产品。在债券产品中公司债比例较高。此外，还包括房地产投资信托基金产品（REIT）。

资产类型	领域	ETF 名称	代码
股票	美国股票	Schwab 美国股票市场 ETF	SCHB
	国外股票	Schwab 国际股票 ETF	SCHF
	新兴市场股票	iShares 核心 MSCI 新兴市场 ETF	IEMG
债券	美国通胀保值债券	iShares TIPS 债券	TIP
	公司债券	iShares 投资级公司债 ETF	LQD
	短期公司债券	先锋短期公司债	VCSH
	短期高收益债券	SPDR Bloomberg Barclays 短期高收益债	SJNK
	短期高收益债券	PIMCO 0～5 年高收益公司债	HYS
	美国短期债券	先锋中期政府债券 ETF	VGIT
其他	房地产	iShares 美国房地产 ETF	IYR

优势：免收管理年费；份额可分割；初始投资门槛较低，1美元即可开户；自动化投资组合再分配；现金是资产配置组合中的一部分。

劣势：根据时间和风险偏好设置相同的投资组合，个性化水平不足；投资品种中没有政府债券，不利于降低税收成本；免费的业务模式有待检验。

官方网站：https：//wisebanyan.com

注 释

第一篇 技术篇：颠覆性技术的真相

[1] 周昌乐. 机器意识能走多远：未来的人工智能哲学. 学术前沿，2016（7）．

[2] Gartner. Top Strategic Predictions for 2017 and Beyond：Surviving the Storm Winds of Digital Disruption，2016.

[3] Gantz, John，Reinsel，David. IDC Study：Digital Universe in 2020，2012.

[4] McCulloch，Warren，Walter Pitts. A Logical Calculus of the Ideas Immanent in Nervous Activity. Bulletin of Mathematical Biophysics，1943，5（4）：115–133.

[5] Hebb，Donald. The Organization of Behavior. New York：Wiley，1949.

[6] Rosenblatt，F. The Perceptron：A Probabilistic Model for Information Storage and Organization in the Brain. Psychological Review，1958，65（6）：386–408.

[7] Minsky，Marvin，Papert，Seymour. Perceptrons：An Introduction to Computational Geometry. MIT Press，1969.

[8] Paul Werbos. Beyond regression：New tools for prediction and analysis in the behavioral sciences. PhD thesis，Harvard University，1974.

[9] Hopfield，J. J. Neural networks and physical systems with emergent

collective computational abilities//Proceedings of the National Academy of Sciences, National Academy of Sciences, 1982: 2554 - 2558; Hopfield, J. J. Neurons with graded response have collective computational properties like those of two-state neurons//Proceedings of the National Academy of Sciences, National Academy of Sciences, 1984: 3088 - 3092.

[10] Rumelhart, David E. , Hinton, Geoffrey E. , Williams, Ronald J. Learning representations by back-propagating errors. Nature, 1985, 323 (6088): 533 - 536.

[11] Bengio, Y. , Lecun, Y. Convolutional networks for images, speech, and time-series, 1995.

[12] Bengio, Y. , Vincent, P. , Janvin, C. A neural probabilistic language model. Journal of Machine Learning Research, 2003, 3 (6), 1137 - 1155.

[13] Hochreiter, S. , et al. Gradient flow in recurrent nets: the difficulty of learning long-term dependencies// Kolen, John F. , Kremer, Stefan C. A Field Guide to Dynamical Recurrent Networks. John Wiley & Sons, 2001.

[14] Hinton, Geoffrey, Salakhutdinov, Ruslan. Reducing the Dimensionality of Data with Neural Networks. Science, 2006 (313): 504 - 507.

[15] NIPS Workshop: Deep Learning for Speech Recognition and Related Applications, Whistler, BC, Canada, Dec. 2009 (Organizers: Li Deng, Geoff Hinton, D. Yu) .

[16] Krizhevsky, Alex, Sutskever, Ilya, Hinton, Geoffry. Image Net Classification with Deep Convolutional Neural Networks (PDF). NIPS 2012: Neural Information Processing Systems, Lake Tahoe, Nevada, 2012.

[17] Goodfellow, Ian J. , Pouget-Abadie, Jean, Mirza, Mehdi, Xu, Bing, Warde-Farley, David, Ozair, Sherjil, Courville, Aaron, Bengio,

Yoshua. Generative Adversarial Networks，2014.

［18］Breiman，Leo，Friedman，J. H. ，Olshen，R. A. ，Stone，C. J. Classification and regression trees. Monterey，CA：Wadsworth &. Brooks/ Cole Advanced Books &. Software，1984.

［19］Cortes，C. ，Vapnik，V. Support-vector networks. Machine Learning，1995，20（3）：273－297.

［20］Freund，Yoav，Schapire，Robert E. A decision-theoretic generalization of on-line learning and an application to boosting. Journal of Computer and System Sciences，1997（55）：119.

［21］Breiman，Leo. Random Forests. Machine Learning，2001，45（1）：5－32.

［22］Sutton，Richard S. Temporal Credit Assignment in Reinforcement Learning（PhD thesis）. University of Massachusetts，Amherst，MA，1984.

［23］Sutton，Richard S. Learning to predict by the method of temporal differences. Machine Learning，1988（3）：9－44.

［24］Watkins，Christopher J. C. H. Learning from Delayed Rewards （PDF）（PhD thesis）. King's College，Cambridge，UK，1989.

第二篇　产业篇：人工智能发展全貌

［1］美国交通部采用了 SAE 自动驾驶分级标准。

［2］结构化道路指的是边缘比较规则，路面平坦，有明显的车道线及其他人工标记的行车道路。例如：高速公路、城市干道等。

［3］V2X，指的是车辆与周围的移动交通控制系统实现交互的技术，X 可以是车辆，可以是红绿灯等交通设施，也可以是云端数据库，最终目的都是为了帮助自动驾驶车辆掌握实时驾驶信息和路况信息。

［4］这部法案主要是对美国法典（United States Code）中第 49 条交通运输（Transportation）相关法条的修正，比较关键的是第四章、第五章、第六章内容，分别对应自动驾驶汽车的安全标准、网络安全要求以及豁免条

款，尤其是豁免条款，为自动驾驶汽车上路提供了法律豁免。

[5] 美国任何一部法律的产生程序是：首先由美国国会议员提出法案，当该法案获得国会通过后，将被提交给美国总统予以批准，一旦该法案被总统批准就成为法律。当一部法律通过后，国会众议院就把法律的内容公布在《美国法典》上。

[6] 州层面法案主要包括商业部署、车辆网络安全等 12 个方面。http：//www. ncsl. org/research/transportation/autonomous-vehicles-legislative-database. aspx.

[7] http：//www. cbronline. com/news/internet-of-things/cognitive-computing/bosch-nvidia-take-self-driving-ai-next-level/.

[8] https：//www-03. ibm. com/press/us/en/pressrelease/51959. wss.

[9] 智能网联汽车标准体系将发布 . http：//www. iovweek. com/guonei/1883. html.

[10] 数据来自谷歌向加州 DMV 提供的年度报告。

[11] https：//www. telecompaper. com/news/naver-gets-govt-approval-for-self-driving-car-road-test-1184528.

[12] 福特不甘落后！超 10 亿美元收购自动驾驶公司 . http：//www. techweb. com. cn/finance/2016-07-09/2358793. shtml.

[13] http：//www. businessinsider. com/uber-builds-out-mapping-data-for-autonomous-cars-2017-2.

[14] 研发太累了？百度收购科技公司或为抢跑自动驾驶 . http：//it. 21cn. com/itnews/a/2017/0415/17/32170742. shtml.

[15] Nidhi Kalra. Challenges and Approaches to Realizing Autonomous Vehicle Safety and Mobility Benefits，RAND CORPORATION，2017：2 - 8.

[16] The McKinsey Center for Future Mobility.

[17] Kersten Heineke，Philipp Kampshoff，Armen Mkrtchyan，Emily Shao. Self-driving car technology：When will the robots hit the road?

McKinsey&Company，2017：4-10.

[18] Bar-Cohen，Y. Hanson，D. The Coming Robot Revolution：Expectations and Fears About Emerging. New York：Springer，2009：8-9.

[19] 国务院关于印发《国家中长期科学和技术发展规划纲要（2006—2020 年)》的通知.（2005-12-26）[2017-05-27]. http：//www. gov. cn/zwgk/2006-02/14/content _ 191891. htm.

[20] 徐芳. 发展我国工业机器人产业的思考. 机器人技术与应用，2010（5)：5-6.

[21] 2016 机器人产业发展分析与展望.（2016-03-24）[2017-06-01]. http：//www. cnelc. com/Article/1/160324/AD100344725 _ 1. html.

[22] 我国工业机器人产业发展战略与对策研究.（2015-05-11）[2017-04-22]. http：//www. 360doc. com/content/15/0511/15/2584926 _ 469690990. shtml.

[23] 2016 中国服务机器人产业发展白皮书.（2017-01-04）[2017-06-01]. http：//robot. ofweek. com/2017-01/ART-8321203-8100-30087531. html.

[24] 2016 年全球机器人和"工业 4.0"市场趋势分析.（2016-04-07）[2017-04-22]. http：//www. gongkong. com/news/201604/340784. html.

[25] 2016 年中国机器人行业发展趋势预测：智能化＋服务化.（2016-07-20）[2017-04-22]. http：//www. globalrobot. com. cn/news/2/ _ 7633. html.

[26] 何晓亮. "AI＋医疗"：人工智能落地的第一只靴子？. 科技日报，2017-02-16.

[27] http：//www. sohu. com/a/163433981 _ 198516. [2017-08-10].

[28] [29] 智能医疗产业链全解读. http：//md. tech-ex. com/int-medi/2017/49617. html.

[30] 约瑟夫·巴-科恩，大卫·汉森. 机器人革命. 北京：机械工业出

版社，2015：197-199.

[31] 吴军. 智能时代：大数据与智能革命重新定义未来. 北京：中信出版社，2016：298-300.

[32] [34] [35] 人工智能在医疗健康领域都做了什么. 智慧健康，2015（10）.

[33] 曾雪峰. 论人工智能的研究与发展. 现代商贸工业，2009（13）.

[36] https：//www. betterment. com/resources/inside-betterment/our-story/the-history-of-betterment.

[37] https：//en. wikipedia. org/wiki/Robo-advisor.

[38] http：//www. finra. org/investors/alerts/automated-investment-tools.

[39] http：//www. asic. gov. au/regulatory-resources/find-a-document/regulatory-guides/rg-255-providing-digital-financial-product-advice-to-retail-clients.

[40] https：//www. eba. europa. eu/documents/10180/1299866/JC ＋2015＋080＋Discussion＋Paper＋on＋automation＋in＋financial＋advice. pdf.

[41] https：//www. osc. gov. on. ca/documents/en/Securities-Category 3/csa _ 20150924 _ 31-342 _ portfolio-managers-online-advice. pdf.

[42] http：//www. advisoryhq. com/articles/financial-advisor-fees-wealth-managers-planners-and-fee-only-advisors.

[43] http：//www. investmentzen. com/best-robo-advisors ＃ account-minimums.

[44] https：//www2. deloitte. com/content/dam/Deloitte/de/Documents/financial-services/Robo-Advisory-in-Wealth-Management. pdf.

[45] https：//www. finra. org/sites/default/files/digital-investment-advice-report. pdf.

[46] Tracxn Report：Robo Advisors (Feb. 2016).

[47] [48] Investment Company Institute (ICI). 2016 Investment Com-

pany Factbook，April，2016.

［49］https：//www. businessinsider. com/intelligence/research-store？IR＝
T&utm _ source＝businessinsider&utm _ medium＝content _ marketing&utm _ term
＝content _ marketing _ store _ text _ link _ best-robo-advisors-2017-1&utm _ content
＝report _ store _ content _ marketing _ text _ link&utm _ campaign＝content _ mar-
keting _ store _ link&vertical＝fintech♯！/The-Robo-Advising-Report/p/66955385.

［50］Morgan Stanley Research. Robo-Advice：Fintechs Enabling Incum-
bent Win，February，2017：34.

［51］http：//smarthome. ofweek. com/2017-02/ART-91002-8420-30107
968 _ 2. html.

［52］http：//www. cnii. com. cn/technology/2015-11/26/content _ 1656
183. htm.

［53］http：//news. qq. com/a/20160527/019714. htm.

［54］http：//d. qianzhan. com/xnews/detail/541/170118-2ab6cf16. html.

［55］2012—2020 年中国智能家居市场发展趋势及投资机会分析报告.
http：//smarthome. qianjia. com/html/2012-08/10 _ 125666. html.

［56］http：//tech. sina. com. cn/e/2014-01-14/09379095013. shtml.

［57］全球无人机网 . http：//www. 81uav. cn/uav-news/201610/03/
20108. html.

［58］无人机产业崛起对我国制造业转型有何启示？. 中国智能制造网 .
（2016－08－11）. http：//www. gkzhan. com/news/detail/90652. html.

第三篇　战略篇：细看各国如何布局

［1］Brain Research through Advancing Innovative Neurotechnologies.

［2］欧洲机器人协会是总部设在比利时首都布鲁塞尔的一家行业协会，
由 35 个机构成立于 2012 年 9 月 17 日，现在已经代表了超过 250 家公司、
大学和研究机构，包括从传统的工业机器人制造商到农业机械和创新医院
的生产者，科技实力非常雄厚。

〔3〕 The Rt Hon David Willetts. Speech：Eight great technologies，2013. https：//www. gov. uk/government/speeches/eight-great-technologies.

〔4〕 https：//baijiahao. baidu. com/s? id＝1571803370794508&wfr＝spider&for＝pc. 〔2017－08－10〕.

〔5〕 http：//www. sohu. com/a/163166220＿323203. 〔2017－08－11〕.

〔6〕 〔7〕 http：//china. huanqiu. com/hot/2017-05/10737269. html. 〔2017－08－10〕.

〔8〕 为恢复欧盟成员国的经济实力，欧盟委员会制定了"欧洲2020战略"，提出了三大战略优先任务、五大量化目标和七大配套旗舰计划。作为落实该旗舰计划的创新政策工具，"地平线2020"（Horizon 2020）于2014年正式启动实施，主要包括三大战略优先领域和四大资助计划。作为落实欧盟发展2020战略的操作工具——"第七框架计划"（FP7）在2013年底结束，"地平线2020"是一个新的计划。

〔9〕 http：//china. huanqiu. com/hot/2017-05/10737269. html. 〔2017－08－10〕.

〔10〕 http：//media. people. com. cn/n1/2017/0802/c40606-2944 3138. html. 〔2017－08－14〕.

〔11〕 http：//www. sohu. com/a/163433981＿198516. 〔2017－08－10〕.

〔12〕 http：//media. people. com. cn/n1/2017/0802/c40606-2944 3138. html. 〔2017－08－14〕.

〔13〕 OSTP是美国重大科技政策、战略和计划的协调机构，是美国政府中唯一以科技管理为主要职责的部门，隶属于总统行政办公室（EOP）。

〔14〕 Artificial Intelligence：Opportunities and Implications for the Future of Decision Making.

〔15〕 马修·U. 谢勒. 监管人工智能系统：风险、挑战、能力和策略. Harvard Journal of Law &Technology，2016，29（2）.

[16] https：//en. wikipedia. org/wiki/John ＿ Naughton．［2017－06－20］．

[17] 提案内容如下：我们的提案旨在将汽车强制险的适用扩大到产品责任，在驾驶者将汽车控制权完全交给自动驾驶汽车的智能系统时为他们提供保障。而这些驾驶者（或者投保人）需要依靠法院根据现行《消费者保护法》（Consumer Protection Act）的产品责任和普通法下的过失原则的裁判，来确定哪一方应该对事故的发生负有责任。

[18] Adrian Flux 是英国规模最大的特殊机动车保险公司。

[19] 英国公布自动驾驶汽车新保险法规．［2017－06－28］. http：//www. 12365auto. com/news/20170224/272585. shtml.

[20] Danit Gal. 英国人工智能的未来监管措施与目标概述（人工智能各国战略解读系列之六）．孙那，李金磊，译．电信网科技，2017（2）．

[21] 李军．借鉴美国经验，未雨绸缪人工智能监管．［2017－05－10］．钛媒体. http：//www. tmtpost. com/1887021. html.

[22] 相关研讨会包括：5 月 24 日在西雅图举办的"与人工智能相关的法律与监管事务"；6 月 7 日在华盛顿举办的"人工智能与社会福利"；6 月 28 日在匹兹堡举办的"人工智能的安全与控制"；7 月 7 日在纽约举办的"近期的人工智能技术对社会和经济的影响"等。

[23] 如斯坦福大学的 Artificial Intelligence and Life in 2030 等。

[24] 领英发布《全球 AI 领域人才报告》，揭示全球 AI 人才图谱．（2017－07－10）［2017－07－12］. http：//www. sohu. com/a/155984435 ＿ 133098.

[25] 人工智能人才争夺战持续升级．（2017－05－04）［2017－07－03］. https：//www. jiqizhixin. com/articles/f16c685d-786c-40e1-9378-c216793fb149.

[26] BAT 人工智能领域人才发展报告．（2017－06－12）［2017－07－03］. https：//www. ifchange. com/operation/bat.

第四篇　法律篇：智能时代的公平正义

[1] 在欧盟只有欧盟委员会有权提出立法提案，但欧盟并无义务遵守，

不过如果其拒绝这么做，就必须陈述理由。

［2］http：//mt. sohu. com/20160620/n455281302. shtml. ［2017 - 01 - 01］.

［3］吴军. 智能时代：大数据与智能革命重新定义未来. 北京：中信出版社，2016.

［4］杨守森. 人工智能与文艺创作. 河南社会科学，2011，19 (1)：188 - 189.

［5］徐萧. 人工智能写的诗，你有本事分辨出来吗. 澎湃新闻，2017 - 02 - 11.

［6］循环神经网络（Recurrent Neural Networks），其目的是用来处理序列数据。在传统的神经网络模型中，是从输入层到隐层再到输出层，层与层之间是全连接的，每层之间的节点是无连接的。但是这种普通的神经网络对于很多问题却无能为力。例如，你要预测句子的下一个单词是什么，一般需要用到前面的单词，因为一个句子中前后单词并不是独立的。RNNs之所以称为循环神经网路，是因为一个序列当前的输出与前面的输出也有关。具体的表现形式为网络会对前面的信息进行记忆并应用于当前输出的计算中，即隐层之间的节点不再无连接而是有连接的，并且隐层的输入不仅包括输入层的输出还包括上一时刻隐层的输出。

［7］陈亮. 电子代理人法律人格分析. 牡丹江大学学报，2009，18 (6)：67.

［8］杜严勇. 论机器人权利. 哲学动态，2015 (8)：53.

第五篇 伦理篇：人类价值与人机关系

［1］杜严勇. 现代军用机器人的伦理困境. 伦理学研究，2014 (5)：98 - 99.

［2］王绍源. 论瓦拉赫与艾伦的AMAs的伦理设计思想：兼评《机器伦理：教导机器人区分善恶》. 洛阳师范学院学报，2014，33 (1)：32.

［3］王东浩. 人工智能体引发的道德冲突和困境初探. 伦理学研究，

2014（2）：70.

　　［4］文晓阳，高能，夏鲁宁，荆继武．高效的验证码识别技术与验证码分类思想．计算机工程，2009（8）：186－187.

　　［5］桂天寅．解读好莱坞科幻电影中人与人工智能的关系．电影评介，2007（24）：16.

　　［6］秦喜清．我，机器人，人类的未来：漫谈人工智能科幻电影．当代电影，2016（2）：62－63.

　　［7］作者认为，人的身体是一架钟表……不过这是一架巨大的、极其精细、极其巧妙的钟表……人的意识和记忆也可以用机械的方式来解释，人类思考的本质是"无数的语词和形象在脑中形成的无数痕迹"。

　　［8］禾刀．机器人时代会出现"人机器"现象吗：读《机器人时代：技术、工作与经济的未来》．中国高新区，2015（8）：147.

第六篇　治理篇：平衡发展与规制

　　［1］王明国．全球互联网治理模式变迁、制度逻辑与重构路径．世界经济与政治，2015（3）.

　　［2］http：//www.sohu.com/a/155449751 _ 371013.［2017－07－01］.

　　［3］http：//news.163.com/16/0905/17/C07EBQ2Q000146BE.html.［2017－07－01］.

　　［4］http：//tech.ifeng.com/a/20151218/41525951 _ 0.shtml.［2017－07－01］.

　　［5］http：//www.huahuo.com/car/201508/1913.html.［2017－07－01］.

第七篇　未来篇：畅想未来 AI 社会

　　［1］1838 年，英国乡绅劳斯用硫酸处理磷矿石制成磷肥，成为世界上第一种化学肥料。

　　［2］［4］王文峰，徐熙君．即将到来的无人化战争．未来与发展，2011

（8）．

［3］ http：//enjoy. eastday. com/epublish/gb/paper264/18/class026400
002/hwz1050728. htm.

［5］http：//mil. news. sina. com. cn/2011-10-05/1300668208. html.

［6］庞宏亮．智能化战争．北京：国防大学出版社，2014：84.

［7］程东方，单宁，张建．军用机器人发展趋势．黑龙江科技信息，
2014（26）．

［8］Losing Humanity：the Case against Killer Robots . International Hu-
man Rights Clinic，November，2012.

［9］黄远灿．国内外军用机器人产业发展现状．机器人技术与应用，
2009（2）．

［10］ Jean Kumagai. A robotic Sentry For Korea's Demilitarized
Zone. IEEE Spectrnm，2007，44（3）．

［11］Noel Sharkey，Cassandra or the false prophet of doom：AI robots
and war. IEEE Intelligent Systems，2008，23（4）14－17.

［12］周巧．"杀人机器人"引发人类警觉　美无人机肆意屠杀平民．
东方网．http：//mil. eastday. com/m/20130613/u1a7452685. html.

［13］杜严勇．现代战争机器人的伦理困境．伦理学研究．2014（5）．

［14］诺埃尔·夏基，廖凡．论自主机器人战争的可避免性．红十字国
际评论：新科技与战争．2014年专题会议资料汇编．

［15］乔任梁去世：如果有了人工智能能否避免他的悲剧？. http：//
tech. sina. com. cn/it/2016-09-18/doc-ifxvyqvy6644216. shtml.

［16］http：//www. chinaz. com/news/2015/0618/415358. shtml.

［17］一人饮酒醉？你可能需要一个情感机器人！. ［2017－03－03］. ht-
tp：//www. sohu. com/a/127838434＿616238.

［18］周呈芳．论工业革命的社会后果．内蒙古大学学报，1989（1）．

［19］杨婕，姚财福．人工智能各国战略解读：欧盟人脑计划．信息网

技术，2017，2（2）：50-51.

　　[20] 伦一. 人工智能各国战略解读：美国推进创新脑神经技术脑研究计划. 信息网技术，2017，2（2）：47-49.

　　[21] 赵淑钰. 人工智能各国战略解读：日本机器人新战略. 信息网技术，2017，2（2）：45-47.

　　[22] 抓住机遇：2017 夏季达沃斯论坛报告.（2017-06-27）[2017-07-05].http：//www.useit.com.cn/forum.php? mod ＝ viewthread&action ＝ printable&tid＝15778.

　　[23] 人工智能：助力中国经济增长.（2017-07-04）[2017-07-05].http：//b2b.toocle.com/detail-6403802.html.

后 记

　　2016 年正值人工智能概念提出 60 年，全球人工智能产业也在如火如荼地发展。腾讯研究院作为密切关注前沿科技领域的研究机构，积极投入人工智能领域热点问题的研究。起初，我们与中国信息通信研究院互联网法律研究中心开展人工智能课题的研究合作，试图将研究的视野从我们传统擅长的法律领域扩展开来，从更加宽广的视野来研究人工智能对产业发展带来的机遇与挑战及对法律、伦理、政府监管、经济发展等带来的冲击。

　　在研究路径上，我们首先从世界上主要关注人工智能产业发展的国家战略出发，在翻译整理一手资料的基础上，加入我们自己的分析，形成了包括美国、欧盟、英国、日本、韩国等国家和地区在内的人工智能政策分析报告。之后，我们不断关注人工智能领域的最新发展动向，召开多次研讨会，积极与不同领域的专家、学者交流经验，突破学科的界限，邀请计算机领域、数学领域、伦理学领域、法律领域等各学科的研究人员充分展开讨论，并在此基础上，形成了初步的书稿大纲。面对人工智能技术领域的问题和最新的进展，我们汇集了在人工智能技术研发领域的前沿团队腾讯 AI Lab 对人工智能的技术发展历程所进行的生动全面的描述，希望为读者展现另外一个技术的视角。此外，腾讯开放平台团队的加入为我们了解人工智能领域创业浪潮的最新发展情况和产业现状打开了一个窗口。在大家的共同努力下，历经近一年的时间，写作团队付出了心血和汗水，书稿从最初构思终于得以成型出版。

本书是集体智慧的结晶。各章的撰写分工如下：第一章，徐思彦；第二章，腾讯 AI Lab、周子祺；第三章，腾讯 AI Lab、周子祺；第四章，张孝荣、俞点、徐思彦；第五章，伦一；第六章，杨婕；第七章，赵淑钰；第八章，巴洁如；第九章，刘耀华；第十章，沈达；第十一章，姚财福；第十二章，腾讯开放平台；第十三章，沈达；第十四章，赵淑钰；第十五章，伦一；第十六章，刘耀华；第十七章，杨婕；第十八章，何波、曹建峰；第十九章，何波；第二十章，曹建峰；第二十一章，孙那；第二十二章，孙那；第二十三章，曹建峰；第二十四章，曹建峰；第二十五章，曹建峰、王丹；第二十六章，曹建峰、王丹；第二十七章，蔡雄山、蔡培如；第二十八章，蔡雄山、蔡培如；第二十九章，蔡雄山、蔡培如；第三十章，李雅文；第三十一章，李韵州；第三十二章，姚财福；第三十三章，杨婕。

在此，特别感谢中国信息通信研究院互联网法律研究中心的研究团队以及腾讯 AI Lab、腾讯开放平台各位同仁的大力支持和通力协作，从而使我们的研究成果最终能以图书的形式呈现给大家，期待该书成为人工智能领域研究者的必读书。

感谢中国人民大学出版社的老师与腾讯研究院的合作，为书稿的改进提出了很多宝贵意见并为书稿的最终付梓做出了最大的努力。

在书稿的撰写过程中，2017 年 7 月，国务院出台了我国的人

人工智能

工智能国家战略《新一代人工智能发展规划》，我国正从人工智能领域研究的追随者向引领者的角色转变，而本书中关注的问题在我国的这份文件中也都有提及，可以说本书的问世恰逢其时。期待本书能为关注人工智能领域问题的读者带来一场思想盛宴。

图书在版编目（CIP）数据

人工智能/腾讯研究院等著 . —北京：中国人民大学出版社，2017. 11
ISBN 978-7-300-25050-2

Ⅰ. ①人… Ⅱ. ①腾… Ⅲ. ①人工智能 Ⅳ. ①TP18

中国版本图书馆 CIP 数据核字（2017）第 245097 号

人工智能

腾讯研究院　中国信通院互联网法律研究中心　　著
腾讯 AI Lab　腾讯开放平台
Rengong Zhineng

出版发行	中国人民大学出版社	
社　　址	北京中关村大街 31 号	**邮政编码**　100080
电　　话	010 - 62511242（总编室）	010 - 62511770（质管部）
	010 - 82501766（邮购部）	010 - 62514148（门市部）
	010 - 62515195（发行公司）	010 - 62515275（盗版举报）
网　　址	http://www.crup.com.cn	
经　　销	新华书店	
印　　刷	北京联兴盛业印刷股份有限公司	
开　　本	890 mm×1240 mm　1/32	**版　　次**　2017 年 11 月第 1 版
印　　张	15.625 插页 2	**印　　次**　2024 年 5 月第 17 次印刷
字　　数	340 000	**定　　价**　68.00 元